普通高等学校计算机科学与技术专业规划教材

计算机系统平台

王晓英　曹腾飞　孟永伟　黄建强　主编

中国铁道出版社有限公司
CHINA RAILWAY PUBLISHING HOUSE CO., LTD.

内 容 简 介

本书是为"计算机系统平台"课程编写的，力图帮助学生建立系统平台的理念，形成总体认识，从底层到顶层了解和掌握计算机系统的层次结构及软硬件系统的工作原理。

全书共分为 12 章，包括计算机系统概述、指令系统与汇编程序设计、计算机信息表示、计算机组成原理、计算机操作系统概述、进程的管理、进程的同步与通信、内存的管理、信息存储的管理、外设的管理、系统初始化及 Shell 编程、应用软件开发平台等内容。

本教材可作为计算机科学与技术专业教材，也可作为其他相关专业的学生学习计算机系统基础知识的教材。

图书在版编目（CIP）数据

计算机系统平台/王晓英等主编. —北京：中国铁道出版社，
2016.8（2022.1 重印）
普通高等学校计算机科学与技术专业规划教材
ISBN 978-7-113-21940-6

Ⅰ.①计…　Ⅱ.①王…　Ⅲ.①电子计算机-高等学校-
教材　Ⅳ.①TP3

中国版本图书馆 CIP 数据核字（2016）第 135076 号

书　　名：计算机系统平台
作　　者：王晓英　曹腾飞　孟永伟　黄建强

策划编辑：周海燕
责任编辑：周海燕　　　　　　　　编辑部电话：（010）63549501
编辑助理：李学敏
封面设计：付　巍
封面制作：白　雪
责任校对：王　杰
责任印制：樊启鹏

出版发行：中国铁道出版社有限公司（北京市西城区右安门西街 8 号　　邮政编码：100054）
印　　刷：北京建宏印刷有限公司
版　　次：2016 年 8 月第 1 版　　2022 年 1 月第 4 次印刷
开　　本：787mm×1092mm　　1/16　　印张：16　　字数：360 千
书　　号：ISBN 978-7-113-21940-6
定　　价：39.80 元

随着信息技术的飞速发展，计算机应用技术已经向各行各业渗透，并衍生了不少与信息技术相关的交叉学科，计算机知识与技能已经成为当代具有创新能力的复合型人才必须具备的基本素质之一。如何做好计算机专业的基础教学工作和计算机专业人才培养工作，已经成为教育部门关注的热点问题之一。

针对近年来社会对信息化技术应用型人才需求的不断提高，结合西部经济建设发展的需求与特点，以及国家西部大开发战略，青海大学在教育部对口支援政策的指导下，在教育部、青海省人民政府的支持和清华大学的帮助下，于 2007 年 5 月正式成立了计算机技术与应用系，并率先在青海省实现本科第一批次录取零的突破，成为省内高校第一个一本招生的专业。青海大学计算机系培养计划中的课程体系由清华大学专家精心设计，课程内容紧扣教育部最新制订的"信息技术与应用"培养方向，满足应用型人才的培养需求。

青海大学计算机技术与应用系（以下简称"本系"）根据青海大学的实际情况，将专业方向设定成 2006 年计算机专业教指委提出的"信息技术方向"，目标是培养应用型计算机人才。这一方向是计算机科学与技术教学指导委员会积极倡导和推动的新专业方向，教育部也拟就这一方向展开专业试点工作。针对此现状，本系希望能够开办一系列面向培养应用性人才的特色课程，开辟一条具有挑战性的课程探索与建设之路。

为了深入对计算机科学与技术专业信息技术方向的教学研究，促进这个新的专业方向的教学实践，需要开设一系列崭新的课程，以适应社会对人才知识结构的需求。"计算机系统平台"课程就是该方向建设规范中所提出的一门全新课程，目标是将汇编语言程序设计、计算机组成原理、体系结构、操作系统等传统课程中的内容进行有机整合，将计算机系统作为一个整体进行分析和学习并讲授给学生，同时注重学生动手实践的环节，通过理论结合实际来巩固对计算机系统平台的认识。这样的一门介绍计算机原理的综合性课程无论从教材方面还是课堂教学与实验环节都缺乏先例。本系开设这门课程，希望能够不断地探索和实践将此课程建设成特色课程，对教学内容和教学方法进行深入研究，最终目标是能把该特色课程建设成为西部地区乃至全国的示范性精品课程。

以"计算机系统平台"命名的专业课程，目前在国内高校中少有先例，也可以说这正是信息技术方向所追求教学内容的一个特色。根据该方向的定位，本课程不讨论平台构建本身，而是从不同角度或层面看"计算机系统平台"的含义，了解并掌握它们所提供的支撑功能，扼要地介绍一些典型功能实现的基本原理。本课程的主要目的是使学生掌握计算机系统结构的基本原理，理解计算机操作系统的结构和工作原理，使学生熟悉计算机的硬件系统和软件系统，建立完整的计算机系统的概念，为学生应用计算机系统解决实际问题奠定良好的基础。

课程的主要任务是介绍计算机组成原理和计算机操作系统，包括计算机系统硬件与操作系统平台，内容涉及计算机性能分析、系统体系结构、CPU、高速缓存、存储器、外部设备，以及汇编语言程序设计、BIOS 和操作系统等。在课程的教学过程中，逐步培养学生独立进行实验和应用的能力。

2011 年，本课程获批青海大学三类课程建设项目，并于 2013 年 11 月完成结题工作，课程建设已有初步成效。2013 年底申报青海大学一类课程建设项目并再次获批，使得本门课程的建设得到了有力的后续支持。为形成一本更加适合于本课程的教材，课程组成员先从讲义撰写做起，力图梳理计算机组成原理、软硬件架构、操作系统、开发平台等多方面的知识，形成完整的文稿。

本书共 12 章。第 1 章对计算机系统进行了概述，旨在介绍计算机的发展历史和未来趋势，并对计算机组成结构及性能指标进行大致了解，形成基本概念。第 2 章介绍指令系统和汇编语言，从二进制转换和运算基础开始，对指令系统和指令格式进行介绍和举例，并给出一些汇编程序设计的示例。第 3 章介绍计算机中信息表示的方法，包括常见的数字、字符如何进行编码。第 4 章详细讲解了计算机五大功能部件的基本工作原理，包括总线、存储器、CPU、输入/输出系统等，并进一步通过延伸展望计算机系统结构的发展。第 5 章从操作平台的角度介绍计算机操作系统的目标、作用、功能和发展历程，探讨操作系统的基本特性，并介绍一些常见的操作系统及其特点。第 6 章对进程的管理机制进行阐述，包括进程的基本定义、状态及转换、进程控制块以及常见的进程调度算法等。第 7 章进一步对进程同步的经典问题展开讨论，介绍了进程和线程的联系与区别，并对死锁问题的产生和对策进行了讲解。第 8 章从存储管理的角度入手对内存管理的几种方法由浅入深地进行了介绍。第 9 章继续讲述了磁盘层面上的信息存储管理，解析文件的构成和文件系统的层次，并介绍了一些基本的磁盘调度算法。第 10 章对操作系统的外设管理功能进行了介绍，从 I/O 控制方式入手，重点讨论中断技术的原理，并讲解了设备分配的特点和驱动程序的处理过程。第 11 章进入上层应用的平台部分，介绍了系统初始化的过程以及 Shell 编程的基本语法结构，使读者接触到与底层系统和上层开发衔接较为紧密的一种特殊脚本语言。第 12 章介绍了几种主流的程序设计语言和开发工具，从平台的角度完成最上层应用的阐述，旨在使读者了解完整平台架构中的各个环节。本书每章后都配有相应习题，供读者对本章内容进行回顾。

本书出版受青海大学 2015 年度教材建设基金项目资助，由王晓英、曹腾飞、孟永伟、黄建强任主编，多名教师参与编写。其中，第 1 章和第 4 章内容主要由曹腾飞编写，第 2 章和第 3 章主要由韩亮编写，第 5 章主要由张玉安编写，第 6 章和第 7 章主要由刘晓静编写，第 8 章主要由王晓英编写，第 9 章和第 12 章主要由黄建强编写，第 10 章和第 11 章主要由孟永伟编写。此外，王璐、贾金芳、易争鸣、吴利等人均参与了本书相关内容的设计、实验的实施以及通读审核等工作。本书的编写也得到了学校和各级部门的支持，在此一并表示感谢。

由于作者水平有限，时间仓促，书稿中难免有不妥和纰漏之处，恳请读者批评指正。

编　者

2016 年 6 月

第1章 计算机系统概述

计算机作为 20 世纪人类最伟大的发明之一，高度体现了人类的智慧和结晶，而它一步步的发展历史也无不让人叹为观止。本章主要讲述计算机的基本概念、计算机的发展、计算机系统构成以及对计算机未来的展望，目的在于帮助读者对计算机的发展有一个总体印象，为后续理论知识的学习做铺垫。

1.1 计算机的发展史及未来展望

1.1.1 计算机的基本概念及分类

电子计算机是一种不需要人工直接干预，能够自动、高速、准确以及连续地执行程序，并对各种信息进行处理和存储的电子设备，它能代替人类完成各种复杂的计算和实现对各类信息的处理。

电子计算机从总体上来说可以分为两大类：电子模拟计算机和电子数字计算机。电子模拟计算机中处理的是模拟信息，处理的数值由不间断的连续的物理量表示，并且运算过程也是连续的；而电子数字计算机中处理的信息是离散的数字形式，它的运算过程是不连续的。它的主要运算特征是按位运算。通常人们所说的计算机都是指电子数字计算机。电子模拟计算机和电子数字计算机的主要区别如表 1-1 所示。

表 1-1　模拟计算机与数字计算机的主要区别

比较内容	数字计算机	模拟计算机
数据表示方式	数字 0 和 1	电压高低
计算方式	数字运算	电压组合运算
精度	高、准确	低、模糊
逻辑判断能力	强	弱

1.1.2 计算机的发展简史

1946 年，世界上出现了第一台电子数字计算机——"埃尼阿克"（ENIAC），它当时主要的功能是用于计算弹道，是由美国宾夕法尼亚大学莫尔电工学院制造的。这台机器体积十分庞大，占地面积近 170m²，质量约 30t，功耗为 150kW·h；但是它的加法运算速度却只有 5000 次/s。在今天看来，这台计算机既耗费能源速度又慢，但是正是因为这一次尝试，产生了划时代的意义，在当时的整个科学界轰动一时，也正是这一次创举，引领了现代社会的第三次信息革命的到来。

人们习惯把电子计算机的发展历史分"代"，其实这并没有统一的标准。若按计算机所采用的微电子器件的发展，可以将电子计算机分成以下几代，如表 1-2 所示。

表 1-2　计算机的发展简史

发展阶段	时间	硬件技术	速度/（次/s）
第一代	1946—1957	电子管	40 000
第二代	1958—1964	晶体管	200 000
第三代	1965—1971	小、中规模集成电路	1000 000
第四代	1972—1977	大规模集成电路	10 000 000
第五代	1978 年至今	超大规模集成电路	100 000 000

第一代电子管计算机时代：这一时期的计算机采用电子管作为基本器件，初期使用延迟线作为存储器，以后发明了磁芯存储器。早期的计算机主要用于科学计算，为军事与国防尖端科技服务。

第二代晶体管计算机时代：这一时期计算机的基本器件由电子管改为晶体管，存储器采用磁芯存储器。运算速度从每秒几千次提高到几十万次，存储器的容量从几千存储单元提高到 10 万存储单元以上。这不仅使计算机在军事与尖端技术上的应用范围进一步扩大，而且在气象、工程设计、数据处理以及其他科学研究等领域也广泛应用。

第三代小、中规模集成电路计算机时代：这一时期的计算机采用小、中规模集成电路为基本器件，因此功耗、体积和价格等进一步下降，使得计算机的应用范围进一步扩大。

第四代大规模集成电路计算机时代：20 世纪 70 年代，微电子技术发展迅猛，半导体存储器问世，迅速取代了磁芯存储器，并不断向大容量高集成度、高速度发展。

第五代超大规模集成电路计算机时代：20 世纪 70 年代末，计算机发展阶段进入第五代。其主要标志有两个：一个是单片集成电路规模达 100 万晶体管以上；另一个是超标量技术的成熟和广泛应用。

1.1.3　微型计算机的诞生与发展

通常将运算器和控制器合称为中央处理器（Central Processing Unit，CPU），在由超大规模集成电路构成的微型计算机中，往往将 CPU 制成一块芯片，称为微处理器。随着时间的推移，处理器芯片的单元密度不断增加，每块芯片上的单元个数也越来越多，因此，构建一个计算机的处理器所需要的芯片也越来越少。

随着芯片集成度不断提高，从在一个芯片上集成成百上千个晶体管的中、小规模集成电路，逐渐发展到能集成成千上万个晶体管的大规模集成电路（Large Scale Integration，LSI）和能容纳百万个以上晶体管的超大规模集成电路（Very Large Scale Integration，VLSl）。微芯片集成晶体管的数目验证了 Intel 公司的缔造者之一 Gordon Moore 提出的"计算机芯片的集成度每 18 个月翻一番，而价格则降低一半"的规律，这就是人们常称的 Moore（摩尔）定律。

微处理器芯片出现后，微型计算机也随之问世。例如，1971 年用 4004 微处理器制成了 MCS-4 微型计算机，将 CPU 所有的元件都集成在同一块芯片中；20 世纪 70 年代中期，微处理器 8008 的出现，标志着 8 位微处理器的诞生，这是微处理器演变过程中的另一个主要进步；从此，微处理器进入了快速发展的阶段；2006 年，Core 微处理器诞生，它将多核 CPU 融合在一起，这标志着微处理器又发展到了新的历史时期。表 1-3 列出了 Intel 公司微处理器的演化过程。

表 1-3 Intel 微处理器的演化过程

型号	发布时间	主频	总线宽度	晶体管数	可寻址存储器	虚拟存储器
4004	1971	108kHz	4 位	2300	640 B	—
8008	1972	108kHz	8 位	3500	16 KB	—
8080	1974	2MHz	8 位	6000	64 KB	—
8086	1978	5MHz/8MHz/10MHz	16 位	29 000	1 MB	—
80286	1982	6 ~ 12.5MHz	16 位	134 000	16 MB	1 GB
386TMDX	1985	16 ~ 33MHz	32 位	275 000	4 GB	64 TB
486TMDX	1989	25 ~ 50MHz	32 位	1.2×10^6	4 GB	64 TB
Pentium	1993	60 ~ 233MHz	32 位	3.1×10^6	4 GB	64 TB
Pentium II	1997	200 ~ 550MHz	64 位	7.5×10^6	64 GB	64 TB
Pentium III	1999	450 ~ 1000MHz	64 位	9.6×10^6	64 GB	64 TB
Pentium 4	2000	1.3 ~ 3.4GHz	64 位	42×10^6	64 GB	64 TB
Core	2006	1.8 ~ 4GHz	64 位	2.91 亿	64 GB	64 TB

1.1.4 计算机未来展望

1. 计算机的发展方向

从第一台计算机产生至今，计算机的应用得到不断拓展，计算机正朝着"多极"的方向进行分化，这就决定了计算机的发展也朝不同的方向延伸。当今计算机技术正朝着巨型化、微型化、网络化和智能化方向发展。

（1）巨型化

巨型化指计算机具有超高的运算速度、极强的并行处理能力、大容量的存储空间、更加强大和完善的功能。它是一个国家或地区科技水平、经济实力的象征。能解决天气预报、地震分析、流体力学、卫星遥感、激光武器、海洋工程、人工智能、生物工程等方面的问题。

（2）微型化

从第 1 块微处理器芯片问世以来，微型计算机的发展速度与日俱增。计算机芯片的集成度每 18 个月翻一番，而价格则降低一半，这就是信息技术发展功能与价格比的摩尔定律。由于计算机芯片集成度越来越高，成本越来越低，并且所完成的功能越来越强，使得计算机微型化的进程和普及率越来越快，并迅速占领了整个国民经济和社会生活的各个领域。

（3）网络化

进入 20 世纪 90 年代以来，随着 Internet 的飞速发展，计算机网络已广泛应用于政府、学校、企业、科研、家庭等领域，越来越多的人接触并了解计算机网络。计算机网络将不同地理位置上具有独立功能的不同计算机通过通信设备和传输介质互连起来，在通信软件的支持下，实现网络中的计算机之间共享资源、交换信息、协同工作。计算机网络的发展水平已成为衡量国家现代化程度的重要指标，在社会经济发展中发挥着极其重要的作用。

（4）智能化

让计算机能够模拟人类的智力活动，如学习、感知、理解、判断、推理等能力。具备理解自然语言、声音、文字和图像的能力，具有说话的能力，使人机能够用自然语言直接对话。它可以利用已有的和不断学习到的知识，进行思维、联想、推理，并得出结论，能解决复杂问题，具有汇集记忆、检索有关知识的能力。

2. 未来计算机的新技术

从电子计算机的产生及发展可以看到，目前计算机技术的发展都是以电子技术的发展为基础的，集成电路芯片是计算机的核心部件。随着高新技术的研究和发展，我们有理由相信计算机技术也将拓展到其他新兴的技术领域，计算机新技术的开发和利用必将成为未来计算机发展的新趋势。

从目前计算机的研究情况可以预测，未来计算机将有可能在光子计算机、生物计算机、量子计算机以及超导计算机等方面的研究领域里取得重大的突破。

1.2 计算机组成结构

本章主要介绍冯·诺依曼体系结构思想、计算机系统结构的分类、计算机的层次结构、和计算机系统的性能评价标准等内容。重点掌握冯·诺依曼思想和计算机系统的层次结构等。下面先从计算机组成结构入手，讨论计算机的基本组成与工作原理，使读者对计算机系统先有一个整体概念，为今后深入讨论各个部件奠定基础。

1.2.1 冯·诺依曼思想

1946 年，冯·诺依曼等 3 人共同发表一篇题为"电子计算机装置逻辑结构初探"的论文，在文中详细描述了计算机的逻辑设计、指令修改的概念以及计算机的电子电路，提出了一个完整的现代计算机雏形，如图 1-1 所示。

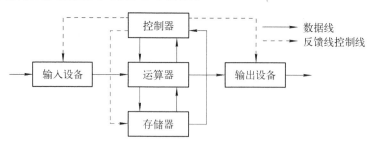

图 1-1 典型的冯·诺依曼计算机体系结构图

冯·诺依曼结构规定控制器是根据存放在存储器中的程序工作，即计算机的工作过程就是运行程序的过程。为了使计算机能正常工作，程序必须预先存放在存储器中。这就是存储程序的概念。冯·诺依曼结构的特点归纳如下：

① 计算机由运算器、存储器、控制器、输入设备和输出设备五大部件组成。

② 指令和数据以同等地位存放于存储器内，并可按地址寻访。

③ 指令和数据均用二进制数表示。

④ 指令由操作码和地址码组成，操作码用来表示操作的性质，地址码用来表示操作数在存储器中的位置。

⑤ 指令在存储器内按顺序存放。通常，指令是顺序执行的，在特定条件下，可根据运算结果或根据设定的条件改变执行顺序。

⑥ 机器以运算器为中心，输入/输出设备与存储器间的数据传送通过运算器完成。

而现代计算机与早期计算机相比在结构上还是有不少变化的，如从以运算器为中心改为以存储器为中心，如图 1-2 所示。但就其结构原理来说，目前绝大多数计算机仍建立在存储程序概念的基础上。冯·诺依曼型计算机的这种工作方式称为控制驱动。控制驱动是由指令流来驱动数据流的。

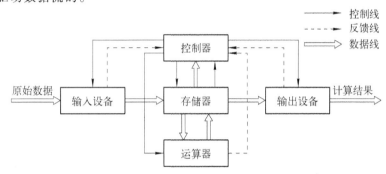

图 1-2　以存储为中心的计算机体系结构图

1.2.2　计算机硬件组成

所谓"硬件"是指看得见摸得着的设备实体。由各种电子元器件组成，如常见的 CPU、主板、硬盘、内存、显示器、键盘以及鼠标等，如图 1-3 所示。

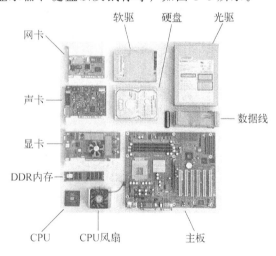

图 1-3　计算机的硬件组成

原始的冯·诺依曼计算机在结构上是以运算器为中心的，而发展到现在，已转向以存储器为中心了。但是不管哪个时期，计算机硬件系统都是由存储器、运算器、控制器、输入设备和输出设备五大部件组成。

计算机硬件系统的五大部件的主要功能如下：

1. 存储器

存储器是用来存放程序和数据的部件，它是一个记忆装置，也是计算机能够实现"存储程序，程序控制"的基础，如果存储器的存储容量越大、存取速度越快，那么系统的处理能力也就越强、工作速度也就越高。一个存储器很难同时满足大容量、高速度的要求，因此常将存储器分为主存、辅存、高速缓存等三级存储器，如图1-4所示。

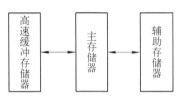

图1-4　计算机的三级存储器

主存储器可由CPU直接访问，存取速度快但容量较小，一般用来存放当前正在执行的程序和数据，如内存就是常见的主存储器。

辅助存储器设置在主机外部，它的存储容量大，价格较低，但存取速度较慢，一般用来存放暂时不参与运行的程序和数据，这些程序和数据在需要时可传送到主存，因此它是主存的补充，如磁盘、光盘都是常见的辅助存储器。

高速缓冲存储器又称为Cache，是为了解决存储器的存取速度与CPU的存取速度相匹配的问题。Cache的存取速度比主存更快，但容量更小。用来存放当前最急需处理的程序和数据，以便快速地向CPU提供指令和数据。

2. 运算器

运算器是对信息进行处理和运算的部件。运算器经常进行的运算是算术运算和逻辑运算，并将运算的中间结果暂存在运算器内。所以运算器又称为算术逻辑运算部件（Arithmetic and Logical Unit，ALU）。

运算器的核心是加法器。运算器中还有若干个通用寄存器或累加寄存器，用来暂存操作数，并存放运算结果。寄存器的存取速度比存储器的存取速度快得多。

3. 控制器

控制器是整个计算机的指挥中心，它的主要功能是控制程序和数据的输入、运行以及处理运算结果，使计算机的各部件有条不紊地自动工作。

控制器从主存中逐条取出指令进行分析，根据指令的不同来安排操作顺序，向各部件发出相应的操作信号，控制它们执行指令所规定的任务。

4. 输入设备

输入设备的任务是将人们熟悉的信息形式转换为机器能识别的信息形式。按输入信息的形态可分为字符输入、图形输入、图像输入及语音输入等。目前，常见的输入设备有键盘、鼠标、扫描仪等。

5. 输出设备

输出设备的任务是将计算机的处理结果转换为人们熟悉的信息形式。目前最常用的输出设备是打印机和显示器。

另外，通常将运算器和控制器合称为中央处理器。中央处理器和主存储器一起组成主机部分。除去主机以外的硬件装置（如输入设备、输出设备、辅助存储器等）称为外围设备。

最终，计算机的五大部件在控制器的统一指挥下，有条不紊地自动工作。

1.2.3　计算机软件系统

所谓"软件"是指不能直接碰触的，是人们事先编译好的可供计算机执行的程序的组成。它们通常存储在计算机的存储器（如硬盘）或者内存中。

软件通常分为系统软件和应用软件两大类。

系统软件又称为系统程序，主要用来管理整个计算机系统，进行监视服务，使系统资源得到合理调度，高效运行。它包括：

① 语言处理程序（如汇编程序、编译程序、解释程序等）。
② 操作系统（如批处理系统、分时系统、实时系统）。
③ 服务程序（如诊断程序、调试程序、连接程序等）。
④ 数据库管理系统等。

应用软件又称为应用程序，它是用户根据任务需要所编制的各种程序，如工业工程设计程序、科学计算程序、数据处理程序、过程控制程序、企业事务管理程序、情报检索类程序等。

尽管将计算机软件划分为系统软件和应用软件两大类，但是这种划分并不是一成不变的，一些具有通用价值的应用软件也可以归入系统软件的范畴，作为一种软件资源提供给用户使用。例如，大家常见的数据处理程序中的数据库管理系统，是面向信息管理应用领域的，就其功能而言属于应用软件，但在计算机系统中需要事先配置，所以又是系统软件的一部分。

1.2.4　计算机系统的层次结构

由上述两节可知，计算机系统由硬件、固件和软件组成，按功能划分成多级层次结构。每一级各对应一种机器，其作用和组成如图 1-5 所示。在某一级观察者看来，他只是通过该级的语言来了解和使用计算机，至于下层是如何工作和实现的一般不必关心。

4级	高级语言级	用编译程序翻译成汇编语言
3级	汇编语言级	用汇编程序翻译成机器指令
2级	操作系统级	用机器语言解释操作系统
1级	一般机器级	用微程序解释机器指令
0级	微程序设计级	由硬件直接执行微指令

图 1-5　具有五级层次结构的计算机系统

把计算机系统按功能划分成多级层次结构，首先有利于正确理解计算机系统的工作，明确软件、硬件和固件在计算机系统中的地位和作用；其次有利于理解各种语言的实质及其实现；最后还有利于探索虚拟机器新的实现方法，设计新的计算机系统。

1.2.5 计算机软件与硬件的逻辑等价性

虽然前面所讲到的计算机系统由硬件、固件和软件组成，但是，随着大规模集成电路技术的发展和软件硬化的趋势，计算机软、硬件系统已经模糊化，它们之间已经没有明显的界限了。软、硬件一个是无形的逻辑实体，一个是有形的物理实体，但它们的逻辑功能是等价的。因为任何操作都可以由软件来实现，也可以由硬件来完成；并且，任何指令的执行既可以由硬件实现，也可以由软件来实现。对于某一种机器功能采用硬件方案还是软件方案，取决于硬件价格、性能、可靠性、软件成本、软硬件的实现复杂度等因素。

当研制一台计算机的时候，设计者必须明确分配每一级的任务，确定哪些情况使用硬件，哪些情况使用软件，而硬件始终放在最低级。例如，在计算机中实现十进制乘法这一功能，既可以用硬件来实现，也可以用软件来完成。再如，浮点运算既可以用硬件实现，也可以用软件来完成。

目前，计算机系统层次结构中由 2 级到 4 级将逐步硬化或固化，即其功能将逐步由硬件或固件来实现，已经出现了专用的操作系统机器、高级语言机器。从目前软硬件技术的发展速度及实现成本上看，随着器件技术的高速发展，特别是半导体集成技术的高速发展，以前由软件来实现的功能，越来越多地由硬件或固件实现，就它的功能来说，是软件；但从形态来说，又是硬件。总的来说，今后传统的软件实现"固化"甚至"硬化"可能成为计算机系统发展的趋势。

1.2.6 计算机的性能指标

衡量和评价一台计算机的性能如何，需要从多个方面进行考虑。下面列举一些常见的性能指标供参考。

① 吞吐量：在单位时间内中央处理器（CPU）从存储设备读取、处理以及存储信息的量。

② 响应时间：用户发出请求或者指令到系统做出反应（响应）所需时间。

③ 利用率：在单位时间内系统被实际使用的时间的比率，用百分比来表示。

④ 处理机字长：CPU 在单位时间内能一次处理的二进制数的位数，如 32 位、64 位等。

⑤ 总线宽度：一般指 CPU 中运算器与存储器之间进行互连的内部总线二进制位数，它是影响吞吐量的一个关键指标。

⑥ 存储器容量：存储器中所有存储单元所能存储的容量的总和。表示单位为：KB、MB、GB、TB、PB 等。

⑦ 存储器带宽：单位时间里存储器所存取的二进制信息量。它是体现数据传输速率的技术指标，通常用"bit/s"或者"B/s"来表示。

⑧ 主频/时钟周期：CPU 内核工作的时钟频率（CPU Clock Speed）。通常所说的某某 CPU 是多少兆赫的，而"多少兆赫"就是 CPU 的主频。主频一般用 f 表示，度量单位通常用 MHz（兆赫兹）、GHz（吉赫兹）来表示。而主频的倒数就是时钟周期 T，$T=1/f$，度量

单位是 μs（微秒）、ns（纳秒）等。

⑨ CPU 的执行时间：表示 CPU 在全速工作时完成一般程序所花费的时间，计算公式为：

$$CPU\ 执行时间 = CPU\ 时钟周期数 \times CPU\ 时钟周期$$

⑩ CPI：Cycles Per Instruction，表示每条计算机指令执行所需的时钟周期，有时简称为指令的平均周期数。

⑪ MIPS：Million Instructions Per Second，全称为单字长定点指令平均执行速度，表示每秒处理的百万级的机器语言指令数。它是衡量 CPU 速度的一个指标。计算公式为：

$$MIPS = 指令数 / (执行时间 \times 10^6)$$

⑫ MFLOPS：Million Floating-point Operations per Second，全称为每秒百万个浮点操作，它是衡量计算机系统的主要技术指标之一。对于一个给定的程序，MFLOPS 的计算公式为：

$$MFLOPS = 操作浮点数 / (执行时间 \times 10^6)$$

本 章 小 结

经过本章内容的介绍，相信读者对计算机的前世今生已经有了一定的了解，对于计算机未来的发展也可以充分发挥想象力，憧憬未来世界可能出现的技术和应用场景。通过对计算机组成结构的总体介绍，我们了解到计算机分为硬件系统和软件系统两大层次，计算机逻辑结构的五大功能部件包括运算器、控制器、存储器、输入设备和输出设备。正是这些部件各司其职、协同工作，使得计算机能够自动、连续地处理程序指令，完成人类设计和构想的工作。总之，计算机归根结底还是由人类创造产生的，并不是高高在上不可知的，也并非那么遥不可及。后面的章节中，将继续深入详细地学习计算机硬件、软件系统的工作机制和实现原理，进一步全面了解计算机的方方面面。

习 题 1

一、选择题

1. 在下列四句话中，最能准确反映计算机主要功能的是_____。
    A. 计算机可以存储大量信息　　　B. 计算机能代替人的脑力劳动
    C. 计算机是一种信息处理机　　　D. 计算机可实现高速运算

2. 1946 年 2 月，在美国诞生了世界上第一台电子数字计算机，它的名字叫___（1）___，1949 年研制成功的世界上第一台存储程序式的计算机称为___（2）___。
    （1）A. EDVAC　　B. EDSAC　　C. ENIAC　　D. UNIVAC-Ⅰ
    （2）A. EDVAC　　B. EDSAC　　C. ENIAC　　D. UNIVAC-Ⅰ

3. 只能由计算机硬件直接执行的是_____。
    A. 符号语言　　　　　　　　　　B. 机器语言
    C. 汇编语言　　　　　　　　　　D. 机器语言和汇编语言

4. 运算器的核心部件是_____。
    A. 数据总线　　B. 数据选择器　　C. 累加寄存器　　D. 算术逻辑运算部件

5. 运算器的主要功能是进行_____。
    A. 逻辑运算   B. 算术运算
    C. 逻辑运算和算术运算   D. 只作加法

6. 计算机处理的内容是_____。
    A. 数据   B. 图形   C. 十进制代码   D. 汉字

7. 存储器主要用来存放_____。
    A. 程序   B. 数据   C. 微程序   D. 程序和数据

8. 外存储器与内存储器相比，外存储器_____。
    A. 速度快，容量大，成本高   B. 速度慢，容量大，成本低
    C. 速度快，容量小，成本高   D. 速度慢，容量大，成本高

9. 至今为止，计算机中所含所有信息仍以二进制方式表示，其原因是_____。
    A. 节约元件   B. 运算速度快
    C. 由物理器件性能决定   D. 信息处理方便

10. 对计算机软、硬件资源进行管理，是_____的功能。
    A. 操作系统   B. 数据库管理系统
    C. 语言处理程序   D. 用户程序

11. 企事业单位用计算机计算、管理职工工资，这属于计算机的_____应用领域。
    A. 科学计算   B. 数据处理
    C. 过程控制   D. 辅助设计

12. 微型计算机的发展以_____技术为标志。
    A. 操作系统   B. 微处理器
    C. 硬盘   D. 软件

二、填空题

1. 计算机的硬件包括_____、_____、_____、_____和_____五部分。

2. 存储器分为_____和_____。在 CPU 运行程序时,必须把程序放在_____。

3. 存储器的存储容量一般以_____为单位，一台微机的内存容量是 128 MB，应是_____个这样的单位。

4. 主存储器的性能指标主要是存储容量、_____、_____和_____。

5. 计算机中所有的数据都是以_____进制方式进行存放的。

6. 计算机的运算精度主要由计算机的_____决定，_____越_____，则计算机的运算精度越高。

7. 计算机的 CPU 包括_____和_____两部分。

8. CPU 能直接访问_____和_____，但不能直接访问磁盘和光盘。

9. 冯·诺依曼结构计算机的基本特点是_____。

三、简答题

1. 冯·诺依曼型计算机的主要设计思想是什么？它包括哪些主要组成部分？

2. 什么是内存？什么是外存？什么是 CPU？简述其功能。

3. 计算机的发展经历了哪些阶段？

4. 简述现代计算机的发展方向。

5. 简述计算机的应用领域。

第2章 指令系统与汇编程序设计

由第 1 章可知，CPU 好比人类的大脑，除了完成运算之外还要控制所有部件协同工作，CPU 的工作归根结底是要按照一定的顺序和约定执行各种程序指令。本章首先从进位制讲起，介绍什么是指令以及指令系统需要满足什么样的要求和功能，并举例说明一些常见的指令系统。与此同时，汇编语言是能够让程序员直接操控硬件的底层语言，也有助于理解 CPU 的工作原理，因此本章也会在最后讲解简单的汇编程序设计方法并给出部分示例。

2.1 进位制及其转换

2.1.1 进位制

进位制又称进制，是人们规定的一种计数方式。"逢十进一"就是十进制，"逢二进一"就是二进制，"逢 k 进一"就是 k 进制，其中 k 称为基数。生活中有很多使用不同进制计数的例子，比如：一个小时有 60 分钟，用的是六十进制；一个星期有 7 天，用的是七进制；一年有 12 个月，用的是十二进制；计算机只能存储 0 和 1，用的是二进制。

1. 十进制

人们生活中最常用的是十进制。十进制由 0，1，2，…，9 十个基本数字组成，十进制按照"逢十进一"的规则运算，基数为 10。计数时，数字从右到左，第一位数字表示 1 的个数，第二位数字表示 10 的个数，第三位数字表示 100 的个数，依此类推。例如，十进制数 3721 表示：有 1 个 1，2 个 10，7 个 100（7 个 10^2），3 个 1000（3 个 10^3）。

2. 二进制

二进制数有两个特点：它由两个基本数字 0，1 组成；运算规律是逢二进一。

为区别于其他进制数，二进制数的书写通常在数的右下方标注基数 2，或数字后面加 B 表示。例如，二进制数 10110011 可以写成 $(10110011)_2$，或写成 10110011B，对于十进制数可以不加注。计算机中的数据均采用二进制数表示，这是因为二进制数具有以下特点：

① 二进制数中只有两个字符 0 和 1，表示元器件的两个不同稳定状态。例如，电路中有无电流，有电流用 1 表示，无电流用 0 表示。类似的，如电路中电压的高低，晶体管的

导通和截止等。

② 二进制数运算简单，大大简化了计算中运算部件的结构。

二进制数的加法和乘法运算法则如下：

0+0=0	0+1=1	1+0=1	1+1=10
0×0=0	0×1=0	1×0=0	1×1=1

3．八进制

由于二进制基数较小，所以二进制数据的书写和阅读不方便，为此，在计算机中引入了八进制（但最终以二进制形式存在），如 UNIX 系统的文件权限就用八进制数表示。八进制的基数 $k=8=2^3$，由基本数字 0、1、2、3、4、5、6、7 组成，并且每个基本数字正好对应三位二进制数，所以八进制能很好地反映二进制。八进制用下标 8 或数据后面加 o 表示，例如，二进制数 $(11101010.010110100)_2$ 对应八进制数 $(352.264)_8$ 或 352.264o。

4．十六进制

由于二进制数在使用中位数太长，不容易记忆，所以又提出了十六进制数。十六进制数有两个基本特点：它由 16 个字符 0～9 以及 A、B、C、D、E、F（它们分别表示十进制数 10～15）组成；十六进制数运算规律是逢十六进一，即基数 $k=16=2^4$，通常在表示时用尾部标志 H 或下标 16 以示区别。例如，十六进制数 4AC8 可写成 $(4AC8)_{16}$，或写成 4AC8H。用十六进制或八进制可以解决这个问题。因为，进制越大，数的表达长度也就越短。不过，为什么计算机中偏偏是用十六或八进制数表示二进制数，而不用其他的，诸如九进制或二十进制呢？这是由于 2、8、16 分别是 2^1、2^3、2^4。这一点使得三种进制之间可以非常直接地互相转换。八进制或十六进制缩短了二进制数的表达长度，但保持了二进制数的表达特点。

2.1.2　进制转换

对于任何一个数，我们可以用不同的进位制表示。比如：十进制数 $(57)_{10}$ 可以用二进制表示为 $(111001)_2$，也可以用八进制表示为 $(71)_8$，也可以用十六进制表示为 $(39)_{16}$，它们所代表的数值都是一样的。

在进制中，各位数字所表示值的大小不仅与该数字本身的大小有关，还与该数字所在的位置有关，我们将每一固定位置对应的单位值称为位权。例如十进制第 1 位的位权为 10^0，第 2 位的位权为 10^1；而二进制第 1 位的位权为 2^0，第 2 位的位权为 2^1，对于 N 进制数，整数部分第 i 位的位权为 N^{i-1}，而小数部分第 j 位的位权为 N^{-j}。如十进制数时 3721 可以写为每一位数字与其位权之积的和：

$$3721 = 3 \times 10^3 + 7 \times 10^2 + 2 \times 10^1 + 1 \times 10^0$$

其他进制数也可以这样表示。

1．其他进制转换为十进制

用按权展开法，把一个任意 R 进制数 $a_n a_{n-1} \ldots a_1 a_0 . a_{-1} a_{-2} \ldots a_{-m}$ 转换成十进制数，其十进制数值为每一位数字与其位权之积的和。

$$a_n \times R^n + a_{n-1} \times R^{n-1} + \cdots + a_1 \times R^1 + a_0 \times R^0 + a_{-1} \times R^{-1} + a_{-2} \times R^{-2} + \ldots + a_{-m} \times R^{-m}$$

（1）二进制转换为十进制

二进制数的基数为 2，第 0 位的权值是 2^0，第 1 位的权值是 2^1……。所以，设有一个二进制数：101100100，写成按位权展开的形式，并计算结果：
$$1×2^8+0×2^7+1×2^6+1×2^5+0×2^4+0×2^3+1×2^2+0×2^1+0×2^0=356$$

0 乘以任何值都是 0，所以忽略值为 0 的位：
$$1×2^8+1×2^6+1×2^5+1×2^2=356$$

（2）八进制转换为十进制

八进制就是逢八进一。八进制数采用 0～7 表达一个数。八进制数第 0 位的权值为 8^0，第 1 位权值为 8^1，第 2 位权值为 8^2……。所以，设有一个八进制数：1507，转换为十进制为：839，可以直接计算如下：
$$1×8^3+5×8^2+0×8^1+7×8^0=839$$

（3）十六进制转换为十进制

十六进制就是逢十六进一，但只有 0～9 这 10 个数字，所以用 A～F 这 6 个字母来分别表示 10～15。字母不区分大小写。十六进制数的第 0 位的权值为 16^0，第 1 位的权值为 16^1，第 2 位的权值 16^2……。所以，假设有一个十六进制数 2AF5，直接计算就是：
$$2×16^3+A×16^2+F×16^1+5×16^0=10997$$

此处可以看出，所有进制均可换算成十进制，关键在于各自的权值不同。

2．十进制转换为二进制

十进制数转换为二进制数时，由于整数和小数的转换方法不同，所以先将十进制数的整数部分和小数部分分别转换后，再加以合并。

十进制整数转换为二进制整数采用“除 2 取余，逆序排列”法。具体做法是：用 2 整除十进制整数，可以得到一个商和余数；再用 2 去除商，又会得到一个商和余数，如此进行，直到商为 0，然后把先得到的余数作为二进制数的低位有效位，后得到的余数作为二进制数的高位有效位，依次排列。例如，将 $(46)_{10}$ 转换为二进制 $(101110)_2$ 的过程如图 2-1 所示。

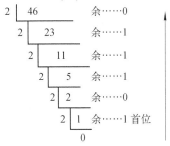

图 2-1　十进制转换为二进制过程示意图

假设十进制整数 A 转换后得二进制数为 edcba，那么二进制数按权展开，得：
$$e×2^4+d×2^3+c×2^2+b×2^1+a×2^0=A（二进制数转换为十进制数的过程）$$

假设该数未转换为二进制数，除以基数 2 得：
$$A/2= e×2^4/2+d×2^3/2+c×2^2/2+b×2^1/2+a×2^0/2$$

注意：a 的值为 0 或 1，不能被 2 整除，因此余下；其他的各项均能被 2 整除，因为它们都包含因数 2。除以 2 后得到的商为：
$$e×2^3+d×2^2+c×2^1+b×2^0$$

再除以基数 2 余下了 b，依此类推。当这个数不能再被 2 除时，最先余的 a 在低位，而后来的余数依次在高位，所以要把所有的余数按照逆序排列，正好是 edcba。

十进制小数转换成二进制小数采用"乘 2 取整，顺序排列"法。具体做法是：用 2 乘以十进制小数，可以得到积，将积的整数部分取出，再用 2 乘以余下的小数部分，又得到一个积，再将积的整数部分取出，如此进行，直到乘积中的小数部分为零，然后把取出的整数部分按顺序排列，先取的整数作为二进制小数的高位有效位，后取的整数作为低位有效位。例如，将 $(0.625)_{10}$ 转换为二进制得 $(0.101)_2$。

$$0.625×2=1.25\text{-------------取出整数部分 1（高位）}$$
$$0.25×2=0.5\text{----------------取出整数部分 0}$$
$$0.5×2=1\text{----------------取出整数部分 1（低位）}$$

假设一个十进制小数 B 转换为二进制小数 0.ab 的形式，同样按权展开，得：

$$B=a×2^{-1}+b×2^{-2}$$

因为小数部分的位权是负次幂，所以只能乘 2，得：

$$2×B=a+b×2^{-1}$$

注意：a 变成了整数部分，我们取整数正好是取到了 a，剩下的小数部分依此类推。小数部分的按权展开的数位顺序正好和整数部分相反，所以不必反向排列。

3．二进制数与十六进制数相互转换

二进制和十六进制的互相转换比较重要，因为在程序中经常把二进制数写为十六进制的形式，从而容易阅读。不过这二者的转换却不用计算，每位程序员都应当能将二进制数直接转换为十六进制数，反之亦然。

十六进制有 16 个数，即 0～15，用二进制表示 15 就是 1111，从而可以推断出，16 个数用二进制可以表示成 0000～1111，顾名思义，也就是每四个二进制位为一个十六进制数。$(0111101)_2$ 可以这样分组：0011|1101（从右往左，每 4 位为一组，最高位不足 4 位可用 0 补齐），把每一组（4 位）二进制数转换为十进制数，然后再写成对应十六进制数的形式。0111101 就可以换算成十六进制的 $(3D)_{16}$。

如果是带有小数的二进制数，则小数部分从左往右每 4 位为一组，不足 4 位低位用 0 补齐。然后每一组（4 位）二进制数转换为十进制数，然后再写为十六进制数的形式，组成十六进制数的小数部分。

反之，如何迅速将十六进制数转换为二进制数呢？把每 1 位十六进制数转换为 4 位二进制数即可。例如十六进制数 FD 转换为二进制数，先转换 F，它是十进制的 15，然后 15 再转换为二进制数。这里不使用"除 2 取余"的方法，直接使用四位二进制数各位的权值 8421 去凑。F=8+4+2+1，所以四位全为 1，即二进制数为 1111。接着转换 D，它的十进制数是 13，13=8+4+1，没有权值 2，则二进制数的第二位为 0，即二进制数为 1101。所以，$(FD)_{16}$ 转换为二进制数为 $(11111101)_2$。

4．二进制数与八进制数相互转换

二进制数转换为八进制数的方法与二进制数转换为十六进制数的方法相似。因为八进制数有 0～7 八个数字，可用二进制表示为 000～111，也就是每三个二进制位为一个八进制位。则二进制数整数部分从右往左每三位为一组（不足三位高位用 0 补齐），转换为十进制数，则得到转换后的八进制数。二进制小数部分则按照从左到右的顺序每三位分为一组（不足三位低位用 0 补齐），转换为十进制数。例如 $(11001.101)_2=(011001.101)_2=(31.5)_8$

2.1.3　二进制数的运算

计算机具有强大的运算能力，主要是因为它可以进行两种运算：算术运算和逻辑运算。

1. 二进制数的算术运算

二进制数的算术运算包括：加、减、乘、除四则运算，下面分别予以介绍。

（1）二进制数的加法

根据"逢二进一"的规则，二进制数加法的法则为：

$$0 + 0 = 0$$
$$0 + 1 = 1 + 0 = 1$$
$$1 + 1 = 0（进位为 1）$$

例如，1110 和 1011 相加的过程如下：

```
      1  1  1  0
  +   1  0  1  1
  ─────────────
  1   1  0  0  1
```

（2）二进制数的减法

根据"借一有二"的规则，二进制数减法的法则为：

$$0 - 0 = 0$$
$$1 - 1 = 0$$
$$1 - 0 = 1$$
$$0 - 1 = 1（借位为 1）$$

例如，1100 减去 1011 的过程如下：

```
      1  1  0  0
  -   1  0  1  1
  ─────────────
      0  0  0  1
```

（3）二进制数的乘法

二进制数乘法与十进制数乘法很类似。但由于二进制数只有 0 或 1 两种可能的乘数位，导致二进制乘法更为简单。二进制数乘法的法则为：

$$0 \times 0 = 0$$
$$0 \times 1 = 1 \times 0 = 0$$
$$1 \times 1 = 1$$

例如，1001 和 1010 相乘的过程如下：

```
            1  0  0  1
        ×   1  0  1  0
      ─────────────────
            0  0  0  0
         1  0  0  1
      0  0  0  0
   1  0  0  1
   ─────────────────────
   1  0  1  1  0  1  0
```

由低位到高位，用乘数的每一位去乘被乘数，若乘数的某一位为 1，则该次部分积为被乘数；若乘数的某一位为 0，则该次部分积为 0。某次部分积的最低位必须和本位乘数对齐，所有部分积相加的结果则为相乘得到的乘积。

（4）二进制数的除法

二进制数除法与十进制数除法很类似。可先从被除数的最高位开始，将被除数（或中间余数）与除数相比较，若被除数（或中间余数）大于除数，则用被除数（或中间余数）减去除数，商为 1，并得相减之后的中间余数，否则商为 0。再将被除数的下一位移下补充到中间余数的末位，重复以上过程，就可得到所要求的各位商数和最终的余数。

例如，100110÷110 的过程如下：

```
              0 0 0 1 1 0        商
      1 1 0 )1 0 0 1 1 0
              1 1 0
              0 1 1 1
                1 1 0
                  1 0        余数
```

所以，100110÷110 = 110 余 10。

2．二进制数的逻辑运算

二进制数的基本逻辑运算包括"或"运算、"与"运算和"非"运算，以及常用逻辑运算"异或""同或"。

（1）逻辑"或"运算

又称为逻辑加，可用符号"+"或"∨"来表示。逻辑"或"运算的规则如下：

$$0 + 0 = 0 \text{ 或 } 0 \vee 0 = 0$$
$$0 + 1 = 1 \text{ 或 } 0 \vee 1 = 1$$
$$1 + 0 = 1 \text{ 或 } 1 \vee 0 = 1$$
$$1 + 1 = 1 \text{ 或 } 1 \vee 1 = 1$$

可见，两个相"或"的逻辑变量中，只要有一个为 1，"或"运算的结果就为 1。仅当两个变量都为 0 时，"或"运算的结果才为 0。计算时，要特别注意和算术运算的加法区别开来。

（2）逻辑"与"运算

又称为逻辑乘，常用符号"×"或"·"或"∧"表示。"与"运算遵循如下运算规则：

$$0 \times 0 = 0 \text{ 或 } 0 \cdot 0 = 0 \text{ 或 } 0 \wedge 0 = 0$$
$$0 \times 1 = 0 \text{ 或 } 0 \cdot 1 = 0 \text{ 或 } 0 \wedge 1 = 0$$
$$1 \times 0 = 0 \text{ 或 } 1 \cdot 0 = 0 \text{ 或 } 1 \wedge 0 = 0$$
$$1 \times 1 = 1 \text{ 或 } 1 \cdot 1 = 1 \text{ 或 } 1 \wedge 1 = 1$$

可见，两个相"与"的逻辑变量中，只要有一个为 0，"与"运算的结果就为 0。仅当两个变量都为 1 时，"与"运算的结果才为 1。

（3）逻辑"非"运算

又称为逻辑否定，实际上就是将原逻辑变量的状态求反，其运算规则如下：

$$\overline{0} = 1$$
$$\overline{1} = 0$$

可见，在变量的上方加一横线表示"非"。逻辑变量为 0 时，"非"运算的结果为 1。逻辑变量为 1 时，"非"运算的结果为 0。

（4）逻辑"异或"运算

"异或"运算，常用符号"$\oplus$"或"$\forall$"来表示，其运算规则为 $a \oplus b = \bar{a}b + a\bar{b}$，带入 0 和 1 得：

$$0 \oplus 0 = 0$$
$$0 \oplus 1 = 1$$
$$1 \oplus 0 = 1$$
$$1 \oplus 1 = 0$$

可见：两个相"异或"的逻辑运算变量取值相同时，"异或"的结果为 0。取值相异时，"异或"的结果为 1。

（5）逻辑"同或"运算

"同或"运算，常用符号"$\otimes$"来表示，其运算规则为 $a \otimes b = \bar{a}\bar{b} + ab$，带入 0 和 1 得：

$$0 \otimes 0 = 1$$
$$0 \otimes 1 = 0$$
$$1 \otimes 0 = 0$$
$$1 \otimes 1 = 1$$

可见：两个相"同或"的逻辑运算变量取值相同时，"同或"的结果为 1。取值相异时，"同或"的结果为 0。

以上仅就逻辑变量只有一位的情况说明了逻辑"与""或""非""异或""同或"运算的运算规则。当逻辑变量为多位时，可在两个逻辑变量对应位之间按上述规则进行运算。特别注意，所有的逻辑运算都是按位进行的，位与位之间没有任何联系，即不存在算术运算过程中的进位或借位关系。

2.2　指令系统和指令格式概述

指令系统是计算机硬件的语言系统，是指计算机所能执行的全部指令的集合，它描述了计算机内全部的控制信息和"逻辑判断"能力。不同计算机的指令系统包含的指令种类和数目也不同。一般均包含算术运算型、逻辑运算型、数据传送型、判定和控制型、移位操作型、位（位串）操作型、输入和输出型等指令。指令系统是表征一台计算机性能的重要因素，它的格式与功能不仅直接影响到机器的硬件结构，而且也直接影响到系统软件和机器的适用范围。

早期的计算机，存储器是一个很昂贵的资源，因此希望指令系统能支持生成最短的程序。此外，还希望程序执行时所需访问的程序和数据位的总数越少越好。在微程序出现后，将以前由一串指令所完成的功能移到了微代码中，从而改进了代码密度。此外，它也避免了从主存取指令的较慢动作，从而提高执行效率。在微代码中实现功能的另一论点是：这些功能能较好地支持编译程序。如果一条高级语言的语句能被转换成一条机器语言指令，这可使编译软件的编写变得非常容易。此外，在机器语言中含有类似高级语言的语句指令，便能使机器语言与高级语言的间隙减少。这种发展趋向导致了复杂指令系统（Complex Instruction Set Computer，CISC）设计风格的形成，即认为计算机性能的提高主要依靠增加指令复杂性及其功能来获取。

CISC 指令系统的主要特点是：

① 指令系统复杂。具体表现在以下几个方面：指令数多，一般大于 100 条；寻址方式多，一般大于 4 种；指令格式多，一般大于 4 种。

② 绝大多数指令需要多个机器时钟周期方可执行完毕。

③ 各种指令都可以访问存储器。

但 CISC 指令系统主要存在如下三方面的问题：

① CISC 中各种指令的使用频度相差悬殊，大量的统计数字表明，大约有 20%的指令使用频度比较高，占据了 80%的处理机时间。换句话说，有 80%的指令只在 20%的处理机运行时间内才被用到。

② VLSI 的集成度迅速提高，使得生产单芯片处理机成为可能。在单芯片处理机内，希望采用规整的硬布线控制逻辑，不希望用微程序。而在 CISC 处理机中，大量使用微程序技术以实现复杂的指令系统，给 VLSI 工艺造成很大困难。

③ 虽然复杂指令简化了目标程序，缩小了高级语言与机器指令之间的语义差距，然而增加了硬件的复杂程度，会使指令的执行周期大大加长，从而有可能使整个程序的执行时间反而增加。

由于 CISC 技术在发展中出现了问题，计算机系统结构设计的先驱者们尝试从另一途径来支持高级语言及适应 VLSI 技术特点。1975 年 IBM 公司的 John Cocke 提出了精简指令系统的设想。到了 1979 年，美国加州大学伯克利分校由 Patterson 教授领导的研究组，首先提出了 RISC（Reduced Instruction Set Computer，精简指令集计算机）这一术语，并先后研制了 RISC-I 和 RISC-II 计算机。1981 年斯坦福大学 Hennessy 教授领导的研究小组研制了 MIPS-RISC 计算机，强调高效的流水和采用编译方法进行流水调度，使得 RISC 技术设计风格得到很大补充和发展。

RISC 的主要特点：20 世纪 90 年代初，IEEE（Institute of Electrical and Electronics Engineers，电气和电子工程师协会）的 Michael Slater 对于 RISC 的定义作了如下描述：RISC 处理器所设计的指令系统应使流水线处理能高效率执行，并使优化编译器能生成优化代码。RISC 为使流水线高效率执行，应具有下述特征：

① 简单而统一格式的指令译码；

② 大部分指令可以单周期执行完成；

③ 只有 LOAD 和 STORE 指令可以访问存储器；

④ 简单的寻址方式；

⑤ 采用延迟转移技术；

⑥ 采用 LOAD 延迟技术。

RISC 为使优化编译器便于生成优化代码，应具有下述特征：

① 三地址指令格式；

② 较多的寄存器；

③ 对称的指令格式。

RISC 的主要问题是编译后生成的目标代码较长，占用了较多的存储器空间。但由于半导体集成技术的发展，使得 RAM 芯片集成度不断提高和成本不断下降，目标代码较长已不成为主要问题。RISC 技术存在的另一个潜在缺点是对编译器要求较高，除了常规优化方法外，还要进行指令顺序调度。

2.2.1　指令的一般格式

计算机的指令格式与机器的字长、存储器的容量及指令的功能都有很大的关系。从便于程序设计、增加基本操作并行性、提高指令功能的角度来看，指令中应包含多种信息。但在有些指令中，由于部分信息可能无用，这将浪费指令所占的存储空间，并增加了访存次数，反而会影响速度。因此，如何科学合理地设计指令格式，使指令既能给出足够的信息，又能使其长度尽可能地与机器的字长相匹配，以节省存储空间，缩短取指时间，提高机器的性能，这是指令格式设计中的一个重要问题。

计算机是通过执行指令来处理各种数据的。为了指出数据的来源、操作结果的去向及所执行的操作，一条指令必须包含下列信息：

① 操作码。它具体说明了操作的性质及功能。一台计算机可能有几十条至几百条指令，每一条指令都有一个相应的操作码，计算机通过识别该操作码来完成不同的操作。

② 操作数的地址。CPU 通过该地址就可以取得所需的操作数。

③ 操作结果的存储地址。把对操作数的处理所产生的结果保存在该地址中，以便再次使用。

④ 下条指令的地址。执行程序时，大多数指令按顺序依次从主存中取出执行，只有在遇到转移指令时，程序的执行顺序才会改变。为了压缩指令的长度，可以用一个程序计数器（Program Counter，PC）存放指令地址。每执行一条指令，PC 的指令地址就自动加 1（设该指令只占一个主存单元），指出将要执行的下一条指令的地址。当遇到执行转移指令时，则用转移地址修改 PC 的内容。由于使用了 PC，指令中就不必明显地给出下一条将要执行指令的地址。

一条指令实际上包括两种信息即操作码和地址码。操作码（OPeration code，OP）用来表示该指令所要完成的操作（如加、减、乘、除、数据传送等），其长度取决于指令系统中的指令条数。地址码用来描述该指令的操作对象，它或者直接给出操作数，或者指出操作数的存储器地址或寄存器地址（即寄存器名）。指令包括操作码域和地址域两部分。根据地址域所涉及的地址数量，常见的指令格式有以下几种。

① 三地址指令：一般地址域中 A1、A2 分别确定第一、第二操作数地址，A3 确定结果地址。下一条指令的地址通常由程序计数器按顺序给出。

三地址指令	操作码	A1	A2	A3

② 二地址指令：地址域中 A1 确定第一操作数地址，A2 同时确定第二操作数地址和结果地址。

二地址指令	操作码	A1	A2

③ 单地址指令：地址域中 A 确定第一操作数地址。固定使用某个寄存器存放第二操

作数和操作结果。因而在指令中隐含了它们的地址。

单地址指令	操作码	A

④ 零地址指令：在堆栈型计算机中，操作数一般存放在堆栈顶的两个单元中，结果又放入栈顶，地址均被隐含，因而大多数指令只有操作码而没有地址域。

⑤ 可变地址数指令：地址域所涉及的地址的数量随操作定义而改变。如有的计算机指令中的地址数可少至 0 个，多至 6 个。

2.2.2　操作数与操作类型

操作数是指令处理的对象，常见的类型有：地址、数值、字符、逻辑值等。

① 地址——可以看作无符号整数，用来参加运算以确定主存地址。

② 数值——包括定点数、浮点数和十进制数，前两种数值形式将在 3.1.3 中具体讲述，十进制数一般用 NBCD 码（即 8421 码）表示。

③ 字符——计算机在处理信息时如果遇到文本信息，不能直接处理与存储，需要采用编码的形式来表示文本，即用不同的二进制数表示不同的文字，如常用的 ASCII 码。当然还有其他的一些字符编码。

④ 逻辑值——计算机除了作算术运算外，还需要作逻辑运算。因此有时一些 0 和 1 的组合被看作逻辑值，而不是被看作算术数值。被看作逻辑值的 n 个 0 和 1，它们每一位都代表着真和假，运算时通常需要按位运算。

指令的操作类型按功能可分成算术逻辑运算、数据传送、程序控制、输入/输出等类型。

（1）算术逻辑运算

一些低档的微型机只有定点加减运算指令、求补指令、比较指令、加 1 减 1 指令等算术运算指令。较高档的机器还有十进制运算指令、定点乘除指令、浮点运算指令等。逻辑运算类指令包括逻辑与、或、非、异或和测试等。有些机器还有位操作、位测试等指令。一些大型机、巨型机还设有向量运算指令，可以直接对整个向量或矩阵进行求和、求积等运算。算术逻辑运算指令都影响状态标志位 Flag（程序状态字 PSW）。

（2）移位操作

移位操作有算术移位、逻辑移位和循环移位三种。可以实现对操作数左移或右移一位或多位。算术移位和逻辑移位可分别实现对有符号数和无符号数乘以 2^n（左移 n 位）或整除以 2^n（右移 n 位）的运算，移位操作所需要的时间远比乘除操作所需要的时间短，所以移位操作经常被用来做简单的乘法和除法运算。

循环移位有带进位位的大循环和不带进位位的小循环两种，常用于实现循环式控制、压缩 BCD 码高低字位互换及多倍字长的移位等。

（3）数据传送

在程序中使用最多的是数据传送指令。这类指令的功能是实现寄存器与寄存器，寄存器与存储单元以及存储单元与存储单元之间的数据传送，包括对数据的读（Load）和写（Store）。数据传送时，数据从源地址传送到目的地址，源地址中的数据保持不变。

有些机器设置有数据块传送指令，可一次把多达 64KB 的数据从一个存储区传送到另一个存储区。数据交换指令则完成源操作数与目的操作数的互换。堆栈的压入 Push 和弹出

Pop 指令也属于数据传送指令。

（4）程序控制（转移）

在多数情况下，计算机是按照顺序执行程序的每条指令的，但有时需要改变指令执行的顺序，这时就采用转移类指令来完成。这类操作主要用于控制程序的流向，包括停机、无条件转移、条件转移、子程序调用与返回、中断和陷阱指令等。

无条件转移是指不受任何条件的约束，可以直接把程序转移到下一条所需执行的指令的地址。

条件转移是根据对某些条件判定的结果（通常是前面执行的算术逻辑运算指令对状态标志位的影响）决定是否发生转移，若条件满足则转移，否则顺序执行下一条指令。

转移还有绝对转移和相对转移的区别。绝对转移是转移到一个给定的目标地址（在整个存储器范围内）。相对转移是相对当前地址（程序计数器的内容）向前或向后转移一个位移量的范围（小范围）。

在编写程序时，有些具有特性功能的程序段会被反复使用。为避免重复编写，可将这些程序段设定为独立子程序，当需要执行这些子程序时，只需用子程序调用指令即可。

调用指令（Call）一般与返回指令（Return）配合使用。调用指令用于从当前程序位置转移到子程序的入口；返回指令用于子程序执行完后重新返回到原程序的断点。子程序调用指令与返回指令也有条件调用、条件返回和无条件调用、无条件返回的区别。

中断指令设置中断类型，开放或禁止中断等。陷阱（Trap）是一种异常中断，其目的不是为了请求 CPU 正常处理中断，而是为了把发生的各种事件通知 CPU，并根据故障情况转入相应的故障处理程序。陷阱指令一般不提供给用户使用。

（5）输入/输出

输入/输出指令用来实现主机与外设间的各类信息交换，如数据的输入和输出、向外设发出的控制命令、检测外设的工作状态等。由于 I/O 端口的数目远少于存储单元数，故此类指令的地址码较短。有些计算机采用内存和外设（接口）统一编址的方法，把外设看作内存单元，所有能对内存单元进行操作的指令均可对外设端口进行操作（包括算术逻辑运算）。这样的计算机就没有输入/输出指令。

（6）字符串处理

字符串处理指令实现对字符串的非数值处理，包括：字符串的传送、字符串比较、字符串查询、字符串转换等。

（7）其他

其他包括特权指令、多处理机指令、多媒体指令等。特权指令是用于系统资源分配和管理的指令。例如，检测用户的访问权限，修改段表、页表，改变系统的工作模式，任务的创建和切换等。多处理机指令是专门为支持多处理机系统而设置的指令。多媒体指令是专门为处理多媒体数据而设置的指令。例如，Pentium 处理器的 MMX 指令。

2.2.3　CPU 的寄存器

在 CPU 中至少要有六类寄存器：指令寄存器（IR）、程序计数器（PC）、地址寄存器（AR）、数据寄存器（DR）、累加寄存器（AC）、程序状态字寄存器（PSW）。这些寄存器用来暂存一个计算机字，其数量可以根据需要进行扩充。

（1）数据寄存器

数据寄存器（Data Register，DR）又称数据缓冲寄存器，其主要功能是作为 CPU 和主存、外设之间信息传输的中转站，用以弥补 CPU 和主存、外设之间操作速度上的差异。

数据寄存器用来暂时存放由主存储器读出的一条指令或一个数据字；反之，当向主存存入一条指令或一个数据字时，也将它们暂时存放在数据寄存器中。

总的来说，数据寄存器的作用是：

① 作为 CPU 和主存、外围设备之间信息传送的中转站；

② 弥补 CPU 和主存、外围设备之间在操作速度上的差异；

③ 在单累加器结构的运算器中，数据寄存器还可兼作操作数寄存器。

（2）指令寄存器

指令寄存器（Instruction Register，IR）用来保存当前正在执行的一条指令。当执行一条指令时，首先把该指令从主存读取到数据寄存器中，然后再传送至指令寄存器。

指令包括操作码和地址码两个字段，为了执行指令，必须对操作码进行测试，识别出所要求的操作，指令译码器（Instruction Decoder，ID）就是完成这项工作的。指令译码器对指令寄存器的操作码部分进行译码，以产生指令所要求操作的控制电位，并将其送到微操作控制线路上，在时序部件定时信号的作用下，产生具体的操作控制信号。

指令寄存器中操作码字段的输出就是指令译码器的输入。操作码一经译码，即可向操作控制器发出具体操作的特定信号。

（3）程序计数器

程序计数器用来指出下一条指令在主存储器中的地址。在程序执行之前，首先必须将程序的首地址，即程序第一条指令所在主存单元的地址送入 PC，因此 PC 的内容即是从主存提取的第一条指令的地址。

当执行指令时，CPU 能自动递增 PC 的内容，使其始终保存将要执行的下一条指令的主存地址，为取下一条指令做好准备。若为单字长指令，则（PC）+1=>PC，若为双字长指令，则（PC）+2=>PC，以此类推。

但是，当遇到转移指令时，下一条指令的地址将由转移指令的地址码字段来指定，而不是通过顺序递增 PC 的内容来取得。

因此，程序计数器的结构应当具有寄存信息和计数两种功能。

（4）地址寄存器

地址寄存器（Address Register，AR）用来保存 CPU 当前所访问的主存单元的地址。由于在主存和 CPU 之间存在操作速度上的差异，所以必须使用地址寄存器来暂时保存主存的地址信息，直到主存的存取操作完成为止。

当 CPU 和主存进行信息交换，即 CPU 向主存存入数据/指令或者从主存读出数据/指令时，都要使用地址寄存器和数据寄存器。

如果我们把外围设备与主存单元进行统一编址，那么，当 CPU 和外围设备交换信息时，我们同样要使用地址寄存器和数据寄存器。

（5）累加寄存器

累加寄存器通常简称累加器（ACcumulator，AC），是一个通用寄存器。累加器的功能是：当运算器的算术逻辑单元（Arithmetic and Logic Unit，ALU）执行算术或逻辑运算时，为 ALU 提供一个工作区，可以为 ALU 暂时保存一个操作数或运算结果。显然，运算器中至少要有一个累加寄存器。

（6）程序状态字寄存器

程序状态字（Program Status Word, PSW）用来表征当前运算的状态及程序的工作方式。程序状态字寄存器用来保存由算术/逻辑指令运行或测试的结果所建立起来的各种条件码内容，如运算结果进/借位标志（C）、运算结果溢出标志（O）、运算结果为零标志（Z）、运算结果为负标志（N）、运算结果符号标志（S）等，这些标志位通常用 1 位触发器来保存。

除此之外，程序状态字寄存器还用来保存中断和系统工作状态等信息，以便 CPU 和系统及时了解机器运行状态和程序运行状态。

因此，程序状态字寄存器是一个保存各种状态条件标志的寄存器。

2.2.4　寻址方式

在存储器中，操作数或指令字写入或读出的方式，有地址指定方式、相联存储方式和堆栈存取方式。几乎所有的计算机，在内存中都采用地址指定方式。当采用地址指定方式时，形成操作数或指令地址的方式称为寻址方式。寻址方式分为两类，即指令寻址方式和数据寻址方式，前者比较简单，后者比较复杂。值得注意的是，在传统方式设计的计算机中，内存中指令的寻址与数据的寻址是交替进行的。

1. 指令寻址

指令的寻址方式有以下两种：

（1）顺序寻址方式

由于指令地址在内存中按顺序安排，当执行一段程序时，通常是一条指令接一条指令地顺序进行。也就是说，从存储器取出第 1 条指令，然后执行这条指令；接着从存储器取出第 2 条指令，再执行第 2 条指令；接着再取出第 3 条指令。这种程序顺序执行的过程，称为指令的顺序寻址方式。为此，必须使用程序计数器（又称指令指针寄存器）PC 来计数指令的顺序号，该顺序号就是指令在内存中的地址。

（2）跳跃寻址方式

当程序转移执行的顺序时，指令的寻址就采取跳跃寻址方式。所谓跳跃，是指下条指令的地址码不是由程序计数器给出，而是由本条指令给出。注意，程序跳跃后，按新的指令地址开始顺序执行。因此，指令计数器的内容也必须相应改变，以便及时跟踪新的指令地址。

采用指令跳跃寻址方式，可以实现程序转移或构成循环程序，从而能缩短程序长度，或将某些程序作为公共程序引用。指令系统中的各种条件转移或无条件转移指令，就是为了实现指令的跳跃寻址而设置的。

2. 操作数寻址

形成操作数的有效地址的方法称为操作数的寻址方式。由于大型机、小型机、微型机和单片机结构不同，从而形成了各种不同的操作数寻址方式。下面介绍一些比较典型又常用的操作数寻址方式。

（1）隐含寻址

这种类型的指令，不是明显地给出操作数的地址。而是在指令中隐含着操作数的地址。例如，单地址的指令格式，就不会明显地在地址字段中指出第 2 操作数的地址，而是规定累加寄存器 AC 作为第 2 操作数地址。指令格式明显指出的仅是第 1 操作数的地址 D。因此，累加寄存器 AC 对单地址指令格式来说是隐含地址。

（2）立即寻址

指令的地址字段指出的不是操作数的地址，而是操作数本身，这种寻址方式称为立即寻址。立即寻址方式的特点是指令执行时间很短，因为它不需要访问内存取数，从而节省了访问内存的时间。如：MOV AX,5678H，注意：立即数只能作为源操作数，不能作为目的操作数。

（3）直接寻址

直接寻址是一种基本的寻址方法，其特点是：在指令格式的地址字段中直接指出操作数在内存中的地址。由于操作数的地址直接给出而不需要经过某种变换，所以称这种寻址方式为直接寻址方式。在指令中直接给出参与运算的操作数及运算结果所存放的主存地址，即在指令中直接给出有效地址。

（4）间接寻址

间接寻址是相对直接寻址而言的，在间接寻址的情况下，指令地址字段中的形式地址不是操作数的真正地址，而是操作数地址的指示器，或者说此形式地址单元的内容才是操作数的有效地址。

（5）寄存器寻址方式和寄存器间接寻址方式

当操作数不放在内存中，而是放在 CPU 的通用寄存器中时，可采用寄存器寻址方式。显然，此时指令中给出的操作数地址不是内存的地址单元号，而是通用寄存器的编号（可以是 8 位也可以是 16 位（AX，BX，CX，DX））。指令结构中的 RR 型指令，就是采用寄存器寻址方式的例子。如：MOV DS,AX，寄存器间接寻址方式与寄存器寻址方式的区别在于：指令格式中的寄存器内容不是操作数，而是操作数的地址，该地址指明的操作数在内存中。

（6）相对寻址方式

相对寻址是把程序计数器 PC 的内容加上指令格式中的形式地址 D 而形成操作数的有效地址。程序计数器的内容就是当前指令的地址。"相对"寻址，就是相对于当前的指令地址而言。采用相对寻址方式的好处是程序员无须用指令的绝对地址编程，因而所编程序可以放在内存的任何地方。指令格式：MOV AX,[BX+1200H]。

（7）基址寻址方式

在基址寻址方式中将 CPU 中的基址寄存器的内容，加上变址寄存器的内容而形成操作数的有效地址。基址寻址的优点是可以扩大寻址能力，因为与形式地址相比，基址寄存器的位数可以设置得很长，从而可以在较大的存储空间中寻址。

（8）变址寻址方式

变址寻址方式与基址寻址方式计算有效地址的方法很相似，它把 CPU 中某个变址寄存器的内容与偏移量 D 相加来形成操作数有效地址。

但使用变址寻址方式的目的不在于扩大寻址空间，而在于实现程序块的规律变化。为此，必须使变址寄存器的内容实现有规律的变化（如自增 1、自减 1、乘比例系数）而不改变指令本身，从而使有效地地址按变址寄存器的内容实现有规律的变化。

（9）块寻址方式

块寻址方式经常用在输入/输出指令中，以实现外存储器或外围设备同内存之间的数据块传送。块寻址方式在内存中还可用于数据块移动。

2.3 指令系统举例

2.3.1 Intel 8086/8088 指令系统

8086 微处理器是由英特尔公司于 1976 年开始设计，1978 年年中发布的 Intel 第一款 16 位微处理器，同时也是 x86 架构的开端。1979 年，英特尔又推出了 Intel 8088，8088 在芯片的外部接口使用 8 位数据总线，使得 8088 成为 8086 的一个低成本的简化产品。而最初的 IBM PC 使用 8088 微处理器。

8086/8088 指令系统的指令按功能可分为六大类：传送类指令、算术运算类指令、位操作类指令、串操作类指令、程序转移类指令、处理器控制类指令。下面分别介绍这几类指令。

1. 数据传送指令

（1）通用数据传送指令

MOV（Move）传送

PUSH（Push onto the stack）进栈

POP（Pop from the stack）出栈

XCHG（Exchange）交换

• MOV 传送指令

格式为：MOV DST,SRC

执行的操作：（DST）←（SRC）

• PUSH 进栈指令

格式为：PUSH SRC

执行的操作：（SP）←（SP）–2

（（SP）+1,（SP））←（SRC）

• POP 出栈指令

格式为：POP DST

执行的操作：（DST）←（（SP+1）,（SP））

（SP）←（SP）+2

• XCHG 交换指令

格式为：XCHG OPR1,OPR2

执行的操作：（OPR1）↔（OPR2）

（2）累加器专用传送指令

IN（Input）输入

OUT（Output）输出

XLAT（Translate）换码

这组指令只限于使用累加器 AX 或 AL 传送信息。

• IN 输入指令

长格式为：IN AL,PORT（字节）

　　　　　　IN AX,PORT（字）

执行的操作：（AL）←（PORT）（字节）

　　　　　　　（AX）←（PORT+1,PORT）（字）

短格式为：IN AL,DX（字节）

　　　　　　IN AX,DX（字）

执行的操作：AL←（（DX））（字节）

　　　　　　　AX←（（DX）+1,DX）（字）

• OUT 输出指令

长格式为：OUT PORT,AL（字节）

　　　　　　OUT PORT,AX（字）

执行的操作：（PORT）←（AL）（字节）

　　　　　　　（PORT+1,PORT）←（AX）（字）

短格式为：OUT DX,AL（字节）

　　　　　　OUT DX,AX（字）

执行的操作：（（DX））←（AL）（字节）

　　　　　　　（（DX）+1,（DX））←AX（字）

IBM PC 的外围设备最多可有 65 536 个 I/O 端口，端口（即外设的端口地址）为 0000 ~ FFFFH。其中前 256 个端口（0 ~ FFH）可以直接在指令中指定，这就是长格式中的 PORT，此时机器指令用两个字节表示，第二个字节就是端口号。所以用长格式时可以在指令中直接指定端口号，但只限于前 256 个端口。当端口号≥256 时，只能使用短格式，此时，必须先把端口号放到 DX 寄存器中（端口号可以从 0000 到 0FFFFH），然后再用 IN 或 OUT 指令来传送信息。

• XLAT 换码指令

格式为：XLAT OPR

或：XLAT

执行的操作：（AL）←（（BX）+（AL））

（3）有效地址传送寄存器指令

LEA（Load effective address）有效地址传送寄存器

LDS（Load DS with Pointer）指针传送寄存器和 DS

LES（Load ES with Pointer）指针传送寄存器和 ES

• LEA 有效地址传送寄存器

格式为：LEA REG,SRC

执行的操作：（REG）←SRC

指令把源操作数的有效地址送到指定的寄存器中。

• LDS 指针传送寄存器和 DS 指令

格式为：LDS REG,SRC

执行的操作：（REG）←（SRC）

　　　　　　（DS）←（SRC+2）

把源操作数指定的 4 个相继字节送到由指令指定的寄存器及 DS 寄存器中，该指令常指定 SI 寄存器。

• LES 指针传送寄存器和 ES 指令

格式为：LES REG,SRC

执行的操作：（REG）←（SRC）

　　　　　　（ES）←（SRC+2）

把源操作数指定的 4 个相继字节送到由指令指定的寄存器及 ES 寄存器中，该指令常指定 DI 寄存器。

（4）标志寄存器传送指令

LAHF（Load AH with flags）标志传送 AH

SAHF（store AH into flags）AH 传送标志寄存器

PUSHF（push the flags）标志进栈

POPF（pop the flags）标志出栈

• LAHF 标志传送 AH 指令

格式为：LAHF

执行的操作：（AH）←（PSW 的低字节）

• SAHF AH 传送标志寄存器指令

格式为：SAHF

执行的操作：（PSW 的低字节）←（AH）

• PUSHF 标志进栈指令

格式为：PUSHF

执行的操作：（SP）←（SP）−2

　　　　　　（（SP）+1,（SP））←（PSW）

• POPF 标志出栈指令

格式为：POPF

执行的操作：（PWS）←（（SP）+1,（SP））

　　　　　　（SP）←（SP+2）

2．算术指令

（1）加法指令

ADD（add）加法

ADC（add with carry）带进位加法

INC（increment）加 1

- ADD 加法指令

格式：ADD DST,SRC

执行的操作：（DST）←（SRC）+（DST）

- ADC 带进位加法指令

格式：ADC DST,SRC

执行的操作：（DST）←（SRC）+（DST）+CF

- INC 加 1 指令

格式：INC OPR

执行的操作：（OPR）←（OPR）+1

（2）减法指令

SUB（subtract）减法

SBB（subtract with borrow）带借位减法

DEC（Decrement）减 1

NEG（Negate）求补

CMP（Compare）比较

- SUB 减法指令

格式：SUB DST,SRC

执行的操作：（DST）←（DST）–（SRC）

- SBB 带借位减法指令

格式：SBB DST,SRC

执行的操作：（DST）←（DST）–（SRC）–CF

- DEC 减 1 指令

格式：DEC OPR

执行的操作：（OPR）←（OPR）–1

- NEG 求补指令

格式：NEG OPR

执行的操作：（OPR）← ~（OPR）

- CMP 比较指令

格式：CMP OPR1,OPR2

执行的操作：（OPR1）–（OPR2）

该指令与 SUB 指令一样执行减法操作，但不保存结果，只是根据结果设置相关的条件标志位。

（3）乘法指令

MUL（Unsigned Multiple）无符号数乘法

IMUL（Signed Multiple）带符号数乘法

- MUL 无符号数乘法指令

格式：MUL SRC

执行的操作：（AX）←（AL）*（SRC）（字节）

　　　　　　　（DX,AX）←（AX）*（SRC）（字）

- IMUL 带符号数乘法指令

格式：IMUL SRC

执行的操作：与 MUL 相同，但必须是带符号数，而 MUL 是无符号数。

（4）除法指令

DIV（Unsigned divide）无符号数除法

IDIV（Signed divide）带符号数除法

CBW（Convert byte to word）字节转换为字

CWD（Convert word to double word）字转换为双字

- DIV 无符号数除法指令

格式：DIV SRC

执行的操作：

字节操作：（AL）←（AX）/（SRC）的商

　　　　　（AH）←（AX）/（SRC）的余数

字操作：（AX）←（DX,AX）/（SRC）的商

　　　　（AX）←（DX,AX）/（SRC）的余数

- IDIV 带符号数除法指令

格式：DIV SRC

执行的操作：与 DIV 相同，但操作数必须是带符号数，商和余数也均为带符号数，且余数的符号与被除数的符号相同。

- CBW 字节转换为字指令

格式：CBW

执行的操作：AL 的内容符号扩展到 AH。即如果（AL）的最高有效位为 0，则（AH）=00；如（AL）的最高有效位为 1，则（AH）=0FFH。

- CWD 字转换为双字指令

格式：CWD

执行的操作：AX 的内容符号扩展到 DX。即如（AX）的最高有效位为 0，则（DX）=0；否则（DX）=0FFFFH。

这两条指令都不影响条件码。

3. 逻辑指令

（1）逻辑运算指令

AND（and）逻辑与

OR（or）逻辑或

NOT（not）逻辑非

XOR（exclusive or）异或

TEST（test）测试

- AND 逻辑与指令

格式：AND DST,SRC

执行的操作：（DST）←（DST）∧（SRC）

- OR 逻辑或指令

格式：OR DST,SRC

执行的操作：（DST）←（DST）∨（SRC）

- NOT 逻辑非指令

格式：NOT OPR

执行的操作：（OPR）←￢（OPR）

- XOR 异或指令

格式:XOR DST,SRC

执行的操作：（DST）←（DST）⊕（SRC）

- TEST 测试指令

格式：TEST OPR1,OPR2

执行的操作：（DST）∧（SRC）

两个操作数相与的结果不保存，只根据其特征置条件码。

（2）移位指令

SHL（shift logical left）逻辑左移

SAL（shift arithmetic left）算术左移

SHR（shift logical right）逻辑右移

SAR（shift arithmetic right）算术右移

ROL（rotate left）循环左移

ROR（rotate right）循环右移

RCL（rotate left through carry）带进位循环左移

RCR（rotate right through carry）带进位循环右移

格式：SHL OPR,CNT（其余的类似）

其中，OPR 可以是除立即数以外的任何寻址方式。移位次数由 CNT 决定，CNT 可以是 1 或 CL。

循环移位指令可以改变操作数中所有位的位置；移位指令则常常用来做乘以 2 或除以 2 操作。其中算术移位指令适用于带符号数运算，SAL 用来乘 2，SAR 用来除以 2；而逻辑移位指令则用于无符号数运算，SHL 用来乘 2，SHR 用来除以 2。

4．串处理指令

（1）与 REP 相配合工作的 MOVS,STOS 和 LODS 指令

- REP 重复串操作直到（CX）=0 为止

格式：REP StringPrimitive

其中，StringPrimitive 可为 MOVS、LODS 或 STOS 指令。

执行的操作：

① 如（CX）=0 则退出 REP，否则往下执行。

② （CX）←（CX）–1。

③ 执行其中的串操作。

④ 重复①～③。

- MOVS 串传送指令

格式（有三种）：

MOVS DST,SRC

MOVS B（字节）

MOVS W（字）

其中第二、三种格式明确注明是传送字节或字，第一种格式则应在操作数中表明是字还是字节操作，例如：

MOVS ES：BYTE PTR[DI],DS:[SI]

执行的操作：

① （（DI））←（（SI））。

② 字节操作：

（SI）←（SI）+（或 –）1，（DI）←（DI）+（或 –）1

当方向标志 DF=0 时用 "+"，当方向标志 DF=1 时用 "–"。

③ 字操作：

（SI）←（SI）+（或 –）2，（DI）←（DI）+（或 –）2

当方向标志 DF=0 时用 "+"，当方向标志 DF=1 时用 "–"。

该指令不影响条件码。

CLD（Clear direction flag）该指令使 DF=0，在执行串操作指令时可使地址自动增量；STD（Set direction flag）该指令使 DF=1，在执行串操作指令时可使地址自动减量。

- STOS 存入串指令

格式：STOS DST

STO SB（字节）

STOS W（字）

执行的操作：

字节操作：（（DI））←（AL），（DI）←（DI）+/–1

字操作：（（DI））←（AX），（DI）←（DI）+/–2

该指令把 AL 或 AX 的内容存入由（DI）指定的附加段的某单元中，并根据 DF 的值及数据类型修改 DI 的内容，当它与 REP 联用时，可把 AL 或 AX 的内容存入一个长度为（CX）的缓冲区中。

- LODS 从串取指令

格式：LODS SRC

LODS B

LODS W

执行的操作：

字节操作：（AL）←（（SI）），（SI）←（SI）+/–1

字操作：（AX）←（（SI）），（SI）←（SI）+/–2

该指令把由（SI）指定的数据段中某单元的内容送到 AL 或 AX 中，并根据方向标志及数据类型修改 SI 的内容。指令允许使用段跨越前缀来指定非数据段的存储区。该指令也不影响条件码。

一般地，该指令不和 REP 连用。有时缓冲区中的一串字符需要逐次取出来测试时，可使用该指令。

（2）与 REPE/REPZ 和 REPNZ/REPNE 联合工作的 CMPS 和 SCAS 指令

• REPE/REPZ 当相等/为零时重复串操作

格式：REPE（或 REPZ）StringPrimitive

其中 StringPrimitive 可为 CMPS 或 SCAS 指令。

执行的操作：

① 如（CX）=0 或 ZF=0（即某次比较的结果两个操作数不等）时退出，否则往下执行。

② （CX）←（CX）–1。

③ 执行其后的串指令。

④ 重复① ~ ③。

• REPNE/REPNZ 当不相等/不为零时重复串操作

格式：REPNE（或 REPNZ）StringPrimitive

其中 StringPrimitive 可为 CMPS 或 SCAS 指令。

执行的操作：

除退出条件（CX=0）或 ZF=1 外，其他操作与 REPE 完全相同。

• CMPS 串比较指令

格式：CMP SRC,DST

CMPS B

CMPS W

执行的操作：

① （（SI））–（（DI））

② 字节操作：（SI）←（SI）+/–1,（DI）←（DI）+/–1

字操作：（SI）←（SI）+/–2,（DI）←（DI）+/–2

指令把由（SI）指向的数据段中的一个字（或字节）与由（DI）指向的附加段中的一个字（或字节）相减，但不保存结果，只根据结果设置条件码，指令的其他特性和 MOVS 指令的规定相同。

• SCAS 串扫描指令

格式：SCAS DST

SCAS B

SCAS W

执行的操作：

字节操作：（AL）–（（DI）），（DI）←（DI）+/–1

字操作：（AL）–（（DI）），（DI）←（DI）+/–2

该指令把 AL（或 AX）的内容与由（DI）指定的在附加段中的一个字节（或字）进行比较，并不保存结果，只根据结果置条件码。指令的其他特性和 MOVS 的规定相同。

5．控制转移指令

（1）无条件转移指令：JMP（jmp）跳转指令

① 段内直接短转移

格式：JMP SHORT OPR

执行的操作：（IP）（或–）（IP）+8 位位移量

② 段内直接近转移

格式：JMP NEAR PTR OPR

执行的操作：（IP）（或–）（IP）+16 位位移量

③ 段内间接转移

格式：JMP WORD PTR OPR

执行的操作：（IP）（或–）（EA）

④ 段间直接（远）转移

格式：JMP FAR PTR OPR

执行的操作：（IP）（或–）OPR 的段内偏移地址

　　　　　　　（CS）（或–）OPR 所在段的段地址

⑤ 段间间接转移

格式：JMP DWORD PTR OPR

执行的操作：（IP）（或–）（EA）

　　　　　　　（CS）（或–）（EA+2）

（2）条件转移指令

① 根据单个条件标志的设置情况转移

● JZ（或 JE）（Jump if zero，or equal）结果为零（或相等）则转移

格式：JE（或 JZ）OPR

测试条件：ZF=1

● JNZ（或 JNE）（Jump if not zero，or not equal）结果不为零（或不相等）则转移

格式：JNZ（或 JNE）OPR

测试条件：ZF=0

● JS（Jump if sign）结果为负则转移

格式：JS OPR

测试条件：SF=1

● JNS（Jump if not sign）结果为正则转移

格式：JNS OPR

测试条件：SF=0

● JO（Jump if overflow）溢出则转移

格式：JO OPR

测试条件：OF=1

● JNO（Jump if not overflow）不溢出则转移

格式：JNO OPR

测试条件：OF=0

- JP（或 JPE）（Jump if parity, or parity even）奇偶位为 1 则转移

格式：JP OPR

测试条件：PF=1

- JNP（或 JPO）（Jump if not parity, or parity odd）奇偶位为 0 则转移

格式：JNP（或 JPO）OPR

测试条件：PF=0

- JB（或 JNAE，JC）（Jump if below, or not above or equal, or carry）低于，或者不高于或等于，或进位位为 1 则转移

格式：JB（或 JNAE，JC）OPR

测试条件：CF=1

- JNB（或 JAE，JNC）（Jump if not below, or above or equal, or not carry）不低于，或者高于或者等于，或进位位为 0 则转移

格式：JNB（或 JAE，JNC）OPR

测试条件：CF=0

② 比较两个无符号数，并根据比较的结果转移

- JB（或 JNAE，JC）低于，或者不高于或等于，或进位位为 1 则转移

格式：CF=1

- JNB（或 JAE，JNC）不低于，或者高于或者等于，或进位位为 0 则转移

格式：CF=0

- JBE（或 JNA）（Jump if below or equal, or not above）低于或等于，或不高于则转移

格式：JBE（或 JNA）OPR

测试条件：CF ∨ ZF=1

- JNBE（或 JA）（Jump if not below or equal, or above）不低于或等于，或者高于则转移

格式：JNBE（或 JA）OPR

测试条件：CF ∨ ZF=0

③ 比较两个带符号数，并根据比较的结果转移

- JL（或 LNGE）（Jump if less, or not greater or equal）小于，或者不大于或者等于则转移

格式：JL（或 JNGE）OPR

测试条件：SF ∨ OF=1

- JNL（或 JGE）（Jump if not less, or greater or equal）不小于，或者大于或者等于则转移

格式：JNL（或 JGE）OPR

测试条件：SF ∨ OF=0

- JLE（或 JNG）（Jump if less or equal, or not greater）小于或等于，或者不大于则转移

格式：JLE（或 JNG）OPR

测试条件：（SF ∨ OF）∨ ZF=1

- JNLE（或 JG）（Jump if not less or equal, or greater）不小于或等于，或者大于则转移
    格式：JNLE（或 JG）OPR
    测试条件：（SF ∨ OF）∨ ZF=0

④ 测试 CX 的值为 0 则转移指令

- JCXZ（Jump if CX register is zero）CX 寄存器的内容为零则转移
    格式：JCXZ OPR
    测试条件：（CX）=0

注：条件转移全为 8 位短跳。

（3）循环指令

- LOOP 循环指令
    格式：LOOP OPR
    测试条件：（CX）<>0

- LOOPZ/LOOPE 当为零或相等时循环指令
    格式：LOOPZ（或 LOOPE）OPR
    测试条件：（CX）<>0 且 ZF=1

- LOOPNZ/LOOPNE 当不为零或不相等时循环指令
    格式：LOOPNZ（或 LOOPNE）OPR
    测试条件：（CX）<>0 且 ZF=0

这三条指令的步骤是：

① （CX）← （CX）–1。

② 检查是否满足测试条件，如满足则（IP）← （IP）+D8 的符号扩充。

（4）子程序

- CALL 调用指令
- RET 返回指令

（5）中断

- INT 指令
    格式：INT TYPE
        或 INT

- INTO 若溢出则中断
- IRET 从中断返回指令
    格式：IRET

6．处理机控制指令

（1）标志处理指令

- CLC 进位置 0 指令（Clear carry）CF←0
- CMC 进位位求反指令（Complement carry）CF←CF
- STC 进位置 1 指令（Set carry）CF←1
- CLD 方向标志置 0 指令（Clear direction）DF←0
- STD 方向标志置 1 指令（Set direction）DF←1

- CLI 中断标志置 0 指令（Clear interrupt）IF←0
- STI 中断标志置 1 指令（Set interrupt）IF←0

（2）其他处理机控制指令

NOP（No Opreation）无操作

HLT（Halt）停机

WAIT（Wait）等待

ESC（Escape）换码

LOCK（Lock）封锁

这些指令可以控制处理机状态，它们都不影响条件码。

① NOP 无操作指令

该指令不执行任何操作，其机器码占有一个字节，在调试程序时往往用这条指令占有一定的存储单元，以便在正式运行时用其他指令取代。

② HLT 停机指令

该指令可使机器暂停工作，使处理机处于停机状态以便等待一次外部中断到来，中断结束后可继续执行下面的程序。

③ WAIT 等待指令

该指令使处理机处于空转状态，它也可以用来等待外部中断的发生，但中断结束后仍返回 WAIT 指令继续执行。

④ ESC 换码指令

格式 ESC mem

其中 mem 指出一个存储单元，ESC 指令把该存储单元的内容送到数据总线去。当然 ESC 指令不允许使用立即数和寄存器寻址方式。这条指令在使用协处理机（Coprocessor）执行某些操作时，可从存储器取得指令或操作数。协处理机（如 8087）则是为了提高速度而可以选配的硬件。

⑤ LOCK 封锁指令

该指令是一种前缀，它可与其他指令联合，用来维持总线的锁存信号直到与其联合的指令执行完为止。当 CPU 与其他处理机协同工作时，该指令可避免破坏有用信息。

2.3.2　TEC-2008 指令系统

TEC-2008 是由清华大学自主设计并研制的 16 位教学计算机系统，该系统是一台硬件组成相对完备的计算机系统，CPU、主存、I/O 接口及总线均具有一定的典型性，并能够驱动常见的输入/输出设备。更重要的是，该系统能够提供计算机组成原理部分教学所要求的教学实验功能，学生能够深入到计算机内部，查看、测试主要信号与部件的工作状态。

1. 指令分类

16 位机的指令按不同的分类标准可划分为：

① 从指令长度区分，有单字指令和双字指令。

② 从操作数的个数区分，有三操作数指令、双操作数指令、单操作数指令和无操作数指令。

③ 从使用的寻址方式区分，有寄存器寻址、寄存器间接寻址、立即数寻址、直接地址、相对寻址等多种基本寻址方式。

④ 从指令功能区分，给出了算术和逻辑运算类指令、读写内存类指令、输入/输出类指令、转移指令、子程序调用和返回类指令，还有传送、移位、置进位标志和清进位标志等指令。

⑤ 按照指令的功能和它们的执行步骤，可以把该机的指令划分为如下 4 组。在后面几节中给出的指令流程框图、指令流程表都是以此为标准进行指令划分的。

A 组：基本指令 ADD、SUB、AND、OR、XOR、CMP、TEST、MVRR、DEC、INC、SHL、SHR、JR、JRC、JRNC、JRZ、JRNZ；扩展指令 ADC、SBB、RCL、RCR、ASR、NOT、CLC、STC、EI、DI、JRS、JRNS、JMPR。

B 组：基本指令 JMPA、LDRR、STRR、PUSH、POP、PUSHF、POPF、MVRD、IN、OUT、RET。

C 组：扩展指令 CALR、LDRA、STRA、LDRX、STRX。

D 组：基本指令 CALA；扩展指令 IRET。

说明：

① A 组指令完成的是通用寄存器之间的数据运算或传送，在取指之后可一步完成。

② B 组指令完成的是一次内存或 I/O 读、写操作，在取指之后可两步完成，第一步把要使用的地址传送到地址寄存器 ARH、ARL 中，第二步执行内存或 I/O 读、写操作。

③ C 组指令在取指之后可三步完成，其中 CALR 指令在用两步读、写内存之后，第三步执行寄存器之间的数据传送；而其他指令在第一步置地址寄存器 ARH、ARL，第二步读内存（即取地址操作数）、计算内存地址、置地址寄存器 ARH、ARL，第三步读、写内存。

④ D 组指令完成的是两次读、写内存操作，在取指之后可四步完成。

2．指令格式

TEC-2008 教学机是 16 位机，实现 29 条基本指令，用于编写教学机的监控程序和支持简单的汇编语言程序设计。同时保留了 19 条扩展指令，供学生在教学实验中完成对这些指令的设计与调试。16 位教学机的指令格式，支持单字和双字指令，第一个指令字的高 8 位是指令操作码字段，低 8 位和双字指令的第二个指令字是操作数、地址字段，分别有 3 种用法，如图 2-2 所示。

操作码	DR	SR
	I/O端口地址/相对偏移量	

立即数/直接内存地址/变址偏移量

图 2-2　TEC-2008 指令格式示意图

这 8 位指令操作码（记作 "IR15～IR8"），含义如下：

① IR15、IR14 用于区分指令组：0X 表示 A 组，10 表示 B 组，11 表示 C、D 组，C、D 组的区分还要用 IR11，IR11=0 为 C 组，IR11=1 为 D 组。

② IR13 用于区分基本指令和扩展指令：基本指令该位为 0，扩展指令该位为 1。

③ IR12 用于简化控制器实现，其值恒为 0。

④ IR11 ~ IR8 用于区分同一指令组中的不同指令。

16 位机根据指令字长、操作数不同可划分为如下 5 种指令格式：

（1）单字、无操作数指令：

格式：

操作码	0000 0000

基本指令：

PSHF；状态标志（C、Z、V、S、P1、P0）入栈

POPF；弹出栈顶数据送状态标志寄存器

RET；子程序返回

扩展指令：

CLC；清进位标志位 C=0

STC；置进位标志位 C=1

EI；开中断，置中断允许位 INTE=1

DI；关中断，置中断允许位 INTE=0

IRET；中断返回

（2）单字、单操作数指令：

格式：

操作码	DR 0000
	0000 SR
	OFFSET
	I/O PORT

基本指令：

DEC DR；DR←DR−1

INC DR；DR←DR+1

SHL DR；DR 逻辑左移，最低位补 0，最高位移入 C

SHR DR；DR 逻辑右移，最高位补 0，最低位移入 C

JR OFFSET；无条件跳转到 ADR，ADR=原 PC 值+OFFSET

JRC OFFSET；当 C=1 时，跳转到 ADR，ADR=原 PC 值+OFFSET

JRNC OFFSET；当 C=0 时，跳转到 ADR，ADR=原 PC 值+OFFSET

JRZ OFFSET；当 Z=1 时，跳转到 ADR，ADR=原 PC 值+OFFSET

JRNZ OFFSET；当 Z=0 时，跳转到 ADR，ADR=原 PC 值+OFFSET

IN I/O PORT；R0←[I/O PORT]，从外设 I/O PORT 端口读入数据到 R0

OUT I/O PORT；[I/O PORT]←R0，将 R0 中的数据写入外设 I/O PORT 端口

PUSH SR；SR 入栈

POP DR；弹出栈顶数据送 DR

扩展指令：

RCL DR；DR 与 C 循环左移，C 移入最低位，最高位移入 C

RCR DR；DR 与 C 循环右移，C 移入最高位，最低位移入 C

ASR DR；DR 算术右移，最高位保持不变，最低位移入 C

NOT DR；DR 求反，即 DR←/DR

JMPR SR；无条件跳转到 SR 指向的地址

CALR SR；调用 SR 指向的子程序

JRS OFFSET；当 S=1 时，跳转到 ADR，ADR=原 PC 值+OFFSET

JRNS OFFSET；当 S=0 时，跳转到 ADR，ADR=原 PC 值+OFFSET

（3）单字、双操作数指令：

格式：

操作码	DR	SR

基本指令：

ADD DR，SR；DR←DR+SR

SUB DR，SR；DR←DR-SR

AND DR，SR；DR←DR and SR

CMP DR，SR；DR-SR

XOR DR，SR；DR←DR xor SR

TEST DR，SR；DR and SR

OR DR，SR；DR←DR or SR

MVRR DR，SR；DR←SR

LDRR DR，[SR]；DR←[SR]

STRR [DR]，SR；[DR]←SR

扩展指令：

ADC DR，SR；DR←DR+SR+C

SBB DR，SR；DR←DR-SR-C

（4）双字、单操作数指令：

格式：

操作码	0000 0000
ADR	

基本指令：

JMPA ADR；无条件跳转到地址 ADR

CALA ADR；调用首地址在 ADR 的子程序

（5）双字、双操作数指令：

格式 1：

操作码	DR 0000
	0000 SR
DATA	

基本指令：

MVRD DR，DATA；DR←DATA

扩展指令：

LDRA DR，[ADR]；DR←[ADR]

STRA [ADR]，SR；[ADR]←SR

格式2：

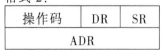

操作码	DR	SR
ADR		

扩展指令：

LDRX DR，OFFSET[SR]；DR←[OFFSET+SR]

STRX DR，OFFSET[SR]；[OFFSET+SR]←[DR]

2.4 汇编程序设计举例

汇编语言程序设计的基本步骤如下：

① 分析问题：先对题目进行全面的分析，找出规律，形成基本思路。

② 确定算法：选择一个合适的算法或数据结构来实现程序，如果没有可供选择的算法或数据结构，就需要针对具体问题进行设计。

③ 绘制流程图：流程图的功能使用图形化的方式把解决问题的算法描述出来。对于一个复杂的问题，画出流程图有助于理解问题和正确编写程序。

④ 分配存储空间和工作单元：用汇编语言编写程序时，需要给程序中的变量分配内存单元地址或者指定寄存器。

⑤ 编写程序：要把题目中需要处理的数据合理地根据前面几步的工作，选用合适的指令，按照一定的语法规则编写程序。

⑥ 静态检查：用人工的方式检查程序是否有错误，包括算法错误和语法错误等。如果有错误，及时改正。只有认真检查，才能发现和改正程序中的大部分错误。

⑦ 上机调试运行：利用机器提供的 debug 工具和其他工具软件进行程序的运行和调试，经过反复的"运行–发现错误–改正错误–运行"，才能最终得到正确的程序。

接下来，以 TEC-2008 教学计算机的指令系统为基础，举例说明汇编程序设计的几种不同结构。

（1）顺序结构程序设计

顺序程序是没有分支、没有循环的直线运行程序，程序执行按照 IP 内容自动增加的顺序进行。例如，下面是一段简单的用于在屏幕上输出字符的程序：

例1：在屏幕上输出显示一个字符'6'。

```
A 2000                    ;地址从十六进制的 2000 开始
                          （内存 RAM 区的起始地址）
2000:  MVRD R0, 36        ;把字符'6'的 ASCII 码送入 R0
2002:  OUT 80             ;输出显示字符'6'，80 为串口地址
```

```
2003:  RET              ;每个用户程序都必须用 RET 指令结束
2004:                   （按回车键即结束源程序的输入过程）
```

（2）选择结构程序设计

选择结构又称选取结构或分支结构，此结构中必然包含一个判断，当给定的条件成立或者不成立的情况下，分别选择不同的分支路径进行执行。

例 2： 根据不同的条件（寄存器 R1 的值是否大于等于 0）在屏幕上显示字符'0'或'1'。

```
A 2020                      ;地址从十六进制的 2020 开始

2020:  SHL  R1              ;将 R1 左移一次
2021:  JRC  2025
2022:  MVRD R0,0030         ;把字符'0'送入 R0 寄存器
2024:  JR   2027            ;转去输出
2025:  MVRD R0,0031         ;把字符'1'送入 R0 寄存器
2027:  OUT  80              ;输出 R0 中存放的字符
2028:  RET                  ;程序结束
```

例 2 的程序在 R1 寄存器中的值是负数时输出 1，非负数（≥0）时输出 0。

（3）循环结构程序设计

循环结构又称重复结构，指反复执行某一部分的操作。

例 3： 计算 1 到 10 的累加和。

```
A 2060
            MVRD  R1,0000   ;置累加和的初值为 0
            MVRD  R2,000A   ;最大的加数
            SUB   R3,R3     ;预置参加累加的数为 0
(2065)      INC   R3        ;得到下一个参加累加的数
            ADD   R1,R3     ;累加计算
            CMP   R3,R2     ;判断是否累加完
            JRNZ  2065      ;未完，开始下一轮累加
            RET
```

例 3 通过循环十次达到了计算累加和的效果。运行过后，可以用 R 命令查看 R1 中的累加结果。

（4）子程序调用

有时候，主程序中需要多次调用某种功能来实现一些操作，在这种情况下，实现一小段子程序并在主程序中对其进行调用则可以在很大程度上使得程序更加清晰、结构更加清楚。

例 4： 设计一个有读写内存和子程序调用指令的程序，功能是读出指定内存中的大写字母字符，将其显示到屏幕上，转换为小写字母后再写回存储器的原存储单元。（用 E 命令送 6 个字符 'A' ~ 'F' 到内存 20F0 开始的存储区域中，运行后用 D 命令查看。）

```
A 2080
            MVRD  R3,0006    ;指定被读数据的个数
            MVRD  R2,20F0    ;指定被读、写数据内存区首地址
(2084)      LDRR  R0,[R2]    ;读内存中的一个字符到 R0 寄存器
            CALA  2100       ;调用子程序，入口地址为 2100
```

```
            DEC    R3              ;检查输出的字符个数
            JRZ    208B            ;完成输出则结束程序的执行过程
            INC    R2              ;未完成，修改内存地址
            JR     2084            ;转移到程序的 2084 处，循环执行规定的处理
（208B）    RET
A 2100                             ;输入用到的子程序到内存 2100 开始的存储区
            OUT    80              ;输出保存在 R0 寄存器中的字符
            MVRD   R1,0020         ;转换保存在 R0 中的大写字母为小写字母
            ADD    R0,R1
            STRR   [R2],R0         ;写 R0 中的字符到内存，地址同 LDRR 所用的地址
（2105）    IN     81              ;测试串行接口是否完成输出过程
            SHR    R0
            JRNC   2105            ;未完成输出过程则循环测试
            RET                    ;结束子程序执行过程，返回主程序
```

例 4 中，通过调用一段起始地址为 2100 的子程序，则可以实现输出及大小写转换的功能。

本 章 小 结

本章首先介绍了进位制的基本概念和转换方法，强调在学习计算机系统知识的过程中熟练掌握二进制以及二进制运算的重要性。接着介绍了计算机指令的基本概念和一般格式，阐述了指令如何结合寄存器操作不同的对象并实现不同的功能。为了让读者能够具有更加直观的认识，本章分别介绍了 Intel 8086/8088 和 TEC-2008 两种设计思想和理念不同的指令系统，并讲解了与之相配合的汇编程序设计。希望通过本章的讲解，帮助读者理解计算机的指令系统和指令执行方式，有助于读者设计程序时站在计算机的角度上考虑问题。

习　题　2

一、选择题

1. 下列各种数制中最小的数是_____。

　　A. $(101001)_2$　　　　B. $(101001)_{BCD}$　　C. $(52)_8$　　　　D. $(233)_H$

2. 下列各种数制中最大的数是_____。

　　A. $(1001011)_2$　　　B. 75　　　　　　C. $(112)_8$　　　　D. $(4F)_H$

3. 1010AH 表示一个_____。

　　A. 二进制数　　　　　　　　　　　B. 十六进制数

　　C. 十进制数　　　　　　　　　　　D. 错误的数

4. 十进制数 215 转换成二进制数是＿＿（1）＿＿，转换成八进制数是＿＿（2）＿＿，转换成十六进制数是＿＿（3）＿＿。将二进制数 01100100 转换成十进制数是＿＿（4）＿＿，转换成八进制数是＿＿（5）＿＿，转换成十六进制数是＿＿（6）＿＿。

（1）A. 11101011B　　B. 11101010B　　C. 10100001B　　D. 11010111B

（2）A. 327　　　　　B. 268　　　　　C. 252　　　　　D. 326

（3）A. 137H　　　　B. C6H　　　　　C. D7H　　　　　D. EAH

（4）A. 101　　　　　B. 100　　　　　C. 110　　　　　D. 99

（5）A. 123　　　　　B. 144　　　　　C. 80　　　　　　D. 800

（6）A. 64　　　　　B. 63　　　　　　C. 100　　　　　D. 0AD

5. 十进制数 2000 转换成十六进制数是＿＿＿＿＿＿。

A. $(7CD)_{16}$　　　　B. $(7D0)_{16}$　　　　C. $(7E0)_{16}$　　　　D. $(7F0)_{16}$

6. 在指令的地址字段中，直接指出操作数本身的寻址方式，称为＿＿＿＿＿＿。

A. 隐含寻址　　　B. 立即寻址　　　C. 寄存器寻址　　　D. 直接寻址

7. 寄存器间接寻址方式中，操作数处在＿＿＿＿＿＿。

A. 通用寄存器　　B. 程序计数器　　C. 堆栈　　　　　D. 主存单元

8. 描述汇编语言特性的概念中，有错误的句子是＿＿＿＿＿＿。

A. 对程序员的训练要求来说，需要硬件知识

B. 汇编语言对机器的依赖性高

C. 用汇编语言编制程序的难度比高级语言小

D. 汇编语言编写的程序执行速度比高级语言快

9. 条件转移指令 JNE 的测试条件为＿＿＿＿＿＿。

A. ZF=0　　　　　B. CF = 0　　　　C. ZF=1　　　　　D. CF=1

10. 8086 CPU 在基址加变址的寻址方式中，变址寄存器可以为＿＿＿＿＿＿。

A. BX 或 CX　　　B. CX 或 SI　　　C. DX 或 SI　　　D. SI 或 DI

11. 已知 BX=2000H，SI=1234H，则指令 MOV AX，[BX+SI+2]的源操作在＿＿＿＿＿＿中。

A. 数据段中偏移量为 3236H 的字节

B. 附加段中偏移量为 3234H 的字节

C. 数据段中偏移量为 3234H 的字节

D. 附加段中偏移量为 3236H 的字节

12. 已知(AX)=1234H，执行下述三条指令后，(AX)=＿＿＿＿＿＿。

```
MOV BX,AX
NEG BX
ADD AX,BX
```

A. 1234H　　　　　B. 0EDCCH　　　C. 6DCCH　　　　D. 0000H

13. 将 DX 的内容除以 2，正确的指令是＿＿＿＿＿＿。

A. DIV 2　　　　　B. DIV DX,2　　　C. SAR DX,1　　　D. SHL DX,1

14. 指令系统采用不同寻址方式的目的是＿＿＿＿＿＿。

A 实现存储程序和程序控制

B 缩短指令长度，扩大寻址空间，提高编程灵活性

C 可直接访问外存

D 提高扩展操作码的可能并降低指令译码的难度

15. 程序控制类指令的功能是_____。

A. 进行算术运算和逻辑运算

B. 进行主存和 CPU 之间的数据传送

C. 进行 CPU 和 I/O 设备之间的数据传送

D. 改变程序执行的顺序

16. 下面描述 RISC 机器基本概念中，正确的表述是_____。

A. RISC 机器不一定是流水 CPU   B. RISC 机器一定是流水 CPU

C. RISC 机器有复杂的指令系统   D. 其 CPU 配备很少的通用寄存器

17. 单地址指令中为了完成两个数的算术运算，除地址码指明的一个操作数外，另一个数常需采用_____。

A. 堆栈寻址方式   B. 立即寻址方式

C. 隐含寻址方式   D. 间接寻址方式

二、填空题

1. 计数制中使用的数据个数被称为_____。

2. 指令寻址的基本方式有两种：_____方式和_____方式。

3. 指令系统是表征一台计算机_____的重要因素，它的_____和_____不仅直接影响到机器的硬件结构而且也影响到系统软件。

4. 一个较完善的指令系统应包含_____类指令、_____类指令、_____类指令、程序控制类指令、I/O 类指令、字符串类指令、系统控制类指令。

5. 指令格式是指令用_____表示的结构形式，通常格式中由操作码字段和_____字段组成。

6. 指令格式中，地址码字段是通过_____来体现的，因为通过某种方式的变换，可以给出_____地址。常用的指令格式有零地址指令、单地址指令和_____三种。

7. 寻址方式根据操作数的_____位置不同，多使用_____型和_____型。

8. 根据操作数所在位置，指出其寻址方式：

A. 操作数在寄存器中，为_____寻址方式。

B. 操作数地址在寄存器中，为_____寻址方式。

C. 操作数在指令中，为_____寻址方式。

D. 操作数地址（主存）在指令中，为_____寻址方式。

E. 操作数地址为某一寄存器内容与位移量之和，可以是_____寻址方式。

三、计算题

1. 将下列二进制数转换成十进制数。

（1）10011101   （2）10110110   （3）10000111   （4）00111000

2. 将下列十进制数转换成二进制数,再转换成八进制数和十六进制数。

（1）234   （2）1023   （3）131.5   （4）27/32

3. 计算下列二进制数的加减法。

（1）110 + 101　　　　　（2）11010 + 10111　　　（3）1001001 + 101110

（4）10011 − 1111　　　　（5）11000 − 10001　　　（6）1001001 − 10110

4. 计算下列二进制数的乘除法。

（1）110 × 101　　　　　（2）1111 × 111　　　　　（3）1110 × 1011

（4）101101 ÷ 1001　　　（5）100000 ÷ 100　　　　（6）1000110 ÷ 1010

5. 计算下列二进制数的逻辑运算结果。

已知：两变量的取值　X = 00FFH，Y = 5555H。

求：$Z1 = X \wedge Y$；

　　$Z2 = X \vee Y$；

　　$Z3 = \overline{X}$；

　　$Z4 = X \oplus Y$ 的值。

6. 计算下列二进制数的四则混合运算结果。

（1）$(11011)_2 + (10110)_2 \times (110)_2 \div (1011)_2$

（2）$(10111)_2 \times (1110)_2 + (110110)_2 \div (1001)_2$

第 3 章
计算机信息表示

第 2 章中介绍了计算机中常用的二进制及其运算方法。我们知道计算机中信息都是以 0、1 两种符号来表示的，那么 0、1 是如何实现了计算机的强大计算呢？这就涉及计算机中信息的表达和处理。实际上，我们在使用计算机的过程中所输入的字符、数字、图像、声音等各种丰富多彩的外部信息，在计算机中都是以二进制方式存储的。通过本章的讲解，我们可以了解常见的数字形式、常用字符是如何在计算机中进行编码的。

3.1 数字的编码

计算机中的信息包含数据信息和控制信息，数据信息又可以分为数值信息和非数值信息。非数值信息和控制信息包含了字母、各种控制符号、图形符号等，它们都是以二进制编码的方式存入计算机并进行处理。

在计算机中，数值类型可以分为两类：无符号数和有符号数。不区分正负的数（只有正值），称为无符号数。可以区分正负的数，称为有符号数。

3.1.1 无符号数

无符号数即没有符号的数，二进制数的每一位均表示数值大小，没有符号位。一个 8 位二进制数，如果是无符号数，则可以表示的范围为 0 ~ 255，如果是有符号数，则可以表示的范围为 –128 ~ 127。

3.1.2 有符号数

二进制数的每一位有 0、1 两个数值，而数的符号有 "正" "负" 两种状态，那么可以用 "0" 表示 "正"，"1" 表示 "负"。当指定一个数为有符号类型时，用二进制数的最高位表示数的 "正" "负"。

无符号数中所有的位都用于表示数的大小，有符号数中用最高位表示正负，所以当为正值时，能表示的数的最大值就会变小。例如：

无符号数：11111111，十进制值为：255

有符号数：01111111，十进制值为：127

同样是一个字节，无符号数的最大值为 255，而有符号数的最大值为 127，原因是有符号数中的最高位被用来表示符号了，用来表示数值的位变为了 7 位，并且最高位的位权为 2^7，所以仅仅少了一位，最大值减半。

不过有符号数可以表示负数。因此，虽然最大值变小了，但是在负值的方向得到了扩展。下面同样用一个字节的数作对比：

无符号数取值范围为：0 ~ 255

有符号数取值范围为：-128 ~ 127

无符号数的最小值是 0，而有符号数的最小值是 -128，二者能表示的数值个数都是 256 个，只不过前者表示的是 0 ~ 255 这 256 个数，后者表示的是 -128 ~ 127 这 256 个数。那么，如何将这 256 个不同的符号串对应为具体的实际值呢？下面介绍几种常见的编码方式。

（1）原码

计算机中用二进制数的最高位表示有符号数的符号，那么，

当 $x=+0010000$ 时，就可以写为 0,0010000，对应的十进制数为 16；

当 $x=-0001000$ 时，就可以写为 1,0001000，对应的十进制数为 -8。（用逗号把符号位和数值分开）

有符号数的这种表示方式，称为原码。如果把原码的长度确定为 n，那么数 x 的原码定义如下：

$$[x]_{原} = \begin{cases} x, & 0 \leqslant x \leqslant 2^{n-1} \\ 2^{n-1} - x, & -2^{n-1} < x \leqslant 0 \end{cases}$$

现在考虑 $n=8$，$x=0$ 时，x 的原码该如何表示。当 $x=0$ 时，理论上，x 的符号可以为 "+"，也可以为 "-"，那么

$$[+0]_{原} = 0,000\ 0000$$
$$[-0]_{原} = 1,000\ 0000$$

显然 $[+0]_{原}$ 不等于 $[-0]_{原}$，即 0 的原码表示存在两种情况。

下面再考虑另外一个问题——使用原码进行加减运算。假如有两个数 16 和 -8 相加，16 的 8 位二进制原码表示是（0,0010000），-8 的 8 位二进制原码表示是（1,0001000），那么这两个二进制数的加法写为

```
  0001 0000
+ 1000 1000
-----------
  1001 1000
```

可以看到，如果按照正常的二进制加法规则计算，就会得到 10011000，转换成十进制数就是 -24，这显然是错误的。也就是说加法规则不适用于正数和负数相加（也不适用于负数和负数相加）。如果要用原码表示法，则在设计加法器时就考虑两种不同的规则，即没有负数的加法规则和有负数的加法规则。这样的话电路设计就会比较复杂。

（2）补码

既然用原码表示有符号数时，"0" 有两种情况，而且有负数的加法也不能使用一般的加法规则，那么就需要考虑使用别的方式来表示二进制有符号数。

先考虑一个日常生活中的例子。时钟的时针转一圈有 12 小时，假如现在时钟指示 4 点，要让时针指示 2 点，可以按顺时针方向把时针转 10 格，也可以把时针按逆时针方向转

2 格。假设顺时针方向转动为正，逆时针方向转动为负，则

$$4-2=2$$
$$4+10=14$$

虽然两种方法的结果表面上看起来不一样，但 2 点和 14 点均指向同一个数 2，实际上是同一个结果。这样看来 −2 和 10 对时钟来说其作用是一样的。在数学上 12 叫做模，对模 12 而言，−2 和 10 互为补数，记作

$$-2 \equiv 10 \ (\bmod 12)$$

同理，有

$$-3 \equiv 9 \ (\bmod 12)$$
$$-4 \equiv 8 \ (\bmod 12)$$

由此可见，可以找到一个与负数等价的数（这里称其为该负数的补数）来代替该负数进行运算。回到前面两个二进制原码相加的例子，由于二进制数的总位数为 8，可以表示 256 个不同的数，则 8 位二进制数的模为 256，写为二进制为 100000000。于是可以算出，对模 256 而言，−8 的补数为 248，二进制数为 11111000。那么对于两个十进制数 16 和 −8 相加的计算，就可以把原码中表示的 00010000+10001000 写为 00010000+11111000，得到的结果为 100001000，由于规定二进制数的位数为 8，则计算结果的最高位溢出，实际得到的结果为 00001000，转换为十进制数是 8，这样就得到了正确的结果。在计算机中，把补数的二进制形式称为补码。

实际上，在计算机中每个数都是用补码来表示的，包括正数。正数的补码就是正数本身，负数的补码等于模加上这个负数。对于一个 n 位的二进制数 x，它的模为 2^n，那么数 x 的补码的定义如下：

$$[x]_{\dot{\imath}} = \begin{cases} x, & 0 \leqslant x \leqslant 2^{n-1} \\ 2^n + x, & -2^{n-1} \leqslant x < 0 \end{cases}$$

通常我们并不用这种方法计算负数的补码，而是用另一种更简单的方法。例如，求 −8 的补码，如果按照上面的定义来求，则

$$[-8]_{\dot{\imath}} = 1\ 0000\ 0000 - 0000\ 1000 = 1111\ 1000$$

进一步，我们可以把 100000000 写为 11111111+1，则上式可写为

$$[-8]_{\dot{\imath}} = 1111\ 1111 - 0000\ 1000 + 1$$
$$= 1111\ 0111 + 1$$

可以发现 11110111 正好是 00001000 各位取反的结果，于是便有了一种求负数补码的简单方法，即把负数绝对值的二进制表示按位取反，然后加 1，简称"取反加 1"。这样就把减法运算变为取反和加法运算，也更容易用硬件实现。

（3）反码

反码通常用来作为由原码求补码或者补码求原码的过渡。正数的反码等于其本身，负数的反码等于把负数的绝对值的二进制表示按位取反。定义如下：

$$[x]_{\text{反}} = \begin{cases} x, & 0 \leqslant x < 2^{n-1} \\ (2^n - 1) + x, & -2^{n-1} < x < 0 \end{cases}$$

3.1.3　定点数与浮点数

计算机中处理的数据大多是带有小数的，小数点在计算机中通常有两种表示方法：一种是约定所有数值的小数点隐含在某一固定位置上，称为定点表示法，简称定点数；另一种是小数点位置可以浮动，称为浮点表示法，简称浮点数。不论是定点数还是浮点数，小数点的位置都是隐含的，不占用内存。

（1）定点数表示法

所谓定点数，即约定计算机中所有数据的小数点的位置都是固定不变的。在计算机中通常采用两种约定形式：将小数点的位置约定在数据的最高位之前，符号位之后，则该数只能表示定点小数；将小数点的位置约定在数据的最低位之后，则该数只能表示定点整数。

定点小数是纯小数，约定的小数点位置在符号位之后、有效数值部分最高位之前。若数据 x 的形式为

$$x = x_0.x_1x_2 \cdots x_{n-1}$$

则在计算机中的表示形式为

如果一个二进制小数的位数为 n，那么数值部分的位数为 $n-1$，则定点小数的表示范围是

$$-(1-2^{-(n-1)}) \leqslant x \leqslant 1-2^{-(n-1)}$$

定点整数是纯整数，约定小数点在数值部分的最高位之前。若数据 x 的形式为 $x = x_0x_1x_2 \cdots x_{n-1}$，则在计算机中的表示形式为

如果一个二进制小数的位数为 n，那么数值部分的位数为 $n-1$，则定点整数的表示范围是

$$-(2^{n-1}-1) \leqslant x \leqslant 2^{n-1}-1$$

当数据小于定点数能表示的最小值时，计算机作 0 处理，称为下溢；当数据大于定点数能表示的最大值时，计算机将无法表示，称为上溢。上溢和下溢统称为溢出。

计算机采用定点数表示时，对于既有小数又有整数的原始数据，需要设定一个比例因子，数据按其缩小成定点小数或扩大成定点整数再参加运算，得到运算结果后，再根据比例因子，还原成实际数值。若比例因子选择不当，往往会使运算结果溢出，降低运算结果精度。

用定点数进行运算处理的计算机称为定点机。

（2）浮点数表示法

运用科学计数法，任何一个 J 进制数 N，总可以写成

$$N = M \times J^E$$

式中 M 称为 N 的尾数，是一个纯小数；E 是数 N 的阶码，是一个整数，J 称为底数。这种表示方法相当于数的小数点的位置随阶码的不同而在一定范围内可以自由浮动，所以

称为浮点表示法。

由于计算机中使用的都是二进制数，所以浮点数的底数是 2，是隐含的。那么在计算机中表示一个浮点数时，就要给出尾数和阶码。尾数用定点小数表示，尾数部分给出有效数字的位数，因而决定了浮点数的精度。阶码用整数表示，阶码给出小数点在数据中的实际位置，因而决定了浮点数的表示范围。浮点数也要有符号位，所以一个浮点数由阶码和尾数及其符号位组成。

其中 E_s 表示阶码的符号，占一位，$E_1 \sim E_n$ 为阶码值，占 n 位，尾符是数 N 的符号，也要占一位。当底数取 2 时，二进制数 N 的小数点每右移一位，阶码减 1，相应尾数右移一位；反之，小数点每左移一位，阶码加 1，相应尾数左移一位。

若不对浮点数的表示作出明确规定，同一个浮点数的表示就不是唯一的。例如 11.01 也可以表示成 0.01101×2^3，0.1101×2^2 等等。为了提高数据的表示精度，当尾数的值不为 0 时，其绝对值应大于等于 0.5，即尾数域的最高有效位应为 1，否则要以修改阶码同时左右移小数点的方法，使其变成符合这一要求的表示形式，这称为浮点数的规格化表示。

当一个浮点数的尾数为 0 时，不论其阶码为何值，或者当阶码的值遇到比它能表示的最小值还小时，计算机都把该浮点数看成 0 值，称为机器零。

浮点数所表示的范围比定点数大。假设机器中的数由 8 位二进制数表示（包括符号位）：在定点机中这 8 位全部用来表示有效数字（包括符号）；在浮点机中若阶符、阶码占 3 位，尾符、尾数占 5 位，在此情况下，若只考虑正数值，定点机小数表示的数的范围是 0.0000000 到 0.1111111，相当于十进制数的 $0 \sim \dfrac{127}{128}$，而浮点机所能表示的数的范围则是 0.0001×2^{-4} 到 0.1111×2^3，相当于十进制数的 $\dfrac{1}{129} \sim 7.5$。显然，都用 8 位二进制数表示，浮点机能表示的数的范围比定点机大得多。

尽管浮点表示法能扩大数据的表示范围，但浮点机在运算过程中仍会出现溢出现象。下面以阶码占 3 位，尾数占 5 位（各包括 1 位符号位）为例，来讨论这个问题。规格化浮点数的数值表示范围为

上溢	负数区域	下溢	下溢	正数区域	上溢

$-2^3 \times 0.1111$ $-2^{-3} \times 0.0001$ 0 $2^{-3} \times 0.0001$ $2^3 \times 0.0001$

"负数区域"和"正数区域"及"0"，是机器可表示的数据区域；上溢区是数据绝对值太大，机器无法表示的区域；下溢区是数据绝对值太小，机器无法表示的区域。若运算结果落在上溢区，就产生了溢出错误，使得结果不能被正确表示，要停止机器运行，进行溢出处理。若运算结果落在下溢区，也不能正确表示，机器作 0 处理，称为机器零。

一般来说，增加尾数的位数，将增加可表示区域数据点的密度，从而提高了数据的精度；增加阶码的位数，将增大可表示的数据区域。

3.2 字 符 编 码

计算机中存储的信息都是用二进制表示的，而人们使用计算机时，在显示器上显示英文字母、汉字等字符，是因为这些英文字母或汉字按照一定的规则与一些二进制数建立了一一对应的关系，这样使得人们能够用一个二进制数来表示一个字符，这种表示方式就称为字符编码。在计算机中存储字符时，实际上存储的是与它对应的二进制数。但是用二进制数表示字符的方法并不是统一的，比如，一些人用 00000001 表示小写字母 a，但另一些人用 00000001 表示大写字母 A，所以就有了不同的编码方式。下面将介绍几种常见的字符编码方式。

3.2.1 ASCII 字符集及其编码

ASCII（American Standard Code for Information Interchange，美国信息交换标准代码）码是基于拉丁字母的一套字符编码系统。它是现今最通用的单字节编码系统，并等同于国际标准 ISO/IEC 646。

ASCII 字符集主要包括控制字符（回车键、退格、换行键等）和可显示字符（英文大小写字符、阿拉伯数字和西文符号）。

ASCII 编码指的就是将 ASCII 字符集转换为计算机可以识别的二进制数的规则。使用 7 位（bits 表示一个字符，共 128 字符。但是 7 位编码的字符集只能支持 128 个字符，为了表示更多的欧洲常用字符，对 ASCII 字符集进行了扩展。ASCII 扩展字符集使用 8 位表示一个字符，共 256 字符。ASCII 字符集映射到数字编码规则如图 3-1 所示。

高四位 / 低四位		ASCII非打印控制字符										ASCII 打印字符												
		0000					0001					0010		0011		0100		0101		0110		0111		
		0					1					2		3		4		5		6		7		
		十进制	字符	ctrl	代码	字符解释	十进制	字符	ctrl	代码	字符解释	十进制	字符	十进制	字符	十进制	字符	十进制	字符	十进制	字符	十进制	字符	ctrl
0000	0	0	BLANK NULL	^@	NUL	空	16	►	^P	DLE	数据链路转意	32		48	0	64	@	80	P	96	`	112	p	
0001	1	1	☺	^A	SOH	头标开始	17	◄	^Q	DC1	设备控制 1	33	!	49	1	65	A	81	Q	97	a	113	q	
0010	2	2	☻	^B	STX	正文开始	18	↕	^R	DC2	设备控制 2	34	"	50	2	66	B	82	R	98	b	114	r	
0011	3	3	♥	^C	ETX	正文结束	19	‼	^S	DC3	设备控制 3	35	#	51	3	67	C	83	S	99	c	115	s	
0100	4	4	♦	^D	EOT	传输结束	20	¶	^T	DC4	设备控制 4	36	$	52	4	68	D	84	T	100	d	116	t	
0101	5	5	♣	^E	ENQ	查询	21	§	^U	NAK	反确认	37	%	53	5	69	E	85	U	101	e	117	u	
0110	6	6	♠	^F	ACK	确认	22	■	^V	SYN	同步空闲	38	&	54	6	70	F	86	V	102	f	118	v	
0111	7	7	•	^G	BEL	震铃	23	↨	^W	ETB	传输块结束	39	'	55	7	71	G	87	w	103	g	119	w	
1000	8	8	◘	^H	BS	退格	24	↑	^X	CAN	取消	40	(	56	8	72	H	88	X	104	h	120	x	
1001	9	9	○	^I	TAB	水平制表符	25	↓	^Y	EM	媒体结束	41	)	57	9	73	I	89	Y	105	i	121	y	
1010	A	10	◙	^J	LF	换行/新行	26	→	^Z	SUB	替换	42	*	58	:	74	J	90	Z	106	j	122	z	
1011	B	11	♂	^K	VT	竖直制表符	27	←	^[	ESC	转意	43	+	59	;	75	K	91	[	107	k	123	{	
1100	C	12	♀	^L	FF	换页/新页	28	∟	^\	FS	文件分隔符	44	,	60	<	76	L	92	\	108	l	124	|	
1101	D	13	♪	^M	CR	回车	29	↔	^]	GS	组分隔符	45	-	61	=	77	M	93	]	109	m	125	}	
1110	E	14	♫	^N	SO	移出	30	▲	^6	RS	记录分隔符	46	.	62	>	78	N	94	^	110	n	126	~	
1111	F	15	☼	^O	SI	移入	31	▼	^-	US	单元分隔符	47	/	63	?	79	O	95	_	111	o	127	Δ	^Back space

图 3-1　ASCII 编码表

ASCII 编码的最大缺点是只能显示 26 个基本拉丁字母、阿拉伯数字和英式标点符号，因此只能用于显示现代美国英语，而且在处理英语当中的外来词如 naïve、café、élite 等时，所有重音符号都不得不去掉，即使这样做会违反拼写规则。而 EASCII（ASCII 扩充编码）虽然解决了部分西欧语言的显示问题，但对更多其他语言依然无能为力。

3.2.2 汉字字符集及其编码

计算机发明之后的很长一段时间，只能应用于美国及西方一些发达国家，ASCII 编码也能够很好地满足用户的需求。但是当我国也有了计算机之后，为了显示中文，必须设计一套编码规则能将汉字转换为二进制数。

我国计算机科学家把 ASCII 中的 127 之后的符号（即 EASCII）取消掉，规定：一个小于 127 的字符的意义与原来相同，但两个大于 127 的字符连在一起时，就表示一个汉字，前面的一个字节（高字节）从 0xA1（16110）到 0xF7（24710），后面一个字节（低字节）从 0xA1 到 0xFE（25410），这样就有 7000 多种二进制编码，就可以表示出 7000 多个简体汉字。在这些编码里，还把数学符号、罗马字母、希腊字母以及日文的假名都编进去了，在 ASCII 编码里本来就有的数字、标点、字母都重新编了两个字节长的编码，这就是常说的全角字符，而原来在 127 之前的就叫半角字符了。

上述编码规则就是 GB 2312。GB 2312 或 GB 2312—1980 是中国国家标准简体中文字符集，全称《信息交换用汉字编码字符集—基本集》，由中国国家标准总局发布，1981 年 5 月 1 日实施。GB 2312 基本满足了汉字的计算机处理需要，但对于人名、古汉语等方面的罕用字，GB 2312 不能处理，这导致了后来 GBK（全称《汉字内码扩展规范》）及 GB 18030 汉字字符集的出现。图 3-2 所示为 GB 2312 编码表的开始部分（由于其非常庞大，只列举开始部分，具体可查看 GB2312 简体中文编码表）。

图 3-2　GB2312 编码表的开始部分

由于 GB 2312—1980 只收录了 6763 个汉字，有不少汉字并未收录在内，如部分在 GB 2312—1980 推出以后才简化的汉字（如"啰"），部分人名用字（如我国前总理朱镕基的"镕"字），我国台湾省及香港特别行政区使用的繁体字，日语及朝鲜语汉字等。于是微软公司利用 GB 2312—1980 未使用的编码空间，收录 GB 13000.1—1993（目的是对世界上的所有文字统一编码，以实现世界上所有文字在计算机上的统一处理）全部字符并制定了 GBK 编码，最早实现于 Windows 95 简体中文版。虽然 GBK 收录 GB 13000.1—1993 的全部字符，但为了能与 GB 2312—1980 兼容，所以采用了与 GB 13000.1—1993 不同的编码方式。GBK 编码并非国家标准，而是曾由国家技术监督局标准化司、电子工业部科技与质量监督司公布为"技术规范指导性文件"。

1995 年之后的实践表明，GBK 作为行业规范，缺乏足够的强制力，不利于其本身的推广，而我们寄予厚望的 GB 13000 的实现又脚步缓慢，现有汉字编码字符集标准已经不能满足我国信息化建设的需要。为此，原国家质量技术监督局和信息产业部组织专家制定发布了新的编码字符集标准，GB 18030—2000《信息技术信息交换用汉字编码字符集基本集的扩充》。2005 年发布的 GB 18030—2005 在 GB 18030—2000 的基础上增加了 42 711 个汉字（共收录汉字 70 244 个）和多种我国少数民族文字的编码。

3.2.3 Unicode 字符集及其编码

当计算机广泛应用于世界各个国家和地区时，为了表达当地语言和字符，设计和实现类似 GB2312/GBK/GB18030/BIG5 的编码方案。这样各自设计一套编码规则，在本地使用没有问题，一旦出现在网络中，由于不兼容，互相访问就会出现乱码现象。

为了解决这个问题，产生了 Unicode 编码。Unicode 编码系统为表达任意语言的任意字符而设计。它使用 4 字节的二进制数来表达每个字母、符号和表意文字（Ideograph）。每个数字代表唯一的至少在某种语言中使用的符号。被几种语言共用的字符通常使用相同的数字来编码，每个字符对应一个数字，每个数字对应一个字符，即不存在二义性。U+0041 总是代表'A'，即使这种语言没有'A'字符。

在计算机科学领域中，Unicode（统一码、万国码、单一码、标准万国码）是业界的一种标准，它可以使计算机得以体现世界上数十种文字。Unicode 是基于通用字符集（Universal Character Set）的标准发展的，并且同时也以书本的形式对外发布。Unicode 还不断在扩增，每个新版本加入更多新的字符。截止目前的第六版，Unicode 就已经包含了超过十万个字符（在 2005 年，Unicode 的第十万个字符被采纳且认可成为标准之一）、一组可用以作为视觉参考的代码图表、一套编码方法与一组标准字符编码、一套包含了上标字、下标字等字符特性的枚举等。Unicode 组织（The Unicode Consortium）是由一个非营利性的机构所运作，并主导 Unicode 的后续发展，其目标在于，将既有的字符编码方案以 Unicode 编码方案来取代，特别是既有的方案在多语种环境下仅有限的空间以及不兼容的问题。

（1）UCS 和 Unicode

通用字符集（Universal Character Set，UCS）是由 ISO 制定的 ISO 10646（或称 ISO/IEC 10646）标准所定义的标准字符集。曾有两个独立的尝试创立单一字符集的组织，即国际标准化组织（ISO）和多语言软件制造商组成的统一码联盟。前者开发了 ISO/IEC10646

项目，后者开发了统一码项目。因此最初制定了不同的标准。

1991 年前后，两个项目的参与者都认识到，世界不需要两个不兼容的字符集。于是，他们开始合并双方的工作成果，并为创立一个单一编码表而协同工作。从 Unicode 2.0 开始，Unicode 采用了与 ISO10646-1 相同的字库和字码；ISO 也承诺，ISO 10646 将不会替超出 U+10FFFF 的 UCS-4 编码赋值，以使得两者保持一致。两个项目仍都存在，并独立地公布各自的标准。但统一码联盟和 ISO/IECJTC1/SC2 都同意保持两者标准的码表兼容，并紧密地共同调整任何未来的扩展。

（2）UTF-32

上述使用 4 字节的数字来表达每个字母、符号或者表意文字（ideograph），每个数字代表唯一的至少在某种语言中使用的符号的编码方案，称为 UTF-32。UTF-32 又称 UCS-4，是一种将 Unicode 字符编码的协定，对每个字符都使用 4 字节。就空间而言，是非常没有效率的。

这种方法有其优点，最重要的一点就是可以在常数时间内定位字符串里的第 N 个字符，因为第 N 个字符从第 $4 \times N^h$ 个字节开始。虽然每一个码位使用固定长度的字节看似方便，但是它并不如其他 Unicode 编码使用得广泛。

（3）UTF-16

尽管 Unicode 字符非常多，但是实际上大多数人不会用到 65 535 个以外的字符。因此，就有了另外一种 Unicode 编码方式，称为 UTF-16（因为 16 位=2 字节）。UTF-16 将 0 ~ 65 535 范围内的字符编码成 2 字节，如果真的需要表达那些很少使用的超过这 65 535 范围的 Unicode 字符，则需要使用一些特殊的技巧来实现。UTF-16 编码最明显的优点是它在空间效率上比 UTF-32 高两倍，因为每个字符只需要 2 字节存储（除去 0 ~ 65 535 范围以外的），而不是 UTF-32 中的 4 字节。并且，如果我们假设某个字符串不包含任何非常用字符，那么依然可以在常数时间内找到其中的第 N 个字符，直到它不成立为止。其编码方法是：

① 如果字符编码 U 小于 0x10000，也就是十进制的 0 ~ 65 535 范围内，则直接使用 2 字节表示。

② 如果字符编码 U 大于 0x10000，由于 Unicode 编码范围最大为 0x10FFFF，从 0x10000 到 0x10FFFF 之间共有 0xFFFFF 个编码，也就是需要 20 位就可以表示这些编码。用 U 表示从 0 ~ 0xFFFFF 之间的值，将其前 10 位作为高位和 16 位的数值 0xD800 进行逻辑或操作，将后 10 位作为低位和 0xDC00 做逻辑或操作，这样组成的 4 字节就构成了 U 的编码。

（4）UTF-8

UTF-8（8-bit Unicode Transformation Format）是一种针对 Unicode 的可变长度字符编码（定长码），也是一种前缀码。它可以用来表示 Unicode 标准中的任何字符，且其编码中的第一个字节仍与 ASCII 兼容，这使得原来处理 ASCII 字符的软件无须或只需做少部分修改，即可继续使用。因此，它逐渐成为电子邮件、网页及其他存储或传送文字的应用中优先采用的编码。

UTF-8 使用 1 ~ 4 字节为每个字符编码：

① 128 个 US-ASCII 字符只需 1 字节编码（Unicode 范围由 U+0000 至 U+007F）。

② 带有附加符号的拉丁文、希腊文、西里尔字母、亚美尼亚语、希伯来文、阿拉伯

文、叙利亚文及它拿字母（马尔代夫文）则需要 2 字节编码（Unicode 范围由 U+0080 至 U+07FF）。

③ 其他基本多文种平面中的字符（这包含了大部分常用字）使用 3 字节编码。

④ 其他极少使用的 Unicode 辅助平面的字符使用 4 字节编码。

3.3 机 器 指 令

机器指令是 CPU 能直接识别并执行的指令，它的表现形式是二进制编码。但为了方便编写计算机程序，又把这些二进制编码构成的机器指令用其他更容易理解的字符表示出来。例如，用汇编语言写的 8086 指令 MOV AX,1234H 对应的机器码为 10111000 00110100 00010010（0xB83412）。

机器语言是用二进制代码表示的计算机能直接识别和执行的一种机器指令的集合。它是计算机的设计者通过计算机的硬件结构赋予计算机的操作功能。机器语言具有灵活、直接执行和速度快等特点。不同型号的计算机，其机器语言是不相通的，利用一种计算机的机器指令编制的程序，不能在另一种计算机上执行。

一条指令就是机器语言的一个语句，它是一组有意义的二进制代码，指令的基本格式包括操作码字段和地址码字段，其中操作码指明了指令的操作性质及功能，地址码则给出了操作数或操作数的地址。

用机器语言编写程序，编程人员首先要熟记所用计算机的全部指令代码和代码的含义。编写程序时，程序员得自己处理每条指令和每一数据的存储分配和输入输出，还得记住编程过程中所使用的工作单元的工作状态，这是一项十分烦琐的工作。编写程序花费的时间往往是实际运行时间的几十倍甚至几百倍。而且，编出的程序全是 0 和 1 的指令代码，直观性差，还容易出错。除了计算机生产厂家的专业人员外，绝大多数程序员已经不再去学习机器语言了。

机器语言是微处理器理解和使用的，用于控制操作二进制代码。8086 到 Pentium 的机器语言指令长度可以从 1 字节到 13 字节。尽管机器语言表现得很复杂，但是它是有规律的。存在着多至 100 000 种机器语言的指令。这意味着不能把这些指令全部列出来。以下是一些示例：

指令示例

0000 代表加载（LOAD）

0001 代表存储（STORE）

…

寄存器示例

0000 代表寄存器 A

0001 代表寄存器 B

…

存储器示例

000000000000 代表地址为 0 的存储器

000000000001 代表地址为 1 的存储器

000000010000 代表地址为 16 的存储器

100000000000 代表地址为 2^{11} 的存储器

集成示例

0000，0000，000000010000 代表 LOAD A，16

0000，0001，00000000001 代表 LOAD B，1

0001，0001，000000010000 代表 STORE B，16

0001，0001，00000000001 代表 STORE B，1

本 章 小 结

本章为读者讲解了数字的编码方式，重点是其中的原码、补码、反码等常见编码，以及对英文字符、汉字字符和其他非常用字符的三种不同编码方式，这些都是常见的信息在计算机中的表示方法。与此同时，指令也是信息的一种，也需要具备一定的编码规则，在本章最后介绍了机器指令的基本概念和格式，并给出了简单的示例。

习 题 3

一、选择题

1. _____表示法主要用于表示浮点数中的阶码。

 A. 原码　　　　　B. 补码　　　　　C. 反码　　　　　D. 移码

2. 在小型或微型计算机里，普遍采用的字符编码是_____。

 A. BCD 码　　　　B. 十六进制　　　C. 格雷码　　　　D. ASCII 码

3. 根据国标规定，每个汉字在计算机内占用_____存储。

 A. 1 字节　　　　B. 2 字节　　　　C. 3 字节　　　　D. 4 字节

4. 设 X= -0.1011，则[X]$_{补}$为_____。

 A. 1.1011　　　　B. 1.0100　　　　C. 1.0101　　　　D. 1.1001

5. 机器数_____中，零的表示形式是唯一的。

 A. 原码　　　　　B. 补码　　　　　C. 移码　　　　　D. 反码

6. 在计算机中，普遍采用的字符编码是_____。

 A. BCD 码　　　　B. 十六进制　　　C. 格雷码　　　　D. ASC II 码

7. 已知 $X<0$ 且[X]$_{原}$ $= X_0.X_1X_2\cdots X_n$，则[X]$_{补}$可通过_____求得。

 A. 各位求反，末位加 1　　　　　　B. 求补

 C. 除 X_0 外各位求反末位加 1　　　 D. [X]$_{反}$−1

8. 定点数表示 16 位字长的字，采用 2 的补码形式表示时，一个字所能表示的整数范围是_____。

 A. $-2^{15} \sim 2^{15}-1$　　B. $-2^{15}-1 \sim 2^{15}-1$　C. $-2^{15}+1 \sim 2^{15}$　　D. $-2^{15} \sim 2^{15}$

9. _____ 表示法主要用于表示浮点数中的阶码。

　　A. 原码　　　　　　B. 补码　　　　　C. 反码　　　　　D. 移码

10. 用 32 位字长（其中 1 位符号位）表示定点小数时，所能表示的数值范围是 _____。

　　A. $0 \leqslant |N| \leqslant 1-2^{-32}$　　　　　　　　B. $0 \leqslant |N| \leqslant 1-2^{-31}$

　　C. $0 \leqslant |N| \leqslant 1-2^{-30}$　　　　　　　　D. $0 \leqslant |N| \leqslant 1-2^{-29}$

11. 定点运算器用来进行 _____。

　　A. 十进制数加法运算　　　　　　B. 定点数运算

　　C. 浮点数运算　　　　　　　　　D. 既进行定点数运算也进行浮点数运算

12. 在定点二进制运算器中，减法运算一般通过 _____ 来实现。

　　A. 原码运算的二进制减法器　　　B. 补码运算的二进制减法器

　　C. 补码运算的十进制加法器　　　D. 补码运算的二进制加法器

13. 某机字长 32 位。其中 1 位符号位，31 位表示尾数。若用定点整数表示，则最大正整数为 _____。

　　A. $2^{31}-1$　　　　B. $2^{30}-1$　　　　C. $2^{31}+1$　　　　D. $2^{30}+1$

14. ASCII 码是对 ____（1）____ 进行编码的一种方案，它是 ____（2）____ 的缩写。

（1）A. 字符　　　　　　B. 汉字　　　　　C. 图形符号　　　　D. 声音

（2）A. 余 3 码　　B. 十进制数的二进制编码　C. 格雷码　　D. 美国标准信息交换代码

15. 在一个 8 位二进制数的机器中，补码表示数的范围从 ___（1）___（小）到 ___（2）___（大），这两个数在机器中的补码表示分别为 ___（3）___ 和 ___（4）___，而数 0 的补码表示为 ___（5）___。

（1）、（2）：

A. -256　　　　　B. -255　　　　　C. -128　　　　D. -127　　　　　E. 0

F. 127　　　　　G. 128　　　　　H. 255　　　　I. 256

（3）、（4）、（5）：

A. 00000000　　B. 10000000　　C. 01111111　　D. 11111111

E. 00000000 或 10000000　　　　F. 01111111 或 11111111

G. 00000000 或 11111111　　　　H. 10000000 或 01111111

二、填空题

1. 一个定点数由 _____ 和 _____ 两部分组成。根据小数点位置不同，定点数有 _____ 和 _____ 两种表示方法。

2. 信息的数字化编码是指 _____。

三、简答题

1. 试述浮点数规格化的目的和方法。

2. 写出下列二进制数的原码、反码、补码。

（1）±1011　　　（2）±0.1101　　　（3）±0

3. 某机器字长 16 位，浮点表示时，其中含 1 位阶符、5 位阶码、1 位尾符、9 位尾数，请写出它能表示的最大浮点数和最小浮点数。

4. 某机器字长 32 位，定点表示时，其中 31 位表示尾数，1 位是符号位，问：

（1）定点原码整数表示时，最大正数是多少？最小负数是多少？

（2）定点原码小数表示时，最大正数是多少？最小负数是多少？

第 **4** 章

计算机组成原理

通过前面章节的学习读者了解了计算机中信息和数据的表示方式，也掌握了计算机的几大重要的组成部分和功能部件。在此基础上，本章着重于讲述这些功能部件是如何各自开展工作，并能够互相配合完成一项总体任务的。本章将以冯·诺依曼计算机模型为出发点，介绍单机系统范围内计算机的组织结构和工作原理。

4.1 总 线

在计算机系统中，各个部件之间传送信息的公共通路称为总线，微型计算机是以总线结构来连接各个功能部件的。

如果说主板（Mother Board）是一座城市，那么总线就像是城市里的公共汽车（Bus），按照固定行车路线，传输来回不停运作的比特（bit）。这些线路在同一时间内都仅能负责传输一个比特。因此，必须同时采用多条线路才能传送更多数据，而总线可同时传输的数据数称为宽度（Width），以比特为单位，总线宽度愈大，传输性能就愈佳。总线的带宽（即单位时间内可以传输的总数据数）为：总线带宽 ＝ 频率×宽度（B/s）。当总线空闲（其他器件都以高阻态形式连接在总线上）且一个器件要与目的器件通信时，发起通信的器件驱动总线，发出地址和数据。其他以高阻态形式连接在总线上的器件如果收到（或能够收到）与自己相符的地址信息后，即接收总线上的数据。发送器件完成通信，将总线让出（输出变为高阻态）。图 4-1 所示为总线连接方式示意图。

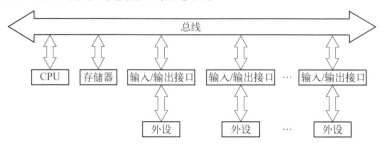

图 4-1 总线连接方式

4.1.1　总线的基本概念

总线（Bus）是计算机各种功能部件之间传送信息的公共通信干线，它是由导线组成的传输线束，按照计算机所传输的信息种类，计算机的总线可以划分为数据总线、地址总线和控制总线，分别用来传输数据、数据地址和控制信号。总线是一种内部结构，它是 CPU、内存、输入/输出设备传递信息的公用通道，主机的各个部件通过总线相连接，外围设备（外设）通过相应的接口电路再与总线相连接，从而形成了计算机硬件系统。微型计算机从其诞生以来就采用了总线结构，在微机系统中常把总线作为一个独立部件看待。当前 CPU 通过总线实现读取指令，并实现与内存、外设之间的数据交换，在 CPU、内存与外设确定的情况下，总线速度是制约计算机整体性能的关键，总线的性能对于解决系统瓶颈、提高整个微机系统的性能有着十分重要的影响。因此在微型计算机二十多年的发展过程中，总线结构也不断地发展变化。总线结构已成为微机性能的重要指标之一。

总线技术之所以能够得到迅速发展，是由于采用总线结构在系统设计、生产、使用和维护上有很多优势。概括起来有以下几点：

① 便于采用模块结构，简化系统设计；
② 总线标准可以得到厂商的广泛支持，便于生产与之兼容的硬件板卡和软件；
③ 模块结构方式便于系统的扩充和升级；
④ 便于故障诊断和维修；
⑤ 多个厂商的竞争和标准化带来的大规模生产降低了制造成本。

4.1.2　总线的类型与结构

1. 总线的类型

总线是现代计算机技术中很基本的一个概念，贯穿在计算机系统平台各个层次中，出现在计算机中的很多地方。在硬件上按照总线连接部件的不同，可以把总线分为片内总线、部件内总线、系统总线和外总线几种。

片内总线是指芯片内部的总线。例如，CPU 内部寄存器和寄存器之间、寄存器和 ALU 之间的总线。

部件内总线是指插件板内各芯片之间传送信息所使用的总线，如显示适配卡中使用的总线。

系统总线是指计算机系统内各功能部件，如 CPU、主存、I/O 等之间的信息传输线。前面所说的数据总线、地址总线以及控制总线就是系统总线。它位于主板上，因此又称板级总线。

外总线是指计算机系统之间以及计算机系统与其他系统之间的通信总线。

2. 总线的结构

计算机总线的内部结构如图 4-2 所示，它实际上是处理器芯片引脚的延伸，是处理器与 I/O 设备适配器的通道。这种简单的总线一般由 50～100 根信号线组成，按照这些信号线的功能特性可分为三类：数据总线、地址总线和控制总线。

（1）数据总线

数据总线（Data Bus，DB）是在计算机系统各个部件之间传输数据信息的信号线。数据总线是双向的。通常，数据总线由 8 根、16 根、32 根或 64 根数据线组成，数据线的根数称为数据总线的宽度。由于每根数据线每次传送 1 位二进制数，所以数据线的根数决定了每次能同时传送的二进制的位数，由此可见，数据总线的宽度是决定系统总体性能的关键因素之一。例如，如果数据总线的宽度为 8 位，而每条指令的长度为 16 位，那么在每个指令周期中需要两次访问存储器才能取回完整的 16 位指令。

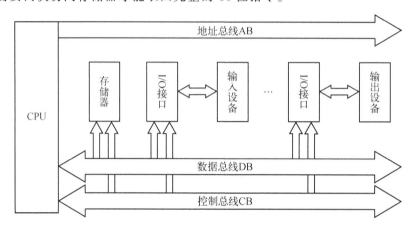

图 4-2　总线的内部结构

（2）地址总线

地址总线（Address Bus，AB）是在计算机系统各个部件之间传输地址信息的信号线，用来规定数据总线上的数据来自何处或将被送往何处。地址总线是单向的。如果 CPU 要从存储器中读取一个信息，那么，首先必须将要读取信息的存储器地址放到地址总线上，然后才可以从给定的存储器地址中取出所需要的信息。地址总线的宽度决定了计算机系统能够使用的最大的存储器容量。在对输入/输出端口进行寻址时也要使用地址总线传送地址信息。实际操作时，总是用地址总线的高几位选择总线上指定的存储器段，而用地址线的低几位去选择存储器段内具体的存储器单元或输入/输出端口地址。由此可见，地址总线的宽度决定了一次能够访问的存储空间范围的大小。

（3）控制总线

控制总线（Control Bus，CB）是在计算机系统各个部件之间传输控制信息的信号线，其作用是对数据总线、地址总线的访问及使用情况实施控制。控制线中每根线都是单向的，用来指明数据传送的方向、中断请求和定时控制等。由于计算机中的所有部件都要使用数据总线和地址总线，所以用控制总线对它们实施控制既是必要的，也是必需的。控制总线上传输的控制信息，其作用就是在计算机系统各个部件之间发送操作命令和定时信息，命令信息规定了要执行的具体操作，而定时信息则规定了数据信息和地址信息的时效性。

这种简单的总线结构被早期的计算机广泛采用。随着计算机技术的发展，这种简单的总线结构逐渐暴露出一些不足：第一，CPU 是总线上的唯一主控者，即使后来增加了具有简单仲裁逻辑的 DMA（Direct Memory Access）控制器以支持 DMA 传送，但是仍不能满足多 CPU 环境的要求；第二，总线信号是 CPU 引脚信号的延伸，所以总线结构与 CPU 紧密相关，通用性较差。

4.1.3　总线的连接方式

大多数总线都是以相同方式构成的，然而，总线的排列布置、总线与其他各类部件的连接方式，对计算机系统性能而言则显得尤其重要。根据连接方式的不同，单机系统中采用的总线结构可分成三种基本类型：单总线结构、双总线结构、三总线结构。

1．单总线结构

在许多早期单处理器的计算机中，使用一条单一的系统总线来连接 CPU、主存和 I/O 设备，称为单总线结构，如图 4-3 所示。

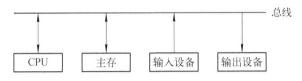

图 4-3　单总线结构

在单总线结构中，要求连接到总线上的逻辑部件都必须高速运行，以便在某些设备需要使用总线时能够迅速获得总线控制权，当不再使用总线时也能迅速放弃总线控制权。否则，由于一条总线由多个功能部件共用，有可能导致很大的时间延迟。

在单总线结构中，当 CPU 取一条指令时，首先把程序计数器 PC 中的地址同控制信息一起送至总线上。该地址不仅送至主存，同时也送至总线上的所有外围设备，然而只有与总线上的地址相对应的设备才执行数据传送操作，在取指令情况下的地址是主存地址。因此该地址所指定的主存单元中的指令被传送给 CPU，CPU 检查指令中的操作码，确定对数据执行什么操作，以及数据是流进还是流出 CPU。

在单总线系统中，对输入/输出设备的操作与主存的操作完全一样。当 CPU 把指令的地址字段送到总线上时，如果该地址字段对应的地址是主存地址，则主存予以响应，从而在 CPU 和主存之间发生数据传送，数据传送的方向由指令操作码决定；如果该地址字段对应的地址是外围设备地址，则外围设备予以响应，从而在 CPU 和对应的外围设备之间发生数据传送，数据传送的方向也由指令操作码决定。

单总线结构的优点在于结构简单，成本低廉，并且容易扩展成多 CPU 系统，只要在系统总线上挂接多个 CPU 即可。但是，在单总线结构中，由于所有逻辑部件都挂在同一个总线上，因此总线只能分时工作，即某一个时间只能允许一对部件之间传送数据，这就使信息传送的吞吐量受到限制，因此会导致系统运行效率低下。

2．双总线结构

图 4-4 所示为双总线系统结构，这种结构保持了单总线系统简单、易于扩充的优点，但又在 CPU 和主存之间专门设置了一组高速的处理机总线，使 CPU 可通过专用的高速总线与存储器交换信息，以减轻系统总线的负担，同时仍可通过扩展总线与外设进行数据交换，而不必经过 CPU。当然，这种双总线系统是以增加硬件为代价的。

3．三总线结构

图 4-5 所示为三总线系统结构。三总线结构是在双总线系统的基础上增加 I/O 总线形成的，指在计算机中配置 3 组总线，即在处理机总线上通过一块被称为 PCI（Peripheral

Component Interconnect bus，外部组件互连总线）桥的控制线路，提供出一组高性能的局部总线，称为 PCI 总线，而把原来的 ISA（Industry Standard Architecture，工业标准体系结构）总线和 EISA（Extended Industry Standard Architecture，扩展工业标准结构）总线从处理机总线上断开,并通过 I/O 控制线路连接到 PCI 总线上。把一些慢速的输入/输出设备接到 EISA（ISA）总线上。可以看出，三总线结构能够使整个系统的工作效率大大提高，然而，这是以增加更多的硬件为代价的。

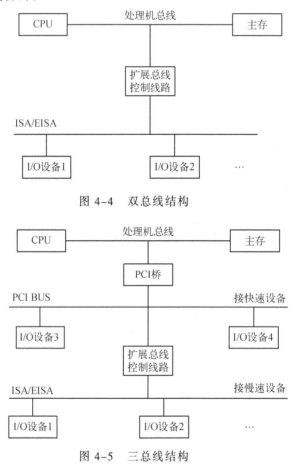

图 4-4　双总线结构

图 4-5　三总线结构

4.1.4　总线仲裁

　　连接到总线上的功能模块有主动和被动两种状态，如 CPU 模块，它在不同的时间可以用作主方，也可用作从方，而存储器模块只能用作从方。主方可以启动一个总线周期，而从方只能响应主方的请求。每次总线操作，只能有一个主方占用总线控制权，但同一时间里可以有一个或多个从方。

　　除 CPU 模块外，I/O 功能模块也可提出总线请求。为了解决多个主设备同时竞争总线控制权的问题，必须具有总线仲裁部件，以某种方式选择其中一个主设备作为总线的下一次主方。

　　对多个主设备提出的占用总线请求，一般采用优先级或公平策略进行仲裁。例如，在多处理器系统中对各 CPU 模块的总线请求采用公平的原则来处理，而对 I/O 模块的总线请求采用优先级策略。被授权的主方在当前总线业务一结束，即接管总线控制权，开始新的信息传送。主方持续控制总线的时间称为总线占用期。

4.1.5　总线标准

前面介绍了总线的主要功能是作为计算机不同部件之间公用的信号通道。可是，总线应该有多宽，采用什么样的方式和总线相连，还需要有个规定。不然，每个厂家做出的总线都不相同，最终就会形成一种 I/O 接口配一种总线、各种总线之间互相不兼容的情形。为此，人们开始统一总线的规格，也就是为总线制定标准。这样只要制造外设的厂家按照总线接口标准去做，设备就可以连接到总线上，就能够互相通信。

总线技术在不断进步，因而总线的标准也在随时间变化。在计算机发展史中出现了很多总线标准。下面介绍几种常见的总线标准：ISA 总线、PCI 总线、PCI-Express 总线和 USB 总线。

1. ISA 总线

ISA 总线是 PC 上出现较早的一种总线标准。ISA 总线采用 16 位数据线、24 位地址线，最大传输速率为 16 MB/s。后来出现的以 ISA 总线为基础的 EISA 总线的传输率可达 32 MB/s。

2. PCI 总线

随着计算机的发展，尤其是图形界面的流行，ISA 总线和 EISA 总线的速率已逐渐不能满足要求。因此出现了 PCI 总线标准。PCI 总线开始时的宽度是 32 位，带宽是 133 MB/s。这个速度显然比 ISA 快得多。在 PCI 发布一年之后，它的带宽又被增加到 266 MB/s，总线宽度为 64 位。之后，PCI 总线的速度最终被提升到 528 MB/s。在 PCI 出现的初期，PCI 总线和 ISA 总线并存同一系统中。随着 PCI 总线的出现和普及，使用 ISA 槽的设备越来越少，现今计算机的主板上基本已经看不到 ISA 槽的身影。

3. PCI-Express 总线

PCI-Express（PCI-E）是 2001 年提出的一个总线标准。PCI-E 有多种不同速度的接口模式，包括 1×、2×、4×、8×、16× 以及 32×。PCI-E 的 1× 模式的单向传输速率为 250 MB/s。而其他模式，如 8×、16× 的传输速率便是 1× 的 8 倍和 16 倍。16× 接口已能达到双向 8 GB/s 的峰值带宽了。这样快的速度能够支持大屏幕、高分辨率的显示，是高端显卡要发挥作用所必需的。

4. USB 总线

USB（Universal Serial Bus，通用串行总线）总线与前面所讲总线的最大区别是，USB 接口在机箱外，不用打开机箱就可以直接连接设备。实际上 USB 总线和前面提到的几种总线不是一个级别的标准。前面提到的几种都属于系统总线。而 USB 总线在某种程度上可以看作是系统总线的一个连接低速外设的延长线。USB 总线一端连接在系统总线上（如前面提到的 PCI 总线），另一端可以连接低速设备。通过级联，它最多可以连接 127 个设备。USB 总线的另一个特点是支持热插拔。USB 1.0/1.1 标准传输速率可达 1.5 Mbit/s，最大可达 12 Mbit/s。USB 2.0 标准对于高速设备可支持高达 480 Mbit/ps 的数据传输率，它向下兼容旧的 USB 1.0/1.1 软件和设备。2008 年发布的 USB 3.0 标准作为新一代的 USB 接口，特点是传输速率非常快，理论上能达到 5 Gbit/s，比 USB 2.0 快 10 倍，外形和普通的 USB 接口基本一致，能兼容 USB 2.0 和 USB 1.1 设备。

4.2 存 储 器

存储器（Memory）是现代信息技术中用于保存信息的记忆设备。其概念很广，有很多层次，在数字系统中，只要能保存二进制数据的都可以是存储器；在集成电路中，一个没有实物形式的具有存储功能的电路也叫存储器，如 RAM、FIFO 等；在系统中，具有实物形式的存储设备也叫存储器，如内存条、TF 卡等。计算机中全部信息，包括输入的原始数据、计算机程序、中间运行结果和最终运行结果都保存在存储器中。它根据控制器指定的位置存入和取出信息。有了存储器，计算机才有记忆功能，才能保证正常工作。计算机中的存储器按用途可分为主存储器（内存）和辅助存储器（外存），也有分为外部存储器和内部存储器的分类方法。外存通常是磁性介质或光盘等，能长期保存信息。内存指主板上的存储部件，用来存放当前正在执行的数据和程序，但仅用于暂时存放程序和数据，关闭电源或断电，数据会丢失。

存储器的主要功能是存储程序和各种数据，并能在计算机运行过程中高速、自动地完成程序或数据的存取。存储器是具有"记忆"功能的设备，它采用具有两种稳定状态的物理器件来存储信息，这些器件又称记忆元件。在计算机中采用只有两个数码"0"和"1"的二进制来表示数据。记忆元件的两种稳定状态分别表示为"0"和"1"。日常使用的十进制数必须转换成等值的二进制数才能存入存储器中。计算机中处理的各种字符，例如英文字母、运算符号等，也要转换成二进制代码才能存储和操作。

4.2.1 存储器相关概念

这里，首先介绍与存储器相关的几个重要概念，其相互之间的关系如图 4-6 所示。

① 存储器：计算机系统中的记忆设备，用来存放程序和数据。

② 存储元：存储器的最小组成单位，用以存储 1 位二进制代码。

③ 存储单元：CPU 访问存储器的基本单位，由若干个具有相同操作属性的存储元组成。

④ 单元地址：在存储器中用以标识存储单元的唯一编号，CPU 通过该编号访问相应的存储单元。

⑤ 字存储单元：存放一个字的存储单元，相应的单元地址称为字地址。

⑥ 字节存储单元：存放一个字节的存储单元，相应的单元地址称为字节地址。

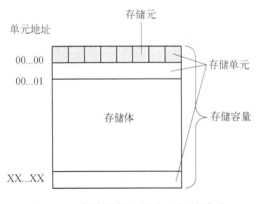

图 4-6　存储器各个概念之间的关系

⑦ 按字寻址计算机：可编址的最小单位是字存储单元的计算机。

⑧ 按字节寻址计算机：可编址的最小单位是字节的计算机。

⑨ 存储体：存储单元的集合，用于存放二进制信息。

4.2.2　存储器分类

（1）按存储介质分类

计算机存储介质是计算机存储器中用于存储某种不连续物理量的媒体。计算机存储介质主要有半导体、磁芯、磁鼓、磁带、磁盘、光盘等。

① 半导体：用于计算机的半导体存储元件主要有 MOS（金属氧化物半导体存储器）和双极型两种。MOS 元件集成度高、工艺简单但速度较慢。双极型元件工艺复杂、功耗大、集成度低但速度快。

② 磁芯：20 世纪 70 年代中期以前广泛使用磁芯存储器作为主存储器。其存储容量可达 10 位以上，存取时间最快为 300 ns。在半导体存储快速发展取代磁芯存储器作为主存储器后，磁芯存储器仍然可以作为大容量扩充存储器而得到应用。

③ 磁鼓：一种磁记录的外存储器。由于其信息存取速度快，工作稳定可靠，虽然其容量较小，正逐渐被磁盘存储器所取代，但仍被用作实时过程控制计算机和中、大型计算机的外存储器。为了适应小型和微型计算机的需要，出现了超小型磁鼓，其体积小、质量小、可靠性高、使用方便。

④ 磁带：由于磁带容量大，价格低，适于长期保存，至今仍被用作大容量辅助存储器。国际上磁带机普遍采用半英寸带，磁道为 7 道或 9 道，记录密度为 800 bit/in、1600 bit/in、3200 bit/in，最高 6250 bit/in，带速为 75～250 in/s（1in=0.0254m）。

⑤ 磁盘：兼有磁鼓和磁带存储器的优点，即其存储容量较磁鼓容量大，而存取速度则较磁带存储器快，又可脱机储存，因此在各种计算机系统中磁盘被广泛用作大容量的外存储器。磁盘一般分为硬磁盘和软磁盘存储器两大类。

⑥ 光盘：利用激光读出和写入信息的存储器，其主要优点是密度高，容量大，一个直径 12 英寸的光盘能存储 2.5 GB 信息，位存储成本低廉。光盘的存取时间要比磁盘的存取时间长，一般 100～500 ms，另一缺点是普通 CD-ROM 光盘记录的信息不能擦除改写。

（2）按读/写功能分类

按存储器的读/写方式，存储器可分为只读存储器（Read-Only Memory，ROM）和随机存取存储器（Random Access Memory，RAM）两大类。

① ROM 是一种非易失性存储器，其特点是信息一旦写入，就固定不变，掉电后，信息也不会丢失。在使用过程中，只能读出，一般不能修改，常用于保存无须修改就可长期使用的程序和数据，如主板上的基本输入/输出系统程序 BIOS、打印机中的汉字库、外围设备的驱动程序等，也可作为 I/O 数据缓冲存储器、堆栈等。

② RAM 是一种易失性存储器，其特点是在使用过程中，信息可以随机写入或读出，使用灵活，但信息不能永久保存，一旦掉电，信息就会自动丢失，常用做内存，存放正在运行的程序和数据。

（3）按存取方式分类

按照数据的存取方式分类，存储器可分为随机存储器和顺序存储器两类。

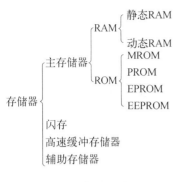

图 4-7 存储器类型

① 随机存储器：任何存储单元的内容都能被随机存取，且存取时间和存储单元的物理位置无关。

② 顺序存储器：只能按某种顺序存取，存取时间和存储单元的物理位置有关。

（4）按在计算机中的作用分类

根据存储器在计算机系统中所起的作用，可分为主存储器、辅助存储器、高速缓冲存储器等，如图 4-7 所示。为了解决对存储器要求容量大，速度快，成本低三者之间的矛盾，通常采用多级存储器体系结构，即使用高速缓冲存储器、主存储器和外存储器。

4.2.3 存储系统层次结构

图 4-8 是计算机存储系统的金字塔形层次结构图。在这个层次结构中，从下到上存储器的速度越来越快、价格越来越高、容量也因此越来越小。最顶层就是前面提到过的寄存器，它的访问速度最快、容量也最小。在 32 位计算机中，通常每个寄存器只存储 4 字节。第二层是缓冲存储器，就是缓存，它的速度介于寄存器和内存之间。第三层是主存（内存）。最底层是辅存，它的价格最便宜，容量也最大，用来存储需要长期保存的大量信息。位于不同层次的存储器的用途和特点如表 4-1 所示。

图 4-8 计算机存储系统层次结构

表 4-1 存储器的用途和特点

名称	简称	用途	特点
高速缓冲存储器	Cache	高速存取指令和数据	存取速度最快，但存储容量小
主存储器	主存	存放计算机运行期间的大量程序和数据	存取速度较快，存储容量不大
辅助存储器	外存	存放系统程序和大型数据文件及数据库	存储容量大，位存储成本低

下面分别介绍三个层次的存储器的具体工作原理。

1. 高速缓冲存储器（Cache）

随着 CPU 时钟速率的不断提高，当它访问低速存储器时，不得不插入等待周期，这就明显降低了高速 CPU 的效率。为了与 CPU 的速率相匹配，可以采用高速存储器，但它的成本很高，用来组成大容量的主存储器很不经济。成本较低的存储器适宜制作大容量的主存储器，但是速度又过低。为了折中地解决速率与成本两者之间的矛盾，兼顾高速与低成本，在现代计算机系统中，采用了高速缓冲存储器（Cache）技术。Cache 通常采用与 CPU 同样的半导体材料制成，速度一般比主存高 5 倍左右。由于其高速且高价，故容量通常较小，一般为几 KB 到几十 MB，仅用来保存主存中最经常用到的一部分内容的副本。

统计表明，利用一级 Cache，可使存储器的存取速度提高 4～10 倍。当速度差更大时，可采用多级 Cache。目前大多数 PC 的高速缓存都分为两个级别：L1 Cache 和 L2 Cache。L1

Cache 集成在 CPU 芯片内，时钟周期与 CPU 相同；L2 Cache 通常封装在 CPU 芯片之外，时钟周期比 CPU 慢一半或更低。就容量而言，L2 Cache 的容量通常比 L1 Cache 大一个数量级以上，从几百 KB 到几十 MB 不等。Cache 在计算机系统中的位置如图 4-9 所示。

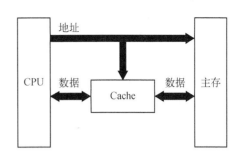

图 4-9　Cache 在计算机系统中的位置

在 CPU 的所有操作中，访问内存是最频繁的操作。由于一般计算机中的主存储器主要由 MOS 型动态 RAM 构成，其工作速度比 CPU 低一个数量级，加上 CPU 的所有访问都要通过总线这个瓶颈，所以，缩短存储器的访问时间是提高计算机速度的关键。采用在 CPU 和内存之间增加高速缓冲存储器的办法较好地解决了这一问题。"Cache" 原意是指勘探人员的藏物处，这里引申为 "高速缓存"。在保证系统性能价格比的前提下，使用速度与 CPU 相当的 SRAM（Static Random Access Memory，静态随机存取寄存器）芯片组成小容量的高速缓存器，使用低价格、小体积能提供更大存储空间的 DRAM（Dynamic Random Access Memory，动态随机存取寄存器）芯片（或内存条）组成主存储器。

下面，以取指为例对 Cache 的工作原理进行说明。命中率是高速缓存子系统操作有效性的一种测度，它被定义为高速缓存命中次数与存储器访问总次数之比，用百分率来表示，即

$$命中率 = \frac{命中次数}{存储器访问总次数} \times 100\%$$

例如，若高速缓存的命中率为 92%，则意味着 CPU 可用 92% 的总线周期从高速缓存中读取数据。换句话说，仅有 8% 的存储器访问是对主存储器子系统进行的。假设经过前面的操作 Cache 中已保存了一个指令序列，当 CPU 按地址再次取指时，Cache 控制器会先分析地址，看其是否已在 Cache 中，若在，则立即取出，否则，再去访问内存。因为大多数程序有一个共同特点，即在第一次访问了某个存储区域后，还要重复访问这个区域。CPU 第一次访问低速 DRAM 时，要插入等待周期。当 CPU 进行第一次访问时，也把数据存到高速缓存区。因此，当 CPU 再次访问这一区域时，CPU 就可以直接访问高速缓存区，而不访问低速主存储器。因为高速缓存器容量远小于低速大容量主存储器，所以它不可能包含后者的所有信息。当高速缓存区内容已装满时，需要存储新的低速主存储器位置上的内容，以代替旧位置上的内容。

高速缓存器的设计目标是使 CPU 访问尽可能在高速缓存器中进行，其工作原理如图 4-10 所示。当 CPU 试图读取主存中的一个字时，发出此字内存地址并同时到达 Cache 和主存，此时 Cache 控制逻辑依据地址的标记部分进行判断此字当前是否在 Cache 中。若是（命中），此字立即递交给 CPU，若否（未命中），则要用主存读取周期把这个字从主存读出送到 CPU，与此同时把含有这个字的整个数据块从主存读出送到 Cache 中。由于程序的存储器访问具有局部性，当为满足一次访问需求而取来一个数据块时，下面的多次访问很可能是读

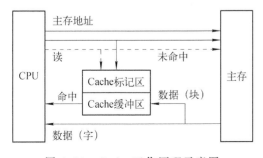

图 4-10　Cache 工作原理示意图

取此块中的其他字。

2. 主存储器（内存）

通常计算机内存主要是由随机存储器组成的。内存按地址访问，给出地址即可以得到相应内存单元里的信息，CPU 可以随机地访问任何内存单元的信息。而且，目前所采用的存储芯片的访问时间与所访问的存储单元的位置无关，完全是由芯片设计和生产技术以及芯片之间的互连技术所决定的。这种访问时间不依赖所访问地址的访问方式称为随机访问方式，主存储器也因此被称为随机存取存储器。按照 RAM 芯片内部基本存储电路结构的不同，又可分为动态 RAM（即 DRAM）和静态 RAM（即 SRAM）两类。

类似于微处理器，存储器芯片也是一种由数以百万计的晶体管和电容器构成的集成电路（Integrated Circuit，IC）。动态随机存取存储器（DRAM）是计算机存储器中最为常见的一种，在 DRAM 中晶体管和电容器合在一起就构成一个存储单元，代表一个数据位元。电容器保存信息位——0 或 1。晶体管起到了开关的作用，它能让内存芯片上的控制线路读取电容上的数据，或改变其状态。

电容器就像一个能够储存电子的小桶。在存储单元中写入 1，小桶内就充满电子。写入 0，小桶就被清空。电容器的问题在于它会泄漏。只需几毫秒的时间，一个充满电子的小桶就会漏得一干二净。因此，为了确保动态存储器能正常工作，必须由 CPU 或是由内存控制器对所有电容不断地进行充电，使它们能保持 1 值。为此，内存控制器会先行读取存储器中的数据，然后再把数据写回去。这种刷新操作每秒要自动进行数千次，动态 RAM 正是得名于这种刷新操作。动态 RAM 需要不间断地进行刷新，否则就会丢失它所保存的数据。这一刷新动作的缺点就是费时，并且会降低内存速度。

静态 RAM 则使用了截然不同的技术。静态 RAM 使用某种触发器来储存每一位内存信息。存储单元使用的触发器是由引线将 4~6 个晶体管连接而成，无须刷新。这使得静态 RAM 要比动态 RAM 快得多。但由于构造比较复杂，静态 RAM 单元要比动态 RAM 占据更多的芯片空间。所以单个静态 RAM 芯片的存储量会小一些，这也使得静态 RAM 的价格要贵得多。静态 RAM 速度快、价格贵，动态 RAM 相对便宜，但速度慢。因此，静态 RAM 常用来组成 CPU 中的高速缓存，而动态 RAM 用来组成容量更大的系统内存空间。

台式机所用的内存芯片最早采用一种称为双列直插式封装（DIP）的引脚构造。这种引脚构造可以焊接到计算机主板上的焊孔内，也可以将其插入焊接在主板上的插槽内。采用这种方法，在主机只有一两兆字节的内存时还能运转良好，但随着内存需求的增加，所需的芯片数目就要增加，因而会占据更多的主板空间。

解决这一问题的方法是，将内存芯片连同其支持组件一起，装配到一块单独的印刷电路板（PCB）上，而这块电路板可以插入主板上一种特定的连接器（内存插槽）中。通常内存芯片只能以部分内存卡的形式出售，称为模组。挑选内存时可以看到一些标注着 8×32 或 4×16 的内存。这些数字代表着芯片的数目乘以每片芯片的容量，以兆比特（Mb）为单位。将乘积除以 8，就能得到该模组的兆字节数。举例来说，4×32 意味着模组有 4 片 32Mb 的芯片。4 乘以 32 得到 128Mb。我们知道 1 字节等于 8bit，所以还需将乘积 128 再除以 8，结果就是 16MB。

3．辅助存储器

辅助存储器的特点是容量大、成本低、通常在断电后仍能保存信息，是"非易失性"存储器。其中大部分存储介质还能脱机保存信息。

在现代计算机系统中，使用各种类型的存储器构成多层次存储系统，很好地解决了速度、成本、容量之间的矛盾，提高了计算机的性能价格比。

（1）辅助存储器的种类

① 磁表面存储器。磁表面存储器是将磁性材料沉积在盘片（或带）的基体上形成记录介质，主要包括以下两种类型：

- 数字式磁记录：硬盘、软盘、磁带；
- 模拟式磁记录：录音设备、录像设备。

② 光存储器。光存储器主要是光盘，光盘的记录原理不同于磁盘，它是利用激光束在具有感光特性的载体表面上存储信息的。光盘的容量大，也是目前广泛使用的一种辅助存储器。

（2）辅助存储器的技术指标

辅助存储器的主要技术指标是存储密度、存储容量、寻址时间、数据传输率、误码率、价格。

① 存储密度是指单位长度或单位面积磁层表面所存储的二进制信息量。它包括道密度和位密度。

道密度是沿磁盘半径方向单位长度上的磁道数。

$$道密度=磁道数/存储区域的长度$$

单位：道/英寸（TPI）或道/毫米（TPM）

位密度是磁道单位长度上可以记录的二进制代码位数。

$$位密度=磁道容量/内圈的周长$$

单位：位/英寸（bpi）或位/毫米（bpm）

磁道指的是存储介质表面上的信息的磁化轨迹。对于磁盘来说，磁道是其表面上的许多同心圆，用道密度和位密度表示，也可以用两者的乘积——面密度表示。对磁带来说，磁道是沿着磁带长度方向的直线，主要用位密度表示。

② 存储容量是指磁表面存储器所能存储的二进制信息总量。一般以字节为单位。

格式化容量：是指按照某种特定的记录格式所能存储信息的总量。

$$格式化容量=记录面数 \times 每面的磁道数 \times 扇区数 \times 记录块的字节数$$

非格式化容量：是指磁记录表面可以利用的磁化单元总数。

$$非格式化容量=记录面数 \times 每面的磁道数 \times 磁道容量$$

将磁盘存储器用于计算机系统中，必须首先进行格式化操作，然后才能供用户记录信息，格式化容量一般约为非格式化容量的 60%～70%。

③ 寻址时间是指从读/写命令发出后，磁头从某一起始位置出发移动到新的记录位置，再到开始从盘片表面读出或写入信息所需的时间，它包括寻道时间和等待时间。

④ 数据传输率是磁表面存储器在单位时间内与主机之间传送数据的位数或字节数。

为确保主机与磁表面存储器之间传输信息不丢失，传输率与存储设备和主机接口逻辑两者有关。从设备方面考虑，传输率等于记录密度和记录介质的运动速度的乘积。从主机接口逻辑考虑，应有足够快的传送速度接收/发送信息，以便主机与辅存之间的传输正确无误。

平均数据传输率=每道扇区数×扇区容量×盘片转数

⑤ 误码率是衡量磁表面存储器出错概率的参数，它等于从辅存读出数据时，出错信息位数和读出的总信息位数之比。

⑥ 位价格是设备价格除以容量的商。

通常用位价格来比较存储器，在所有存储设备中，磁表面存储器和光盘存储器的位价格是很低的。

（3）硬磁盘存储器

磁盘存储器是计算机系统中最主要的外存设备。目前大、中、小及微型机普遍配有磁盘机，这是因为磁盘有很多优于其他外存的特点，如存取速度快，存储容量大，易于脱机保存等。

硬磁盘存储器指的是记录介质为硬质圆形盘片的辅助存储器系统。根据磁头的工作方式分类可分为可移动磁头和固定磁头两种；根据磁盘可换与否可分为可换盘片式与固定盘片式两种。

① 可移动磁头固定盘片的磁盘机。特点是一片或一组盘片固定在主轴上，盘片不可更换。盘片每面只有一个磁头，存取数据时磁头沿盘面径向移动。

② 固定磁头固定盘片的磁盘机。特点是磁头位置固定，磁盘的每个磁道对应一个磁头，盘片不可更换。优点是存取速度快，省去磁头寻道时间，缺点是结构复杂。

③ 可移动磁头可换盘片的磁盘机。盘片可以更换，磁头可沿盘面径向移动。优点是盘片可以脱机保存，同种型号的盘片具有互换性。

④ 温彻斯特磁盘机。温彻斯特磁盘简称温盘，是一种采用先进技术研制的可移动磁头固定盘片的磁盘机。它是一种密封组合式的硬磁盘，即磁头、盘片、电动机等驱动部件乃至读/写电路等组装成一个不可随意拆卸的整体。工作时高速旋转在盘面上形成的气垫将磁头平稳浮起。优点是防尘性能好，可靠性高，对使用环境要求不高。

硬磁盘机主要由磁记录介质、磁盘控制器、磁盘驱动器三大部分组成。磁盘控制器包括控制逻辑与时序、数据并–串变换电路和串–并变换电路。磁盘驱动器包括写入电路与读出电路、读/写转换开关、读/写磁头与磁头定位伺服系统等。

（4）软磁盘存储器

软磁盘片的形状类似于普通薄膜唱片。盘片的盘基由聚脂薄膜制成，厚度约 $76\mu m$，上面涂有极薄的一层铁氧体磁性材料，封装在相应尺寸的黑色塑料保护套内。套内有一层无纺布，用来防尘、消除静电、保护盘面不受碰撞。使用时软磁盘连同保护套一起插入软磁盘机中，由驱动机构带动软磁盘片匀速转动（保护套不动），磁头通过槽孔和盘片上的记录区接触，读出或写入信息。

为了正确存储信息，必须将盘片划分成磁道和扇区（区段），称作磁盘地址。这些信息必须写到盘片上，还要加上同步标志、校验信息、间隔等。这些信息一起构成磁盘的软分段信息。

所谓软分段，就是以索引孔作为定位基准，将扇区的划分通过软件写入的标志来实现。

索引孔用来检测盘片的转速和划分盘片的扇区区段。当盘片上的小孔转到与塑料封套上小孔的位置相对时，软盘机上的传感元件可测得一个脉冲信号，作为盘片旋转一周的开始标志，以此作为扇区划分的起点。盘片在出厂前都要进行预格式化，即完成软分段工作。用户再根据不同的机型和操作系统，用格式化程序重新格式化（或称初始化）。

然而，由于软磁盘存储器的存储容量小、读/写速度慢，随着 USB 存储设备的普及，软盘已经逐步被淘汰，很少使用，目前的主流计算机也基本不配置软盘驱动器来读/写软盘。

（5）磁带存储器

磁带按带宽分有 1/4 英寸和 1/2 英寸等类型；按带长分有 2400 英尺、1200 英尺和 600 英尺（1 英尺=0.3048m）等类型；按外形分有开盘式磁带和盒式磁带；按记录密度分有 800 位/英寸、1600 位/英寸、6250 位/英寸；按带面并行记录的磁道数分有 9 道、16 道等。计算机系统中多采用 1/2 英寸开盘磁带和 1/4 英寸盒式磁带，它们是标准磁带。

按磁带机规模分，有标准半英寸 1/2 磁带机、盒式磁带机、海量宽磁带存储器；按磁带机走带速度分，有高速磁带机（4～5 m/s）、中速磁带机（2～3 m/s）、低速磁带机（2 m/s 以下）。磁带机的数据传输率为 $C=D \cdot v$，其中 D 为记录密度，v 为走带速度。带速快则传输率高；按磁带的记录格式分类有启停式和数据流式。

启停式磁带机为了寻找记录区，必须驱动磁带正走或反走，读/写完毕后又要使磁头停在两个记录区之间。因此要求磁带机在结构和电路上采取相应措施，保证磁带以一定的速度平衡地运动和快速启停。

数据流磁带机是将数据连续地写在磁带上，每个数据块间插入记录间隙，使磁带机在数据块间不启停。它用电子控制代替机械控制从而简化了磁带机的结构，降低了成本，提高了可靠性。

数据流磁带机有 1/2 英寸开盘式和 1/4 英寸盒式两种。盒式磁带的结构类似于录音带和录像带，盒带内部装有供带盘和收带盘，磁带的长度主要有 450 英尺、600 英尺两种，容量分别为 45 MB、60 MB。

数据流磁带机的读/写机构和启停式磁带机不同，后者是多位并行读/写，而前者是类似于磁盘的串行读/写方式，因而决定了两者的记录格式不同。

（6）光盘存储器

光盘存储器简称光盘，是近年来使用广泛的一种外存设备，更是多媒体计算机不可缺少的设备。光盘采用聚焦激光束在盘式介质上非接触地记录高密度信息，以介质材料的光学性质（如反射率、偏振方向）的变化来表示所存储信息的 "1" 或 "0"。

光盘的优点是：激光可聚焦到 1μm 以下，从而记录的面密度可达到 645 MB/in^2，高于一般的磁记录水平。一张 CD-ROM 盘片的存储容重可达 600 MB，相当于 400 多张 1.44 MB 的 3.5 英寸软盘片。主要缺点是存取时间长，数据传输率低。

按读/写性质来分类，光盘包括只读型、一次型、重写型三类。

① 只读型光盘。只读型光盘是厂商以高成本制作出母盘后大批压制而成的光盘。这种模压式记录使光盘发生永久性物理变化，记录的信息只能读出，不能被修改。典型的产品有：

- LD 俗称影碟，记录模拟视频和音频信息，可放演 60 min 全带宽的 PAL 制电视。
- CD-DA 数字唱盘，记录数字化音频信息，可存储 74 min 数字立体声信息。

- VCD 俗称小影碟，记录数字化视频和音频信息，可存储 74 min 按 MPEG-1 标准压缩编码的动态图像信息。
- DVD 数字视盘，单记录层容量为 4.7GB，可存储 135 min 按 MPEG-2 标准压缩编码的视频图像信息和音频信息。

② 一次型可记录光盘。用户可以在这种光盘上记录信息，但记录信息会使介质的物理特性发生永久性变化，因此只能写一次。写后的信息不能再改变，只能读。典型产品是 CD-R 光盘。用户可在专用的 CD-R 刻录机上向空白的 CD-R 光盘写入数据，制作好的 CD-R 光盘可放在 CD-ROM 驱动器中读出。

③ 重写型光盘。用户可对这类光盘进行随机写入、擦除或重写信息。典型的产品有两种：

MO 磁光盘：利用热磁效应写入数据，当激光束将磁光介质上的记录点加热到居里点温度以上时，外加磁场作用改变记录点的磁化方向，而不同的磁化方向可表示数字"0"和"1"。利用磁光克尔效应读出数据，当激光照射到记录点时，由于记录点的磁化方向不同，会引起反射光的偏振面发生左旋或右旋，从而检测出所记录的数据为"1"或"0"。

PC 相变盘：利用相变材料的晶态和非晶态来记录信息。写入时，强弱不同的激光束对记录点加热再快速冷却后，记录点分别呈现为非晶态和晶态。读出时，用弱激光来扫描相变盘，晶态反射率高，非晶态反射率低，根据反射光强弱的变化即可检测出"1"或"0"。

无论是磁光盘还是相变盘，介质材料发生的物理特性改变都是可逆变化，因此是可重写的。

4.3　中央处理器（CPU）

中央处理器（Central Processing Unit，CPU）简称"处理器"或"微处理器"，是计算机中最重要、最核心的部件，它是整个计算机系统的运算和控制中心，相当于计算机的"大脑"。

CPU 的性能很大程度上决定了整台计算机的性能，CPU 在技术上的每一次革新都直接引发了计算机的升级换代。

4.3.1　CPU 的功能和组成

从硬件上来说，CPU 就是一块超大规模集成电路，是一台计算机的运算核心和控制核心。它的功能主要是解释计算机指令以及处理计算机软件中的数据。CPU 的组成主要包括运算器（算术逻辑运算单元，Arithmetic Logic Unit，ALU）、控制器（Control Unit，CU）、高速缓冲存储器（Cache）及实现它们之间联系的数据、控制及状态的总线。下面分别具体介绍。

1. CPU 的基本功能

CPU 控制整个程序的执行，它具有以下基本功能：

（1）程序控制

程序控制就是控制指令的执行顺序。程序是指令的有序集合，这些指令的相互顺序不能任意颠倒，必须严格按程序规定的顺序执行。保证计算机按一定顺序执行程序是 CPU 的首要任务。

（2）操作控制

操作控制就是控制指令进行操作。一条指令的功能往往由若干个操作信号的组合来实现。因此，CPU 管理并产生每条指令的操作信号，把各种操作信号送往相应的部件，从而控制这些部件按指令的要求进行操作。

（3）时间控制

时间控制就是对各种操作实施定时控制。在计算机中，各种指令的操作信号和一条指令的整个执行过程都受到严格定时。只有这样，计算机才能有条不紊地工作。

（4）数据加工

数据加工就是对数据进行算术、逻辑运算。完成数据的加工处理，是 CPU 的根本任务。

2．CPU 的基本组成

CPU 主要由运算器、高速缓存（Cache）和控制器三部分组成，其中 Cache 我们在 4.2 节中已经介绍过。

（1）控制器

控制器由程序计数器、指令寄存器、指令译码器、时序产生器和操作控制器组成，它是发布命令的"决策机构"，即完成协调和指挥整个计算机系统的操作。它的主要功能有：

① 从内存中取出一条指令，并指出下一条指令在内存中的位置；

② 对指令进行译码或测试，并产生相应的操作控制信号，以便启动规定的动作；

③ 指挥并控制 CPU、内存和输入/输出设备之间数据流动的方向。

（2）运算器

运算器由算术逻辑单元（ALU）、累加寄存器、数据缓冲寄存器和状态条件寄存器组成，它是数据加工处理部件。相对控制器而言，运算器接受控制器的命令而进行动作，即运算器所进行的全部操作都是由控制器发出的控制信号来指挥的，所以它是执行部件。运算器有两个主要功能：

① 执行所有的算术运算；

② 执行所有的逻辑运算，并进行逻辑测试，如零值测试或两个值的比较。

3．CPU 中的主要寄存器

在 CPU 中至少要有六类寄存器。这些寄存器用来暂存程序运行过程中需要用到的数据，每个寄存器存储一个字。根据需要，可以扩充其数目。

（1）DR（Data Register）：数据缓冲寄存器

数据缓冲寄存器用来暂时存放由内存读出的一条指令或一个数据字；反之，当向内存存入一条指令或一个数据字时，也暂时将它们存放在数据缓冲寄存器中。缓冲寄存器的作用是：

① 作为 CPU 和内存、外围设备之间信息传送的中转站；

② 补偿 CPU 和内存、外围设备之间在操作速度上的差别；

③ 在单累加器结构的运算器中，数据缓冲寄存器还可兼作为操作数寄存器。

（2）IR（Instruction Register）：指令寄存器

IR 用来保存当前正在执行的一条指令。当执行一条指令时，先把它从内存取到 DR 中，然后再传送至 IR。指令划分为操作码和地址码字段，由二进制数组成。为了执行任何给定的指令，必须对操作码进行测试，以便识别所要求的操作。指令译码器就是做这项工作的。指令寄存器中操作码字段的输出就是指令译码器的输入。操作码一经译码后，即可向操作控制器发出具体操作的特定信号。

（3）PC（Program Counter）：程序计数器

为了保证程序能够连续地执行下去，CPU 必须具有某些手段来确定下一条指令的地址。而程序计数器正是起到这种作用，所以通常又称为指令计数器。在程序开始执行前，必须将它的起始地址，即程序的第一条指令所在的内存单元地址送入 PC，因此 PC 的内容即是从内存提取的第一条指令的地址。当执行指令时，CPU 将自动修改 PC 的内容，以便使其保存的总是将要执行的下一条指令的地址。由于大多数指令都是按顺序执行的，所以修改的过程通常只是简单的对 PC 加 1。

但是，当遇到转移指令时，那么后继指令的地址（即 PC 的内容）必须从指令的地址段取得。在这种情况下，下一条从内存取出的指令将由转移指令来规定，而不是像通常一样按顺序取得。因此程序计数器应当是具有寄存信息和计数两种功能的结构。

（4）AR（Address Register）：地址寄存器

地址寄存器用来保存当前 CPU 所访问的内存单元的地址。由于在内存和 CPU 之间存在着操作速度上的差别，所以必须使用地址寄存器来保持地址信息，直到内存的读/写操作完成为止。

当 CPU 和内存进行信息交换，即 CPU 向内存存/取数据时，或者 CPU 从内存中读出指令时，都要使用地址寄存器和数据缓冲寄存器。同样，如果我们把外围设备的设备地址作为像内存的地址单元那样来看待，那么，当 CPU 和外围设备交换信息时，我们同样使用地址寄存器和数据缓冲寄存器。

地址寄存器的结构和数据缓冲寄存器、指令寄存器一样，通常使用单纯的寄存器结构。信息的存入一般采用电位-脉冲方式，即电位输入端对应数据信息位，脉冲输入端对应控制信号，在控制信号作用下，瞬时将信息输入寄存器。

（5）PSW（Program Status Word）：状态条件寄存器

状态条件寄存器保存由算术指令和逻辑指令运行或测试的结果建立的各种条件码内容，如运算结果进位标志（C）、运算结果溢出标志（V）、运算结果为零标志（Z）、运算结果为负标志（N）等。这些标志位通常分别由 1 位触发器保存。

除此之外，状态条件寄存器还保存中断和系统工作状态等信息，以便使 CPU 和系统能及时了解机器运行状态和程序运行状态。因此，状态条件寄存器是一个由各种状态条件标志组成的寄存器。

4. 操作控制器与时序产生器

除了上述基本组成部分之外，还需要通道将上述部件连接起来，并统一进行控制，因此需要数据通路和操作控制，并产生适当的时序保证各种操作有序进行。

（1）数据通路是许多寄存器之间传送信息的通路。信息从什么地方开始，中间经过哪个寄存器或多路开关，最后传送到哪个寄存器，都要加以控制。在各寄存器之间建立数据通路的任务，是由操作控制器完成的。

（2）操作控制器的功能：就是根据指令操作码和时序信号，产生各种操作控制信号，以便正确地建立数据通路，从而完成取指令和执行指令的控制。

根据设计方法不同，操作控制器可分为时序逻辑型、存储逻辑型、时序逻辑与存储逻辑结合型三种。

① 硬布线控制器：是采用时序逻辑技术来实现的；

② 微程序控制器：是采用存储逻辑来实现的；

③ 前两种方式的组合。

（3）时序产生器操作。控制器产生的控制信号必须定时，其作用就是对各种操作实施时间上的控制。

4.3.2　指令周期

指令周期是执行一条指令所需要的时间，一般由若干个机器周期组成，是从取指令、分析指令到执行完指令所需的全部时间。

计算机之所以能自动地工作，是因为 CPU 能从存放程序的内存里取出一条指令并执行这条指令；紧接着又是取指令，执行指令……，如此周而复始，构成了一个封闭的循环。除非遇到停机指令，否则这个循环将一直继续下去。

（1）指令周期：CPU 从内存取出一条指令并执行这条指令的时间总和。

（2）CPU 周期：又称机器周期，CPU 访问一次内存所花的时间较长，因此用从内存读取一条指令字的最短时间来定义。

（3）时钟周期：通常称为节拍脉冲或 T 周期。一个 CPU 周期包含若干个时钟周期。

上述几种周期的关系如图 4-11 所示。

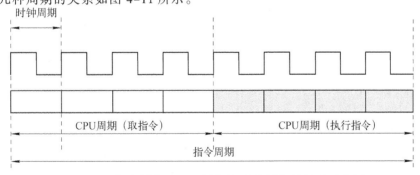

图 4-11　指令周期、CPU 周期与时钟周期的关系示意图

4.3.3　时序控制信号

在日常生活中，我们一般都会为自己制订一套关于学习、工作和休息的作息时间表。在学校上课，也有严格的时间规定，否则就难以保证正常的教学秩序。

类似的，CPU 中也有一个类似"作息时间"的时间安排，它称为时序信号。计算机之所以能够准确迅速、有条不紊地工作，是因为 CPU 中的时序信号产生器，机器一旦被启动，即 CPU 开始取指令并执行指令时，操作控制器就利用定时脉冲的顺序和不同的脉冲间隔，有条理、有节奏地执行，给计算机各部分提供工作需要的时间标志。为此，需要采用多级时序体制。

然而，用二进制码表示的指令和数据都放在内存里，CPU 如何识别它们是数据还是指令呢？事实上，我们通过上一节讲述指令周期后，就会得出如下结论：从时间上来说，取指令发生在指令周期的第一个 CPU 周期中，即发生在"取指令"阶段，而取数据发生在指令周期的后面几个 CPU 周期中，即发生在"执行指令"阶段。从空间上来说，如果取出的代码是指令，则送往指令寄存器，如果取出的代码是数据，则送往运算器。由此可见，时间控制对计算机来说太重要了。

不仅如此，在一个 CPU 周期中，又把时间分为若干个小段，规定每个小段 CPU 执行的操作。这种时间约束对 CPU 来说是非常必要的，否则就可能造成丢失信息或导致错误的结果。因为时间送往约束是如此严格，以至于时间进度既不能来得太早，也不能来的太晚。总之，计算机协调动作需要时间标志，而时间标志则是用时序信号来体现的，一般来说，操作控制器发出的各种信号都是时间因素（时序信号）和空间因素（部件位置）的函数。

通过上述分析可见，计算机的协调动作需要时间标志，而时间标志则是用时序信号来体现的。时序信号一方面给出控制信号发出时刻，另一方面给出控制信号维持时间。

硬布线控制器中，时序信号往往采用主状态周期−节拍电位−节拍脉冲三级体制。在微程序控制器中，时序信号比较简单，一般采用节拍电位−节拍脉冲二级体制。

4.3.4 指令流水

由前面的介绍可知，为了提高访存速度，一方面要提高存储芯片的性能，另一方面可以从体系结构上，如采用多体、Cache 等分级存储措施来提高存储器的性能价格比。为了提高主机与 I/O 交换信息的速度，可以采用 DMA 方式，也可以采用多总线结构。将速度不一的 I/O 分别挂到不同宽带的总线上，以解决总线的瓶颈问题。为了提高运算速度，可以采用高速芯片和快速进位链，以及改进算法等措施。为了进一步提高处理机速度，通常可以从提高器件的性能和改进系统的结构、开发系统的并行性两方面入手。

所谓并行，包含同时性和并发性两方面。前者是指两个或多个事件在同一时刻发生，后者是指两个或多个事件在同一时间段发生。也就是说，在同一时刻或同一时间段内完成两种或多个事件在同一时间段发生。也就是说，在同一时刻或同一时间段内完成两种或两种以上性质相同或不同的功能，只要在时间上互相重叠，就存在并行性。

并行性体现在不同等级上。通常分为 4 个级别：作业级或程序级、任务级或进程级、指令之间级和指令内部级。前两级为粗粒度，又称为过程级；后两级为细粒度，又称指令级。粗粒度并行性（Coarse-grained Parallelism）一般用算法（软件）实现，细粒度并行性（Fine-grained Parallelism）一般用硬件实现。从计算机体系上看，粗粒度并行性是在多个处理机上分别运行多个进程，由多台处理机合作完成一个程序；细粒度并行性是指处理机的操作级和指令级的并行性，其中指令的流水作业就是一项重要技术。

1. 指令流水原理

指令原理类似于工厂装配线，装配线利用了产品在装置的不同阶段其装配过程不同这一特点，使不同产品处在不同装配段上，即每个装配段同时对不同产品进行加工，这样可大大提高装配效率。将这种装配生产线的思想用到指令的执行上，就引出了指令流水的概念。

从上面的分析可知，完成一条指令实际上也可分为许多阶段。为简单起见，把指令的处理过程分为取指令和执行指令两个阶段，在不采用流水技术的计算机里，取指令和执行指令是周而复始地重复出现，各条指令按顺序串行执行，如图 4-12 所示。

取指令1	执行指令1	取指令2	执行指令2	取指令3	执行指令3	⋯

图 4-12 指令按顺序串行执行

图中取指令的操作可由指令部件完成，指令执行的操作可由执行部件完成。进一步分析发现，这种顺序执行虽然控制简单，但各部件的利用率不高，如指令部件工作时，执行部件基本空闲，而执行部件工作时，指令部件基本空闲。如果指令执行阶段不访问主存，则完全可以利用这段时间取下一条指令，这样使取下一条指令和执行当前指令的操作同时进行，如图 4-13 所示，这就是两条指令的重叠，即指令的二级流水。

图 4-13 两条指令的重叠

由指令部件取出一条指令，并将它暂存起来，如果执行部件空闲，就将暂存的指令传给执行部件。与此同时，指令部件又可取出下一条指令并暂存起来，这称为指令预取。显然，这种工作方式能够加速指令的执行。如果取出和执行阶段在时间上完全重叠，相当于指令周期减半。然而进一步分析指令流水线，就会发现存在两个原因使得执行效率加倍是不可能的。

① 指令的执行时间一般大于取指时间，因此，取指令阶段可能要等待一段时间，也即存放在指令部件缓冲区的指令还不能立即传给执行部件，缓冲区不能空出。

② 当遇到条件转移指令时，下一条指令是不可知的。因为必须等到执行阶段完成时，才能获知条件是否成立，从而决定下一条指令的地址，造成时间损失。

2．流水线性能

流水线性能常用以下三个指标来衡量。

（1）吞吐率

单位时间内流水线所完成指令或输出结果的数量，设 m 段的流水线各段时间为 Δt，最大吞吐率为 $T_{p\max} = \dfrac{1}{\Delta t}$，连续处理 n 条指令的实际吞吐率为 $T_p = \dfrac{n}{m \cdot \Delta t + (n-1) \cdot \Delta t}$

（2）加速比

加速比等于 m 段流水线的速度与等功能的非流水线的速度之比。

设流水线各段时间为 Δt，完成 n 条指令在 m 段流水线上共需时间 $T = m \times \Delta t + (n-1) \times \Delta t$，完成 n 条指令在等效的非流水线上共需时间 $T' = nm \times \Delta t$，则 $\dfrac{T'}{T} = \dfrac{nm \times \Delta t}{m \times \Delta t + (n-1) \times \Delta t} = \dfrac{nm}{m+n-1}$。

（3）效率

效率为流水线中各功能段的利用率。由于流水线有建立时间和排空时间，因此各功能段的设备不可能一直处于工作状态。

3．影响流水线性能的主要因素

流水线技术的关键问题是如何"重叠执行"，工作时各个阶段要同时并行处理，但是往往各个阶段可能互相影响，阻塞流水线，使其性能下降。阻塞主要来自两方面：转移指令影响和共享资源访问冲突。

（1）转移指令的影响

问题：当程序中遇到转移指令时，将打破流水线处理的顺序过程，使得流水线上计算下一条地址的操作不能进行（因为转移指令未执行完），形成阻塞。

解决办法：发生转移时，把取指、计算下一指令地址互锁。取出转移指令后，立即锁定指令计算，直到转移指令执行完成。互锁使得流水线速度下降。

（2）共享资源访问冲突

问题：访问存储器时，可能发生访问冲突。有两种冲突形式。

① 访问次序引起的访问错误：如果有指令 P_1、P_2，P_1 的运算结果存放在 M_1 单元，P_2 从 M_1 中取操作数。若流水操作，可能发生错误。图 4-14 给出了流水操作的过程，可以看出当 P_2 取操作数时，P_1 还未保存结果，发生 P_2 读取错误。

P_1	取指	译码	算操作数地址	取操作数		运算	保存结果	算下一地址	
P_2		取指	译码		算操作数地址	取操作数	运算	保存结果	算下一地址

图 4-14　流水操作

② 访问冲突错误：当多个操作需要同时访问同一存储器时，则发生访问冲突。此冲突又称"数据相关"。多个操作同时访问时有下列情况可能出现：读-读、读-写、写-读、写-写。只有读-读的操作不会发生访问冲突。

解决办法：以上两种情况，都采用将相关的指令阻塞（即增加等待时间）的办法。

4.4　输入/输出系统

4.4.1　输入/输出系统概述

我们把外围设备、接口部件，总线以及相应的管理软件定义为计算机的输入/输出系统，简称 I/O 系统。I/O 系统的基本功能是：

① 完成计算机内部二进制信息与外部多种信息形式间的交流；

② CPU 正确选择输入/输出设备并实现对其控制，传输大量数据，避免数据出错；

③ 利用数据缓冲，选择合适的数据传送方式等，实现主机与外设间速度的匹配。

1．输入/输出系统的发展概况

输入/输出系统的发展大致可以分为 4 个阶段。

（1）早期阶段

图 4-15　早期阶段

如图 4-15 所示，在早期阶段，I/O 设备通过 CPU 与主存交换信息，两者之间串行工作，交换时 CPU 得停止各种运算，而且增、减、更换 I/O 设备困难，

I/O 设备的控制逻辑与 CPU 的控制器紧密连接，彼此依赖。

（2）接口模块和 DMA 阶段

如图 4-16 所示，在 I/O 和主存之间增加一条数据通路，I/O 设备通过接口与主机连接，接口中有数据通路和控制通路，有缓冲、变换功能。I/O 设备与 CPU 可按并行方式工作。主机与 I/O 交换信息时，CPU 要暂时中断当前正在运行的程序。

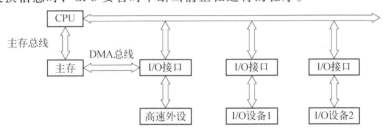

图 4-16　接口模块和 DMA 阶段

（3）通道结构阶段

如图 4-17 所示，通道是一个具有特殊功能的、从属于 CPU 的处理器。它负责管理 I/O 设备以及实现主存与 I/O 设备之间交换信息，有专用通道指令，能独立执行用通道指令编写的输入/输出程序。

具有通道结构的阶段，I/O 设备通过通道与主机交换信息。I/O 设备与主机交换信息时，CPU 不直接参与管理。

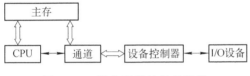

图 4-17　具有通道结构的阶段

（4）I/O 处理机阶段

I/O 处理机又称外围处理机（Peripheral Processor Unit，PPU），基本独立于主机工作，既可完成 I/O 通道要完成的 I/O 控制，又可完成码制变换、格式处理、数据块检错、纠错等操作。输入/输出系统与 CPU 工作的并行性更高。

从上面四个阶段的变化可以看出，处理 I/O 操作的负担逐渐由 CPU 转移到更加智能化的 I/O 控制器或 I/O 处理器，使 CPU 周期从 I/O 操作中释放出来，但是这样做也逐步增加了 I/O 系统的复杂性和价格。因此，对一个给定的计算机来说，应该根据它所连接的外设选择合适的 I/O 控制方式。

2．输入/输出系统的特点

（1）异步性

异步性要求输入/输出操作异步于 CPU。外设的工作速度与 CPU 相差很大。外设与主机交换数据时，什么时刻准备好数据，什么时刻请求传送，对 CPU 来说是随机的。异步性能使主机和外设充分提高工作效率。

（2）实时性

输入/输出操作按各设备实际工作速度，控制信息流量和信息交换的时刻。满足不同设备不同工作速度的要求。

（3）设备无关性

输入/输出与具体设备无关，具有独立性。不同的外设发送和接收信息的方法、数据格式及物理参数各不相同。

主机与外设之间的控制信号和状态信号是有限的，主机接收和发送数据的格式是固定的。主机的输入/输出不能针对某一个设备来设计，应该按统一的规则制定输入/输出。

3. 输入/输出系统的组成

输入/输出系统由 I/O 软件和 I/O 硬件两部分组成。

（1）I/O 软件系统

不同的 I/O 系统采用的软件技术差异很大。I/O 软件的功能包括：

① 将用户编写的程序或数据输入到主机内；

② 将运算结果输送给用户；

③ 实现输入/输出系统与主机工作的协调等。

为了提高操作系统的可适应性和可扩展性，目前几乎所有的操作系统都实现了设备的独立性（Device Independence）（又称设备无关性）。用户程序的设备独立性是：用户程序不直接使用物理设备名（或设备的物理地址），而只能使用逻辑设备名；而系统在实际执行时，将逻辑设备名转换为某个具体的物理设备名，实施 I/O 操作。I/O 软件的设备独立性是：除了直接与设备打交道的低层软件之外，其他部分的软件并不依赖于硬件。I/O 软件独立于设备，就可以提高设备管理软件的设计效率。

I/O 软件采用分层结构，它把软件组织成为一系列的层，低层参与隔离硬件特征，使其他部分软件不依赖硬件；而高层则参与向用户提供一个友好的、清晰而统一的接口。I/O 软件一般分为四层：中断处理程序、设备驱动程序、与设备无关的操作系统软件，以及用户级软件（指用户空间的 I/O 软件），如图 4-18 所示。从功能上看，设备无关层是 I/O 管理的主要部分；从代码量上看，驱动层是 I/O 管理的主要部分。分层是相对灵活的，一些具体分层时细节上的处理是依赖于系统的。

现代操作系统通过使用重构设备驱动程序技术，简化了驱动程序的安装。这种系统允许安装好新的输入/输出设备后，只要增加相应的设备驱动程序到操作系统，而无须编译操作系统，只要通过一些操作来重新配置系统。这种可重构性，是通过允许在操作系统设计中，动态地将操作系统代码与驱动程序结合起来而实现的。

（2）I/O 硬件

I/O 硬件包括接口模块、I/O 设备、通道、设备控制器等。一个通道可以和多个设备控制器相连，一个设备控制器又可以控制多台同一类型的设备。设备控制器用来控制 I/O 设备的具体动作，不同的 I/O 设备完成的控制功能不同。

| 用户空间的I/O软件 |
| 与设备无关的软件 |
| 设备驱动程序 |
| 中断处理程序 |

图 4-18　I/O 软件分层结构

4. I/O 设备与主机的联系方式

（1）I/O 设备编址方式

I/O 设备的设备码可以看作地址码，有统一编址和不统一编址两种方式。统一编址是把 I/O 地址当作存储器的单元进行地址分配，不统一编址是指 I/O 地址与存储器地址是分开的，对 I/O 设备的访问必须有专用的 I/O 指令。统一编址不需要专门的 I/O 指令，用统一的访问存储器的指令就可访问 I/O 地址，设备占用了内存地址，内存容量变小。不统一编址输入/输出指令与存储器指令有明显区别，程序编制清晰、便于理解，但是控制相对复杂。

（2）设备寻址

每台设备都赋予一个设备号。启动某一设备时，由 I/O 指令的设备码字段直接指出该设备的设备号。通过接口电路中的设备选择电路，便可选中要交换信息的设备。

（3）传送方式

传送方式有并行、串行两种。

① 并行传送是指，在同一瞬间，n 位信息同时从 CPU 输送到 I/O 设备，或由 I/O 设备输入到 CPU，速度快，数据线多。

② 串行传送是指，在同一瞬间只传送一位信息，在不同时刻连续逐位传送一串信息，速度慢，成本低。

（4）联络方式

联络方式有立即响应、采用应答信号、同步时标三种。

① 立即响应，慢速设备传送时通常已处于等待状态，只要 CPU 的 I/O 指令一到，它们便立即响应。

② 异步工作采用应答信号联络，I/O 设备与主机工作速度不匹配时采用。交换前，各自完成自身的任务，出现联络信号时，彼此才准备交换信息。

③ 同步工作采用同步时标联络，I/O 设备与主机工作速度完全同步时采用。

（5）连接方式

主机和外设的连接方式有辐射式和总线式两种。

① 辐射式：每台 I/O 设备都有一套控制线路和一组信号线，如图 4-19 所示。

② 总线式：所有 I/O 设备通过一组总线与主机相连，如图 4-20 所示。

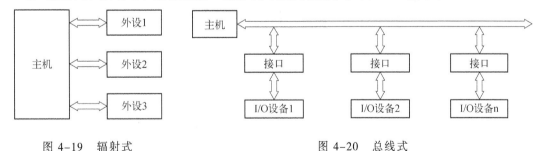

图 4-19　辐射式　　　　　　　　　　图 4-20　总线式

（6）I/O 设备与主机信息传递的控制方式

外围设备和内存之间的输入/输出控制方式有四种，分别为程序直接控制方式（见图 4-21（a））、中断驱动方式（见图 4-21（b））、DMA 方式（见图 4-21（c））、通道控制方式，下面分别进行介绍。

① 程序直接控制方式。如图 4-21（a）所示，计算机从外围设备读取数据到存储器，每次读一个字的数据。对读入的每个字，CPU 需要对外设状态进行循环检查，直到确定该字已经在 I/O 控制器的数据寄存器中。在程序直接控制方式中，由于 CPU 的高速性和 I/O

设备的低速性,致使 CPU 的绝大部分时间都处于等待 I/O 设备完成数据 I/O 的循环测试中,造成了 CPU 资源的极大浪费。在该方式中,CPU 之所以要不断地测试 I/O 设备的状态,就是因为在 CPU 中没有采用中断机构,使 I/O 设备无法向 CPU 报告它已完成了一个字符的输入操作。

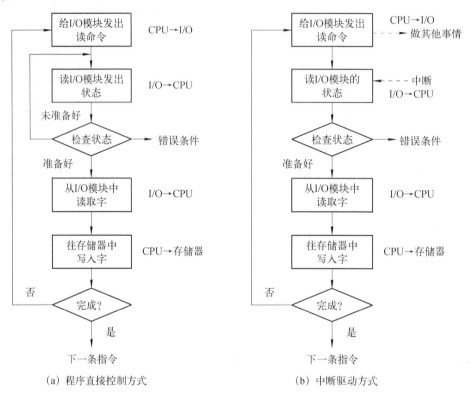

(a) 程序直接控制方式　　　　　　　(b) 中断驱动方式

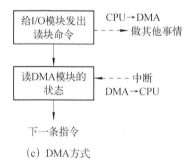

(c) DMA 方式

图 4-21　I/O 控制方式

程序直接控制方式虽然简单易于实现，但是其缺点也是显而易见的，由于 CPU 和 I/O 设备只能串行工作，导致 CPU 的利用率相当低。

② 中断驱动方式。中断驱动方式的思想是，允许 I/O 设备主动打断 CPU 的运行并请求服务，从而"解放"CPU，使得其向 I/O 控制器发送读命令后可以继续做其他工作。如图 4-21（b）所示，下面从 I/O 控制器和 CPU 两个角度分别来看中断驱动方式的工作过程。

从 I/O 控制器的角度来看，I/O 控制器从 CPU 接收一个读命令，然后从外围设备读数据。一旦数据读入到该 I/O 控制器的数据寄存器，便通过控制线向 CPU 发出一个中断信号，表示数据已准备好，然后等待 CPU 请求该数据。I/O 控制器收到 CPU 发出的取数据请求后，将数据放到数据总线上，传到 CPU 的寄存器中。至此，本次 I/O 操作完成，I/O 控制器又可开始下一次 I/O 操作。

从 CPU 的角度来看，CPU 发出读命令，然后保存当前运行程序的上下文（现场，包括程序计数器及处理机寄存器），转去执行其他程序。在每个指令周期的末尾，CPU 检查中断。当有来自 I/O 控制器的中断信号时，CPU 保存当前正在运行程序的上下文，转去执行中断处理程序。这时，CPU 从 I/O 控制器读一个字的数据传送到寄存器，并存入主存。接着，CPU 恢复发出 I/O 命令的程序（或其他程序）的上下文，然后继续运行。

中断驱动方式比程序直接控制方式有效，但由于数据中的每个字在存储器与 I/O 控制器之间的传输都必须经过 CPU，这就导致了中断驱动方式仍然会消耗较多的 CPU 时间。

③ DMA 方式。在中断驱动方式中，I/O 设备与内存之间的数据交换必须要经过 CPU 中的寄存器，所以速度还是受限，而 DMA（Direct Memory Access，直接存储器存取）方式的基本思想是在 I/O 设备和内存之间开辟直接的数据交换通路，彻底"解放"CPU。DMA 方式的特点是：

a. 基本单位是数据块。

b. 所传送的数据是从 I/O 设备直接送入内存的，或者相反。

c. 仅在传送一个或多个数据块的开始和结束时，才需要 CPU 干预，整块数据的传送是在 DMA 控制器的控制下完成的。

为了实现在主机与控制器之间成块数据的直接交换，必须在 DMA 控制器中设置如下四类寄存器：

a. 命令/状态寄存器（CR）：用于接收从 CPU 发来的 I/O 命令或有关控制信息，或设备的状态。

b. 内存地址寄存器（MAR）：在输入时，它存放将数据从设备传送到内存的起始目标地址；在输出时，它存放由内存到设备的内存源地址。

c. 数据寄存器（DR）：用于暂存从设备到内存，或从内存到设备的数据。

d. 数据计数器（DC）：存放本次 CPU 要读或写的字（节）数。

如图 4-21（c）所示，DMA 方式的工作过程是，CPU 读/写数据时，它给 I/O 控制器发出一条命令，启动 DMA 控制器，然后继续其他工作。之后 CPU 就把控制操作委托给 DMA 控制器，由该控制器负责处理。DMA 控制器直接与存储器交互，传送整个数据块，每次传送一个字，这个过程不需要 CPU 参与。当传送完成后，DMA 控制器发送一个中断信号给 CPU。因此只有在传送开始和结束时才需要 CPU 参与。

DMA 控制方式与中断驱动方式的主要区别是，中断驱动方式在每个数据需要传输时中断 CPU，而 DMA 控制方式则是在所要求传送的一批数据全部传送结束时才中断 CPU；此外，中断驱动方式数据传送是在中断处理时由 CPU 控制完成的，而 DMA 控制方式则是在 DMA 控制器的控制下完成的。

④ 通道控制方式。I/O 通道是指专门负责输入/输出的处理机。I/O 通道方式是 DMA 方式的发展，它可以进一步减少 CPU 的干预，即把对一个数据块的读（或写）为单位的干预，减少为对一组数据块的读（或写）及有关的控制和管理为单位的干预。同时，又可以实现 CPU、通道和 I/O 设备三者的并行操作，从而更有效地提高整个系统的资源利用率。

例如，当 CPU 要完成一组相关的读（或写）操作及有关控制时，只需向 I/O 通道发送一条 I/O 指令，给出其所要执行的通道程序的首地址和要访问的 I/O 设备，通道接到该指令后，通过执行通道程序便可完成 CPU 指定的 I/O 任务，数据传送结束时向 CPU 发中断请求。I/O 通道与一般处理机的区别是，通道指令的类型单一，没有自己的内存，通道所执行的通道程序是放在主机的内存中的，也就是说通道与 CPU 共享内存。

I/O 通道与 DMA 方式的区别是，DMA 方式需要 CPU 来控制传输的数据块大小、传输的内存位置，而通道方式中这些信息是由通道控制的。另外，每个 DMA 控制器对应一台设备与内存传递数据，而一个通道可以控制多台设备与内存中的数据进行交换。

4.4.2　I/O 设备

主机以外的大部分硬件设备都称为外围设备，简称外设。外围设备的主要功能是在计算机和其他机器之间，以及计算机与用户之间提供联系。近年来，随着计算机技术的进步，外围设备也逐步向着智能化、功能复合化、高可靠性的方向发展。

外围设备与主机系统之间的联系如图 4-22 所示。中央部分是 CPU 和主存，通过总线与第二层的适配器（接口）部件相连，第三层是各种外围设备控制器，最外层则是外围设备。各种设备有其自身的特点和要求。一个计算机系统配备什么样的外围设备，是根据实际需要来决定的。每一种外围设备都是在它自己的设备控制器控制下进行工作，而设备控制器则通过适配器和主机连接，并受主机控制。

1. I/O 设备的分类

I/O 设备大致可以分为人机交互设备、计算机信息的存储设备和机-机通信设备三类。

（1）人机交互设备：实现操作者与计算机之间互相交流信息的设备，根据信息传递的方向，又分为输入和输出两类。

① 输入设备——将人们熟悉的信息形式转换成计算机能接收并识别的信息形式的设备，如键盘、鼠标、扫描仪、数字照相机、数字化仪、CD-ROM、摄像头等。

② 输出设备——将计算机的处理结果转换成人或其他设备能接收和识别的形式的设备，如显示器、打印机、绘图仪、音箱、图形卡等。

（2）计算机信息的存储设备

存储系统软件和各种计算机的有用信息，存储设备多数可以作为计算机系统的辅助存储器，如磁盘、光盘、磁带等。

（3）机-机通信设备

实现一台计算机与其他计算机或其他系统之间完成通信任务的设备，如 Modem（调制解调器）、A/D、D/A 转换器等。

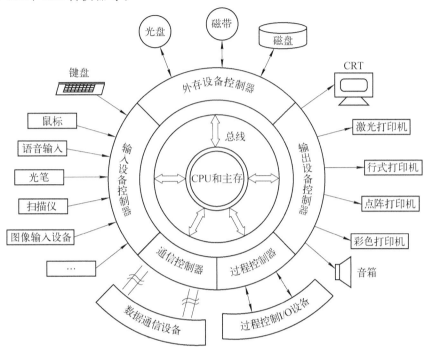

图 4-22　外设与主机系统之间的联系

2．I/O 设备的特点

I/O 设备一般由信息载体、设备及设备控制器组成，其工作速度比主机要慢得多。各种 I/O 设备的信息类型和结构均不相同，各种 I/O 设备的电气特性也不相同。

主机通过总线与各种类型的 I/O 设备相连，并交换信息，它们之间存在着很大的差异（工作方式不同、传输速率不同、结构方式不同、使用器件不同）。各种 I/O 设备必须通过相应的接口，通过输入/输出总线才能与主机交换信息。

4.4.3　I/O 接口

接口可以看作两个系统或两个部件之间的交接部分。它既可以是两种硬件设备之间的连接电路，也可以是两个软件之间的共同逻辑边界。I/O 接口是指 CPU 和主存、外围设备之间通过总线进行连接的逻辑部件及相应的软件控制。CPU、接口和外围设备之间的连接关系如图 4-23 所示。

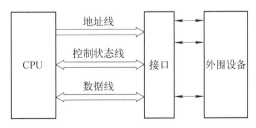

图 4-23　CPU、接口和外围设备之间的连接关系

1. I/O 接口概述

I/O 接口是一个电子电路（以 IC 芯片或接口板形式出现），其内由若干专用寄存器和相应的控制逻辑电路构成。它是 CPU 和 I/O 设备之间交换信息的媒介和桥梁。CPU 与外围设备、存储器的连接和数据交换都需要通过接口设备来实现，前者称为 I/O 接口，而后者则称为存储器接口。存储器通常在 CPU 的同步控制下工作，接口电路比较简单；而 I/O 设备品种繁多，其相应的接口电路也各不相同，因此，习惯上所说的接口是指 I/O 接口。按照接口的连接对象来分，又可以将它们分为串行接口、并行接口、键盘接口和磁盘接口等。

2. I/O 接口的组成、功能和类型

（1）I/O 接口的组成

I/O 接口的基本组成如图 4-24 所示，接口包括硬件电路和软件编程两部分，硬件电路包括控制逻辑电路，译码电路和设备选择电路等。软件编程包括初始化程序段、传送方式处理程序段、主控程序段、程序终止与退出程序段及辅助程序段等。

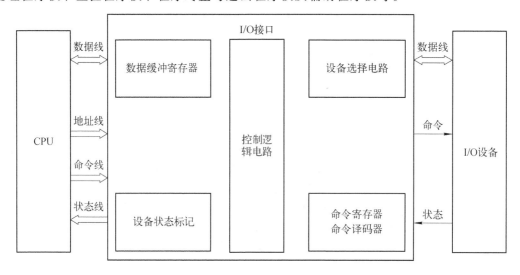

图 4-24　I/O 接口的基本组成

（2）I/O 接口的功能

① 选址功能。I/O 总线与所有设备的接口电路相连。CPU 要访问设备的设备码将通过设备选择线送到所有设备的接口。每个接口都有选址功能，当设备选择线上的设备码与本设备码相符时，发出设备选中信号 SEL。

② 传送命令功能。CPU 向设备发出命令时，接口应能控制 I/O 设备。接口中有命令寄存器和命令译码器，命令寄存器受设备选中信号控制，只有被选中设备的命令寄存器才可接受命令线上的命令码。

③ 反映 I/O 设备工作状态的功能。外设在工作中的状态信息应能反馈到主机中去，设置一些触发器来反映设备的工作状态。

④ 传送数据的功能。接口中具有数据通路，完成数据传送，数据通路应具有缓冲能力，将数据暂存在接口内。

⑤ 转换功能。完成数据转换，如并–串转换或串–并转换。

⑥ 整理修改接口中设置的地址寄存器和字节计数器。

3. I/O 接口的类型

根据接口的不同特点，可有多种分类方法。

（1）根据数据传送方式分类

① 并行接口：接口和外设之间并行传送数据（一个字节或一个字）传送速率比较高，但需要的传送线比较多。

② 串行接口：接口和外设之间一位一位地串行传送数据，传送速率较低，但只需要一条传送线。

（2）根据数据传送的控制方式分类

① 程序型接口：通过硬件或软件方式，根据外设的优先级别由高到低顺序查询哪个设备当前要进行输入/输出操作。用于连接速度较慢的 I/O 设备。

② 中断接口：外设需要向主机输入/输出信息时，立即向主机发出中断请求，由中断接口来处理有关的事件。

③ DMA 接口：代替 CPU 完成高速外设与主机之间成块信息的交换，用于连接高速的 I/O 设备。

（3）根据功能选择的灵活性分类

① 可编程接口：接口的功能可由初始化程序来定义，功能比较强。

② 不可编程接口：一般只具有单一功能。

（4）根据通用性分类

① 通用接口：可供多种 I/O 设备使用。

② 专用接口：为某类外设或某种用途专门设计的接口。

4.4.4　程序中断方式

所谓中断就是当 CPU 正常运行程序时，由于随机事件（包括内部事件和外部事件）引起 CPU 暂时中止正在运行的程序，转去执行请求中断的中断源的中断服务程序，中断服务结束后再返回被中止的程序，这一过程被称为中断。打个比方，当一个行政人员正处理文件时，电话铃响了（中断请求），不得不在文件上做一个记号（返回地址），暂停工作，去接电话（中断），并指示“按第二方案办”（调中断服务程序），然后，再静下心来（恢复中断前状态）接着处理文件……计算机科学家观察了类似实例，借用了这些思想、处理方式和名称，研制了一系列中断服务程序及其调度系统。前面介绍了中断机制的重要作用，可以说中断是提高计算机效率的一种非常有用的方式，因此本节进一步详细介绍中断的工作原理。

1. 中断源

广义地说，能引起 CPU 产生程序中断的随机事件就是中断源。例如，外设故障、传输错误、定时器时间到等都可以是中断源。某外设需要传送数据向 CPU 发出中断请求，该外设即是中断源。对主机来说，系统掉电、硬件故障、软件错误、设置断点、单步操作等也是中断源。

2. 中断过程

中断的全过程分为以下 5 步：中断请求，中断判优，中断响应，中断处理（服务），中断返回。

① 中断请求：中断源向 CPU 提出的中断申请。中断请求分为边沿请求和电平请求。

② 中断判优：CPU 管理多个中断源时，在收到中断源发出的中断请求后，需判断是哪个中断源提出的中断请求，以便对它进行服务。给每个中断源指定一个优先权，称为中断优先权，CPU 按照中断优先权的高低顺序，依次响应。

③ 中断响应：中断响应就是 CPU "中断" 现正在进行的处理任务，转向中断请求相对应的处理程序的过程。中断响应过程依次为保护断点、保护现场、CPU 关中断、转到中断请求所对应的处理程序。

④ 中断处理（服务）：中断处理就是执行中断服务程序，完成中断源提出的处理要求。实际上是软件编程问题。处理中断源，完成其所要求功能的程序，称中断服务程序。

⑤ 中断返回：CPU 控制权由中断服务程序转移到被中断程序的过程

3. 中断类型

根据中断源的不同，可以把中断分为硬件中断和软件中断两大类，而硬件中断又可以分为外部中断和内部中断两类。

外部中断一般是指由计算机外设发出的中断请求，如键盘中断、打印机中断、定时器中断等。外部中断是可以屏蔽的中断，也就是说，利用中断控制器可以屏蔽这些外部设备的中断请求。内部中断是指因硬件出错（如突然掉电、奇偶检验错误等）或运算出错（除数为零、运算溢出、单步中断等）所引起的中断。内部中断是不可屏蔽的中断。

软件中断其实并不是真正的中断，它们只是可被调用执行的一般程序。例如：ROM BIOS 中的各种外围设备管理中断服务程序（如键盘管理中断、显示器管理中断、打印机管理中断等），以及 DOS 的系统功能调用（INT 21H）等都是软件中断。

4. 中断向量与中断向量表

8086 计算机系统共可处理 256 种不同的中断，每种中断对应 0 ~ 255（0 ~ 0FFH）之间唯一的编号，称为中断类型号。每个中断都对应着一个与之对应的中断处理程序，中断处理程序的起始地址称为中断入口地址（中断向量），系统将各种中断处理程序的入口地址放在一起形成一个地址表，称为中断向量表。固定存放在内存的最低 1 KB 中。每个中断服务程序的入口地址在表中占 4 字节，其中前 2 字节存放中断处理程序的偏移地址 IP 的值，后 2 字节存放中断处理程序的段地址 CS 值。按中断类型号顺序存放。图 4-25 所示为中断向量表。

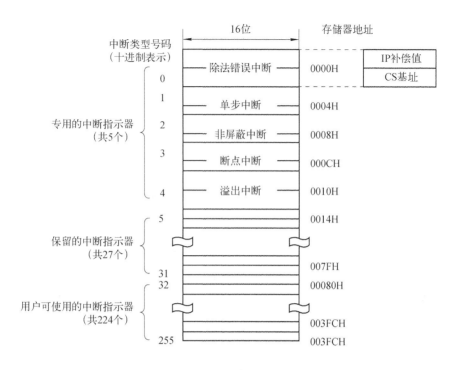

图 4-25　中断向量表

5. 中断操作流程

CPU 对于中断和异常的具体处理机制本质上是完全一致的。当 CPU 收到中断或者异常信号时，它会暂停执行当前的程序或任务，通过一定的机制跳转到负责处理这个信号的相关处理程序中，在完成对这个信号的处理后再跳回到刚才被打断的程序或任务中。这里只描述保护模式下的处理过程，搞清楚了保护模式下的处理过程（更复杂），实模式下的处理机制也就容易理解了。

以 8086 系列处理器为例，对中断的具体处理过程如下。

（1）中断响应的事前准备

系统要想能够应对各种不同的中断信号，总的来看就是需要知道每种信号应该由哪个中断服务程序负责以及这些中断服务程序具体是如何工作的。系统只有对这两件事都清楚，才能正确地响应各种中断信号和异常。

前面讲到过，系统中用中断向量来表示不同的中断信号，通过中断向量表来指明中断向量和中断服务程序的对应关系。

中断服务程序具体负责处理中断（异常）的代码是由软件实现的，这部分代码属于操作系统内核代码。也就是说从 CPU 检测中断信号到加载中断服务程序以及从中断服务程序中恢复执行被暂停的程序，这个流程基本上是硬件确定的，而具体的中断向量和服务程序的对应关系设置和中断服务程序的内容是由操作系统确定的。

（2）CPU 检查是否有中断/异常信号

CPU 在执行完当前程序的每一条指令后，都会去确认在执行刚才的指令过程中中断控制器（如 8259A）是否发送中断请求过来，如果有，那么 CPU 就会在相应的时钟脉冲到来时从总线上读取中断请求对应的中断向量。

对于异常和系统调用那样的软中断，因为中断向量是直接给出的，所以和通过 IRQ（中断请求）线发送的硬件中断请求不同，不会再专门去取其对应的中断向量。

（3）根据中断向量到中断向量表中取得处理这个向量的中断程序的段选择符

CPU 根据得到的中断向量到中断向量表里找到该向量对应的中断描述符，中断描述符保存着中断服务程序的段选择符。

（4）根据取得的段选择符到全局描述符表（GDT）中找相应的段描述符

CPU 使用中断向量表查到的中断服务程序的段选择符，从 GDT 中取得相应的段描述符，段描述符里保存了中断服务程序的段基址和属性信息，此时 CPU 就得到了中断服务程序的起始地址。这里，CPU 需要判断和确保中断服务程序是高于当前程序的。

（5）CPU 根据特权级的判断设定即将运行的中断服务程序要使用的栈的地址

CPU 会根据特权级 CPL（存放在 cs 寄存器的低两位）和中断服务程序段描述符的 DPL 信息确认是否发生了特权级的转换，比如当前程序正运行在用户态，而中断程序是运行在内核态的，则意味着发生了特权级的转换，这时 CPU 会从当前程序的 TSS 信息（该信息在内存中的首地址存在 tr 寄存器中）里取得该程序的内核栈地址，即包括 ss 和 esp 的值，并立即将系统当前使用的栈切换成新的栈。这个栈就是即将运行的中断服务程序要使用的栈。紧接着就将当前程序使用的 ss 和 esp 压到新栈中保存起来。

（6）保护当前程序的现场

CPU 开始利用栈保护被暂停执行的程序的现场：依次压入当前程序使用的 eflags、cs、eip、errorCode（如果是有错误码的异常）信息。

（7）跳转到中断服务程序的第一条指令开始执行

CPU 利用中断服务程序的段描述符将其第一条指令的地址加载到 cs 和 eip 寄存器中，开始执行中断服务程序。这意味着先前的程序被暂停执行，中断服务程序正式开始工作。

（8）中断服务程序处理完毕，恢复执行先前中断的程序

在每个中断服务程序的最后，必须有中断完成返回先前程序的指令，这就是 iret（或 iretd）。程序执行这条返回指令时，会从栈里弹出先前保存的被暂停程序的现场信息，即 eflags、cs、eip 重新开始执行。

4.5　计算机系统结构

计算机系统已经经历了四个不同的发展阶段。

1. 第一阶段

20 世纪 60 年代中期以前，是计算机系统发展的早期时代。在这个时期通用硬件已经相当普遍，软件却是为每个具体应用而专门编写的，大多数人认为软件开发无须预先计划。这时的软件实际上就是规模较小的程序，程序的编写者和使用者往往是同一个（或同一组）人。由于规模小，程序编写起来相当容易，也没有系统化的方法，对软件开发工作更没有进行任何管理。这种个体化的软件环境，使得软件设计往往只是在人们头脑中隐含进行的

一个模糊过程，除了程序清单之外，根本没有其他文档资料保存下来。

2．第二阶段

从 20 世纪 60 年代中期到 70 年代中期，是计算机系统发展的第二代。在这 10 年中计算机技术有了很大进步。多道程序、多用户系统引入了人机交互的新概念，开创了计算机应用的新境界，使硬件和软件的配合上了一个新的层次。实时系统能够从多个信息源收集、分析和转换数据，从而使得进程控制能以毫秒而不是分钟来进行。在线存储技术的进步导致了第一代数据库管理系统的出现。计算机系统发展到第二代的一个重要特征是出现了"软件作坊"，广泛使用产品软件。但是，"软件作坊"基本上仍然沿用早期形成的个体化软件开发方法。随着计算机应用的日益普及，软件数量急剧膨胀。在程序运行时发现的错误必须设法改正；用户有了新的需求时必须相应地修改程序；硬件或操作系统更新时，通常需要修改程序以适应新的环境。上述种种软件维护工作，以令人吃惊的比例耗费资源。更严重的是，许多程序的个体化特性使得它们最终不可维护。"软件危机"就这样开始出现了。1968 年北大西洋公约组织的计算机科学家在联邦德国召开国际会议，讨论软件危机课题，在这次会议上正式提出并使用了"软件工程"这个名词，一门新兴的工程学科就此诞生了。

3．第三阶段

计算机系统发展的第三代从 20 世纪 70 年代中期开始，并且跨越了整整 10 年。在这 10 年中计算机技术又有了很大进步。分布式系统极大地增加了计算机系统的复杂性，局域网、广域网、宽带数字通信以及对"即时"数据访问需求的增加，都对软件开发者提出了更高的要求。但是，在这个时期软件仍然主要在工业界和学术界应用，个人应用还很少。这个时期的主要特点是出现了微处理器，而且微处理器获得了广泛应用。以微处理器为核心的"智能"产品随处可见，当然，最重要的智能产品是个人计算机。在不到 10 年的时间里，个人计算机已经成为大众化的商品。

4．第四阶段

在计算机系统发展的第四代已经不再看重单台计算机和程序，人们感受到的是硬件和软件的综合效果。由复杂操作系统控制的强大的桌面机及局域网和广域网，与先进的应用软件相配合，已经成为当前的主流。计算机体系结构已迅速地从集中的主机环境转变成分布的客户机/服务器（或浏览器/服务器）环境。世界范围的信息网为人们进行广泛交流和资源的充分共享提供了条件。软件产业在世界经济中已经占有举足轻重的地位。随着时代的前进，新的技术也不断地涌现出来。面向对象技术已经在许多领域迅速地取代了传统的软件开发方法。

4.5.1　计算机系统的结构类型

1966 年，Michael J.Flynn 从计算机体系结构的并行性能出发，按照指令流和数据流的不同组织方式，把计算机系统的结构分为 4 类，如图 4-26 所示。

图 4-26　计算机系统的结构分类

（1）SISD 体系结构

单指令流单数据流（Single Instruction Single Data，SISD）计算机是传统的顺序执行的计算机，在同一时刻只能执行一条指令（即只有一个控制流）、处理一个数据（即只有一个数据流）。

SISD 计算机通常由一个处理器和一个存储器组成，如图 4-27 所示。通过执行单一的指令流，对单一的数据流进行操作，指令按顺序读取，数据在每一时刻也只能读取一个。

其主要缺点在于单个处理器的处理能力有限，同时，这种结构也没有发挥数据处理中的并行性潜力，在实时系统或高速系统中，很少采用 SISD 结构。

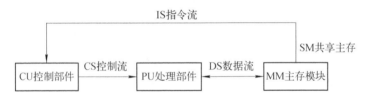

图 4-27　SISD 计算机

（2）SIMD 体系结构

单指令流多数据流（Single Instruction Multiple Data，SIMD）计算机属于并行结构计算机，一条指令可以同时对多个数据进行运算。SIMD 计算机由单一的指令部件控制，按照同一指令流的要求，为多个处理单元分配各不相同的数据并进行处理。SIMD 系统结构由一个控制器、多个处理器、多个存储模块和一个互连网络组成，如图 4-28 所示。SIMD 计算机以阵列处理机和向量处理机为代表。

（3）MISD 体系结构

多指令流单数据流（Multiple Instruction Single Data，MISD）计算机具有多个处理单元，这些处理单元组成一个线性阵列，分别执行不同的指令流，而同一个数据流则顺次通过这个阵列中的各个处理单元，如图 4-29 所示。MISD 系统结构只适用于某些特定的算法，在目前常见的计算机系统中很少见。

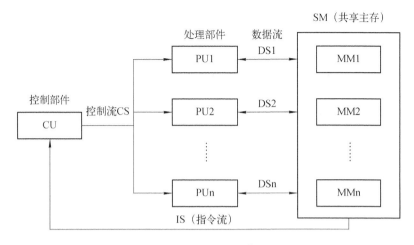

图 4-28　SIMD 计算机

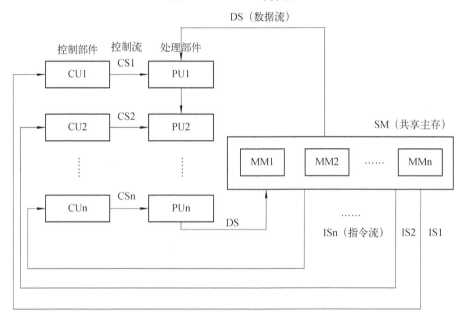

图 4-29　MISD 计算机

（4）MIMD 体系结构

多指令流多数据流（Multiple Instruction Multiple Data，MIMD）计算机属于并行结构计算机，多个处理单元根据不同的控制流程执行不同的操作，处理不同的数据。

典型的 MIMD 系统由多台处理机、多个存储模块和一个互连网络组成，如图 4-30 所示。每台处理机执行自己的指令，操作数也是各自读取。

MIMD 计算机是能够实现指令、数据作业、任务等各级全面并行计算的多机处理系统。

在 MIMD 结构中，每个处理器都可以单独编程，因而这种结构的可编程能力是最强的。但由于要用大量的硬件资源来解决可编程问题，硬件的利用率不高。

MIMD 计算机以多处理机和机群系统为代表。

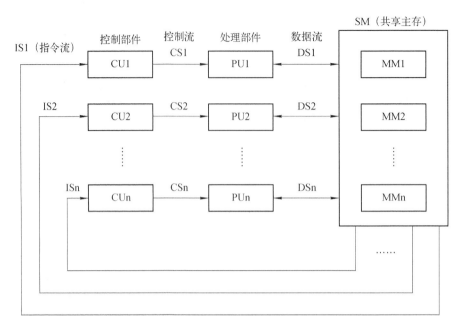

图 4-30　MIMD 计算机

4.5.2　计算机系统的性能提高

计算机系统设计者的基本任务是提高处理机指令的执行速度，而采取的主要措施是指令级的并行性，即让多条指令同时参与解释的过程。常用的有三种方法：

① 采用流水线技术，称为流水线处理机或超流水线处理机（Super Pipelining）。

② 在一个处理机中设置多个独立的功能部件，例如，在一个处理机中设置独立的定点算术逻辑部件、浮点加法部件、乘除法部件、访问存储器部件以及分支操作部件等，称为多操作部件处理机或超标量处理机（Superscalar）。也可以把超流水线技术与超标量技术结合起来，称为超标量超流水线处理机。

③ 超长指令字（Very Long Instruction Word，VLIW）技术，在一条指令中设置有多个独立的操作字段，每个字段可以分别独立地控制各个功能部件并行工作。

目前，前两种技术已经相当成熟，已经研制出了多种高性能的超标量和超流水线处理机，而超长指令字技术还在进一步研究中。

4.5.3　计算机系统的发展

1. 计算机系统结构的演变

传统的计算机主要以运算器为中心，此外还有控制器、存储器以及输入/输出设备。所有的输入、输出活动都必须经过运算器。存储器中存放有指令及数据。第 1 章介绍过的冯·诺依曼结构如图 4-31 所示。

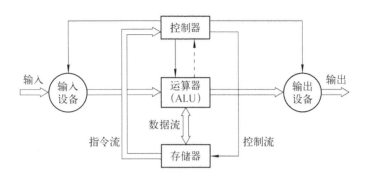

图 4-31　冯·诺依曼计算机结构

半个世纪以来，对冯·诺依曼型计算机结构已做了许多改进。归纳起来采用了两种方法。一种是"改良"方法，即基本上仍保留原来的工作方式，但做了许多重大改进以提高计算机系统性能，称为改进的冯·诺依曼型计算机结构。另一种是"革命"方法，即采用一种与冯·诺依曼型计算机完全不同的工作方式。在改进的冯·诺依曼型计算机中，具有以下一些重要特征，其目的是提高运算速度，更好地支持高级语言和结构化数据对象，包括：

① 增加了新的数据表示，如浮点数、字符串和十进制数的表示。

② 采用虚拟存储器，方便了高级语言编程。

③ 堆栈的引入，以支持高级语言中的过程调用、递归机制以及表达式求值等。

（以上三项主要是为了更好地支持高级语言。）

④ 采用变址寄存器并增加了间接寻址方式，以方便对复杂数据结构对象的访问。

（这一项主要是为了支持对复杂数据结构对象的访问。）

⑤ 增加 CPU 内的通用寄存器数量和增设 Cache 高速缓冲存储器，以减少 CPU 与主存储器间过分频繁的信息交换。

⑥ 采用存储器交叉访问技术以及无冲突并行存储器，以加宽存储器带宽。

⑦ 采用流水技术，包括指令级流水和运算级流水，以加快指令及操作的执行速度。

⑧ 采用多功能部件，这样一条指令就可以对多个数据元素在不同功能部件上进行并发操作。

⑨ 采用支持处理机，如协处理机（Coprocessors）及输入/输出处理机（I/O Processors），以使 CPU 能完全从事数值运算。

以上①～⑦项主要是为了提高处理速度。⑧～⑨项还超出原来冯·诺依曼型机基本结构的范围。上述各种改进措施的实现使计算机系统结构从原来的以运算器为中心逐步演变为以存储器为中心。

系统结构的革命性发展导致了 20 世纪 70 年代数据流计算机的出现，以及需求驱动计算机乃至初等智能计算机的出现，预计到未来将会在这方面有较大的发展和新的突破。

总之，总的发展趋势是对计算机性能的要求越来越高，主存容量越来越大和 I/O 吞吐能力越来越强。总体看来，对未来计算机体系结构的研究重点包括以下几点。

（1）对并行体系结构的研究

在计算机领域中，并行是实现计算能力突破的根本手段。由于与并行体系结构相对的是当前使用的串行结构，串行结构上的效率提升始终不是无限制的，而在嵌入式领域中，专用的并行结构在当前技术条件下提升性能和功耗效率已经达到 10～1000 倍。然而，并行应用程序的开发是一个缓慢的过程。只有那些有巨大的计算需求或者有严格的预算和功耗限制的人才会去开发。虽然目前很多关于并行编译器和软件开发工具的研究会对设计可用的并行系统有益，但是只有为并行软件设计出更好的并行系统，才是关键所在。

（2）对功耗敏感的体系结构的研究

计算机性能和容量一直在飞速增长，由此所带来的能源消耗问题也是不容小觑的，因此对于功耗敏感的体系结构的研究是十分重要的。对于功耗敏感的体系结构，静态和动态功耗方面的考虑已成为处理器设计过程中最大的限制。尽管计算机工作者对于"动态可调整结构"的研究做了很多的工作，但实际上取得的性能收益正逐渐递减，并且其复杂性使其难以应用到系统的大部分部件中去，本领域还有很大的研究空间有待探索。

（3）设计能够高效开发显式并行的结构

新结构性能的提升主要来源于开发更多的并行，因为流水线深度和时钟速率有局限性，显式并行指的是并行语言通过编译形成并行程序，显式并行的方法能够用于提高那些易提取并行性代码的性能。这方面存在很多挑战，例如，确定片上该集成何种机制能够提高这部分代码的可扩展性；确定最佳的并行粒度；要扩大那些能够有效地运行在并行结构上的代码类型；找到有效的方法来消除引脚接口的瓶颈。目前引脚接口的瓶颈已经成为影响性能的一大因素，因为引脚数增长的速度要远远小于片上可集成的晶体管数目增长的速度。

（4）开发隐式并行的大指令窗口的体系结构

开发单线索代码中的隐式并行方面的研究也十分重要。隐式指的是串行语言通过编译形成并行程序。目前的体系结构可开发的隐式并行与代码中存在的隐式并行相差有 1～2 个数量级。这方面的研究之所以重要是因为：第一，绝大多数代码无法显示并行化；第二，体系结构时钟速率方面的限制也强迫我们必须转向开发更多的并行。

2. 软件对系统结构发展的影响

早期的计算机系统，由于硬件比较昂贵，因此通常将许多功能用软件实现。再加上应用软件的开发，导致软件越来越多，功能越来越复杂，由于软件编写基本上依靠人力，造成软件编写及排错困难，生产效率低下，导致"软件危机"的出现，随着器件更新换代的飞速发展以及硬件价格的逐渐下降，造成软件价格相对地不断上升。因此，用户就希望在新型号机器推出市场后，原先已开发的软件仍能继续在新型号机器上使用，即软件要求具有兼容性，或称为软件的可移植性。它是指一个软件可不经修改或只需少量修改便可由一台机器移植到另一台机器上运行，即同一软件可应用于不同环境。为了实现软件的可移植性，一般可采用如下方法。

（1）采用统一的高级语言方法

软件移植包括应用软件和系统软件两个方面的移植。软件又可用高级语言、汇编语言或机器语言来编写。由于高级语言是面向题目和算法的，与机器的具体结构关系不大，如果能统一推出一款满足各种应用需要的通用高级语言，那就很容易实现所有应用软件和部分系统软件之间的移植。

统一高级语言，目前存在着三个问题。第一，目前已经存在的各种高级语言，是根据不同的应用而产生的，这些高级语言又具有不同的语法结构和语义结构。如果用一种高级语言包含所有的应用，是非常困难的。第二，计算机工作者目前对高级语言的基本结构在看法上存在不一致，如常用的 goto 语句。第三，习惯势力的影响。人们不愿轻易抛弃已经习惯了的高级语言和软件上的成果及经验积累。

虽然统一高级语言的方法目前实现非常困难，但仍是努力的重要方向。如果能够统一成一种或几种，对于加速软件人才培养和软件开发的意义是非常重大的。ADA 语言的出现正是朝着这个方向的重大进展。

（2）采用系列机方法

所谓系列机是指在同一厂家内生产的具有相同系统结构，但具有不同组成和实现的一系列机器。它要求预先确定好一种系统结构（软硬件界面）。然后，软件设计者依此进行系统软件设计，硬件设计者则根据不同性能、价格要求，采用各种不同的组成和物理实现技术，以向用户提供不同档次的机器。采用这样的方法后，无论机器语言程序员或是编译程序设计者所看到的这些机器的概念性结构和功能属性都是一样的，即机器语言都是一样的。因此为某一档次机器编制的软件在其他档次的机器上都可运行。

系列机方法较好地解决了硬件技术更新发展快与软件编写开发周期比较长之间的矛盾。由于系列机中的系统结构在相当长的时期内不会改变，改变的只是组成和实现技术，从而使得软件开发有一个较长的相对稳定的周期。IBM 公司首先提出了这种思想，在 1964年推出了 IBM 360 系列机。以后又陆续推出了 IBM 370 系列机，IBM 303X、43XX、308X、309X 等系列机。DEC 公司则推出了 PDP 11 系列机，VAX 11、8000、6200、6300、6400 等系列机。这种系列机设计思想对之后问世的微型计算机以及巨型计算机都产生了影响。如Intel 公司推出了 80X86 微机系列，Motorola 公司推出了 680X0 微机系列，CRAY 公司推出了巨型机 CRAY 系列等。

在各档机器的中央处理机中，指令系统都相同，但指令的分析执行则可有顺序、重叠或流水等不同处理方式。在数据表示方面，从程序设计者所看到的各档机器的字长均为 32位（定点数都为 16 位的半字或 32 位全字，浮点数为单、双、4 倍字长），但低、中、高档的不同型号机器，它们所采用的数据通路宽度可能分别为 8 位、16 位、32 位或 64 位。显然这种数据通信宽度对程序员来讲是透明的。此外在进行输入/输出时，各档机器都有采用通道方式，但随机器档次的不同，可采用结合型方式（通道借用中央处理机中某些部件完成）或是独立型的。

在系列机中，由于机器语言、汇编语言以及编译程序在各档机器间都可通用，因此它们是软件兼容的。这种方法使得软件的开发有一个较长时间的稳定的环境，有利于计算机系统随着硬件器件技术的不断发展而升级换代，对计算机的发展起到了很大的推动作用。但是，这种可移植性仅限于某一厂商所生产的某一系列机内部，用户不能在不同厂商的产品中进行选择。系列机的思想后来在不同厂家间生产的机器上也得到了体现，出现了兼容机。

所谓兼容机（Compatible Machine）是指不同厂家生产的具有相同系统结构，但具有不同组成和实现技术的一系列计算机。这样就使得一些没有软件开发能力的厂家能借用有软件开发能力的计算机厂家的已有软件成果，在采用新的组成和实现技术后，有更好的性能价格比；另一方面还可以对原有系统结构加以某种形式扩充以使之能有更强的功能和竞争力。

系列机方法较好地解决了软件移植问题，但由于这种方法要求系统结构不能改变，这也就在较大程度上限制了计算机系统结构发展，而且所有的软件兼容也是有一定条件约束的。

软件兼容按性能上的高低和时间上推出的先后还可分为向上、向下和向前、向后四种兼容。

① 所谓向上（下）兼容，是指按某档机器编制的软件，不加修改就能运行于比它高（低）档的机器上。同一系列内的软件一般应做到向上兼容，向下兼容就不一定，特别是与机器速度有关的实时性软件向下兼容就难以做到。

② 所谓向前（后）兼容，是指在按某个时期投入市场的该型号机器上编制的软件，不用修改就能运行于在它之前（后）投入市场的机器上。同一系列机内的软件必须保证做到向后兼容，不一定非要向前兼容。

（3）采用模拟和仿真方法

系列机的方法只能在系统结构相同的机器之间实现软件移植。为了实现系统结构不相同的机器之间也能软件移植，必须采用模拟与仿真的方法。

模拟方法是指用软件方法在一台现有的计算机上实现另一台计算机的指令系统。如在 A 机上要实现 B 机的指令系统，通常要用解释方法来完成，即对应 B 机中的每一条指令，用相应的一段 A 机（如 n 条）指令进行解释执行。这种用实际存在的机器语言解释实现软件移植的方法称为模拟。A 机常称为宿主机，B 机则称为虚拟机，因为 B 机实际上并不存在。为了模拟 B 机系统，除了指令系统通常还需模拟它的系统结构环境，包括 B 机的存储系统、I/O 子系统以及 B 机的操作系统等。对应用软件的模拟也可采用类似方法。由于模拟是采用纯软件解释执行方法，因此运行速度较慢。

另一种方法是仿真，当宿主机本身采用微程序控制时，则对 B 机指令系统每条指令的解释执行可直接由 A 机中对应的一段微程序来完成，此时 A 机仍称宿主机，但 B 机称为目标机。此外由于仿真方法中微程序是存放在控制存储器中（模拟方法中模拟程序存放在主存中），因而实际上是有部分硬件（或固件）参与解释过程的。

3. 应用对系统结构发展的影响

不同的应用对计算机系统结构的设计提出了不同的要求，应用需求是促使计算机系统结构发展最根本的动力。

一些特殊领域需要高性能的系统结构。例如：

① 高结构化的数值计算：如气象模型、流体动力学、有限元分析等。

② 非结构化的数值计算：如蒙特卡洛模拟、稀疏矩阵等。

③ 实时多因素问题：如语音识别、图像处理、计算机视觉等。

④ 大存储容量和输入/输出密集的问题：如数据库系统、事务处理系统等。

⑤ 图形学和设计问题：如计算机辅助设计。

⑥ 人工智能：如面向知识的系统、推理系统等。

从最初的科学计算发展到数据处理、工业过程控制乃至日常社会生活，从而使计算机应用逐渐深入到国民经济及社会的各个领域。随着应用范围的扩大，对计算机系统的要求也越来越高。为适应不同的应用需要，满足各种应用的多功能通用机，满足某种特殊要求的专用机，适应不同应用场合需要的大、中、小型机，需要高速运算的巨型机，以及方便灵活的微型机等的涌现都是应用需要的结果。

　　计算机应用从最初的纯科学计算正逐步向更高级、更复杂的应用发展，经历了从数据处理、信息处理、知识处理以及智能处理这四级逐步上升的阶段。长期以来进行数据处理一直是计算机的重要任务，它所加工的数据对象相互之间没有关系。随着对数据结构研究的深入，数据处理逐步向信息处理方向发展，此时被加工的数据对象之间存在着某种语法结构，构成了信息项，从而导致能有效地对信息项进行管理、增删、检索、变更、维护、查询、修改等工作的数据库的出现。当信息加入某些语义后便构成了知识，导致了对知识处理的应用，各类专家系统的出现便是这种应用日益广泛发展的结果。

4. 器件对系统结构发展的影响

　　计算机所用的基本器件已经从电子管、晶体管、小规模集成电路、大规模集成电路迅速发展到超大规模集成电路，并开始使用砷化镓器件、高密度组装技术和光电子集成技术。器件的发展是计算机换代的两个标志之一，也是推动系统结构和组成技术发展的关键因素和主要动力。可从以下 3 方面看。

　　（1）从器件的功能和使用方法来看

　　器件的功能和使用方法发生了很大的变化，由早先使用的非用户片，发展到使用现场片和用户片。这种变化影响着系统结构和组成技术的发展。

　　非用户片又称通用片，其功能是在器件厂生产时确定下来的，计算机设计者只能使用，不能改变器件内部的功能。例如门、触发器、多路开关、加法器、译码器、寄存器、计数器等通用逻辑类器件。这类器件的优点是通用性好，灵活方便，但集成度难以提高，因而可靠性低。

　　现场片是指用户可根据需要改变器件内部的功能或内容，以适应结构和组成变化的需要。例如，可编程只读存储器 PROM，现场可编程逻辑阵列 FPLA 等。它不仅使用灵活，功能强，可取代硬联组合网络，还可构成时序网络，加上又是存储型芯片，也可以实现乘法运算和码制转换、函数计算等功能。其规整性和通用性强，适合于大规模集成。

　　用户片则是专门按用户要求生产的高集成度的 VLSI 器件。完全按用户要求设计的用户片称为全用户片。为解决器件厂和整机厂的矛盾，生产的门阵列、门–触发器阵列等为半用户片。

　　（2）从器件在计算机系统中的地位来看

　　① 器件的发展使计算机主频速度迅速提高。早先的计算时间是以 ms 为单位，1960 年左右是以 μs 为单位，现在以 ns 为单位。几十年来，无论是器件的速度（门、触发器的级延迟，存储器的存储周期等）、集成度、体积、可靠性、价格等随时间都呈指数性改进，这就使计算机的性能价格比有了显著的提高。如果没有器件集成度和速度的迅速提高，机器的主频和速度就不能发生数量级上的提高。

　　② 器件的发展推动了系统结构、组成的发展。如果器件的可靠性未发生数量级上的提高，后面要讲述的流水技术是无法实现的。如果没有高速、廉价的半导体存储器，则能使解题速度得以迅速提高的高速缓冲存储器（Cache）和早在 20 世纪 60 年代初期就已提出的虚拟存储器就无法真正实现。没有可编程只读存储器 PROM 器件的出现，早在 20 世纪 50 年代初期就已提出的微程序技术也无法真正得到广泛应用。只有有了高速相联存储器

件，才有相联处理机这种结构的发展，才能推动向量机、数组机、数据库机器的发展。

③ 器件的发展也使系统结构的"下移"速度加快。大型机的各种数据表示、指令系统、操作系统很快出现在小型机、微型机上。器件的发展为实现多个 CPU 的分布处理提供了基础。智能终端、智能机的出现也都表明了这点。

④ 器件的发展还促进了算法、语言和软件的发展。在硬件结构上，由数百个甚至上万个微处理器组成的大规模并行处理计算机（MPP）系统有着很高的性能价格比和良好的可扩展性。促使人们不断探索研究新的并行算法、并行语言及开发新的并行处理应用软件和控制并行操作的操作系统软件，使系统的规模和处理速度能随节点处理器数的增加而显著提高。

本 章 小 结

本章分别讲述了计算机五大功能部件的基本概念、分类、结构和工作原理，包括总线、存储器、中央处理器、输入/输出系统。通过这些原理的学习，读者能够了解到计算机是如何协调多种部件功能完成复杂的操作功能的。在传统的计算机系统结构类型基础上，科学家们仍然在探索更快更好的体系结构，使得计算机的性能进一步提高。本章对计算机系统结构的现状和发展趋势也进行了介绍，旨在让读者开拓视野，体会系统结构的变化特点和发展方向。

习 题 4

一、选择题

1. 描述 PCI 总线中基本概念不正确的句子是_____。
   A. HOST 总线不仅连接主存，还可以连接多个 CPU
   B. PCI 总线体系中有三种桥，它们都是 PCI 设备
   C. 以桥连接实现的 PCI 总线结构不允许许多条总线并行工作
   D. 桥的作用可使所有的存取都按 CPU 的需要出现在总线上

2. 系统总线中控制总线的功能是_____。
   A. 提供主存、I/O 接口设备的控制信号和响应信号
   B. 提供数据信息
   C. 提供时序信号
   D. 提供主存、I/O 接口设备的响应信号

3. 在_____的微型计算机系统中，外设可和主存储器单元统一编址，因此可以不使用 I/O 指令。
   A. 单总线　　　　B. 双总线　　　　C. 三总线　　　　D. 多总线

4. 系统总线中地址线的功能是_____。
   A. 选择主存单元地址　　　　　　B. 选择进行信息传输的设备

　　C. 选择外存地址　　　　　　　　　D. 指定主存和 I/O 设备接口电路的地址

5. 多总线结构的计算机系统，采用_____方法，对提高系统的吞吐率最有效。

　　A. 多端口存储器　　　　　　　　　B. 提高主存的速度

　　C. 交叉编址多模块存储器　　　　　D. 高速缓冲存储器

6. 当代 CPU 包括_____。

　　A. 控制器　　　　　　　　　　　　B. 控制器、运算器、Cache

　　C. 运算器和主存　　　　　　　　　D. 控制器、ALU 和主存

7. 由于 CPU 内部的操作速度较快，而 CPU 访问一次主存所花费的时间较长，因此机器周期通常用_____来规定。

　　A. 主存中读取一个指令字的最短时间

　　B. 主存中读取一个数据字的最长时间

　　C. 主存中写入一个数据字的平均时间

　　D. 主存中读取一个数据字的平均时间

8. 指令周期是指_____。

　　A. CPU 从主存取出一条指令的时间

　　B. CPU 执行一条指令的时间

　　C. CPU 从主存取出一条指令加上 CPU 执行这条指令的时间

　　D. 时钟周期时间

9. 操作控制器的功能是_____。

　　A. 产生时序信号

　　B. 从主存取出一条指令

　　C. 完成指令操作的译码

　　D. 从主存取出指令，完成指令操作码译码，并产生有关的操作控制信号，以解释执行该指令

10. 某机字长 32 位，存储容量为 1 MB，若按字编址，它的寻址范围是_____。

　　A. 1M　　　　　　B. 512 KB　　　　　C. 256 K　　　　　　D. 256 KB

11. 某 SRAM 芯片，存储容量为 64 K×16 位，该芯片的地址线和数据线数目为_____。

　　A. 64，16　　　　B. 16，64　　　　　C. 64，8　　　　　　D. 16，16

12. 主存储器和 CPU 之间增加 Cache 的目的是_____。

　　A. 解决 CPU 和主存之间的速度匹配问题

　　B. 扩大主存储器容量

　　C. 扩大 CPU 中通用寄存器的数量

　　D. 既扩大主存储器容量，又扩大 CPU 中通用寄存器的数量

13. 某一 RAM 芯片，其容量为 512×8 位，包括电源和接地端，该芯片引出线的最小数目应是_____。

　　A. 23　　　　　　B. 25　　　　　　C. 50　　　　　　D. 19

14. 以下四种类型的半导体存储器中，以传输同样多的字为比较条件，则读出数据传输率最高的是_____。

    A. DRAM   B. SRAM   C. 闪速存储器   D. EPROM

15. 计算机的外围设备是指_____。

    A. 输入/输出设备   B. 外存储器

    C. 远程通信设备   D. 除了 CPU 和内存以外的其他设备

16. 在微型机系统中，外围设备通过_____与主板的系统总线相连接。

    A. 适配器   B. 设备控制器   C. 计数器   D. 寄存器

17. 磁盘驱动器向盘片磁层记录数据时采用_____方式写入。

    A. 并行   B. 串行   C. 并行-串行   D. 串行-并行

18. CD-ROM 光盘是_____型光盘，可用作计算机的_____存储器和数字化多媒体设备。

    A. 重写，内   B. 只读，外   C. 一次，外   D. 多次，内

19. 中断向量地址是_____。

    A. 子程序入口地址

    B. 中断服务例行程序入口地址

    C. 中断服务例行程序入口地址的指示器

    D. 中断返回地址

20. 为了便于实现多级中断，保存现场信息最有效的办法是采用_____。

    A. 通用寄存器   B. 堆栈   C. 存储器   D. 外存

21. 采用 DMA 方式传送数据时，每传送一个数据就要用一个_____时间。

    A. 指令周期   B. 机器周期   C. 存储周期   D. 总线周期

22. 在单级中断系统中，CPU 一旦响应中断，则立即关闭_____标志，以防本次中断服务结束前同级的其他中断源产生另一次中断进行干扰。

    A. 中断允许   B. 中断请求   C. 中断屏蔽   D. 中断保护

二、填空题

1. 在计算机系统中，多个系统部件之间信息传送的公共通路称为_____。就其所传送信息的性质而言，在公共通路上传送的信息包括数据、_____、_____信息。

2. 为了运算器的高速性，采用了_____进位，_____乘除法和流水线等并行措施。

3. CPU 中至少有如下几类寄存器：_____寄存器、_____计数器、_____寄存器、通用寄存器，状态条件寄存器。

4. CPU 从_____取出一条指令并执行这条指令的时间和称为_____。由于各种指令的操作功能不同，各种指令的指令周期是_____。

5. 磁表面存储器主要技术指标有_____、_____、_____和数据传输率。

6. 对存储器的要求是_____、_____、_____。为了解决这三方面的矛盾计算机采用多级存储体系结构。

7. 中断处理要求有中断_____，中断_____产生，中断_____等硬件支持。

8. 在计算机系统中，CPU 对外围设备的管理处理程序查询方式、程序中断方式外，还有_____方式，_____方式和_____方式。

三、简答题

1. 画出单机系统中采用的三种总线结构。

2. 试推导磁盘存储器读/写一块信息所需总时间的公式。

3. CPU 响应中断应具备哪些条件？画出中断处理过程流程图。

4. 已知 Cache/主存系统效率为 85%，平均访问时间为 60 ns，Cache 比主存快 4 倍，求主存储器周期是多少？Cache 命中率是多少？

第5章 计算机操作系统概述

从层次结构上来看，计算机系统自下而上可粗分为四个部分：硬件、操作系统、应用程序和用户。第4章中主要从硬件底层的角度讲述了计算机系统的组成和工作原理，如中央处理器、内存、输入/输出设备等，它们提供了基本的计算资源。然而在信息时代，软件被称为计算机系统的灵魂。作为软件核心的操作系统，已经与现代计算机系统密不可分、融为一体。操作系统管理各种计算机硬件，为应用程序提供基础，并充当计算机硬件与用户之间的中介。应用程序（如字处理程序、电子制表软件、编译器、网络浏览器等）规定了按何种方式使用这些资源来解决用户的计算问题。操作系统控制和协调各用户的应用程序对硬件的分配与使用。在计算机系统的运行过程中，操作系统提供了正确使用这些资源的方法。

综上所述，操作系统是指控制和管理整个计算机系统的硬件和软件资源，并合理地组织调度计算机的工作和资源的分配，以提供给用户和其他软件方便的接口和环境的程序集合。计算机操作系统是随着计算机研究和应用的发展逐步形成并发展起来的，它是计算机系统中最基本的系统软件。

5.1 操作系统的目标和作用

操作系统是管理计算机硬件与软件资源的程序，同时也是计算机系统的内核与基石。操作系统是控制其他程序运行、管理系统资源并为用户提供操作界面的系统软件的集合。操作系统负责诸如管理与配置内存、决定系统资源供需的优先次序、控制输入与输出设备、操作网络与管理文件系统等基本事务。首先看一下操作系统的定义，什么是操作系统？不同的人对操作系统有着不同的看法。但总的来说，操作系统（Operating System，OS）是一个管理计算机系统资源、控制程序运行的系统软件，它为用户提供了一个方便、安全、可靠的工作环境和界面。作为计算机系统的控制和指挥中心，操作系统不仅是一个软件（Software），而且是一个系统软件（System Software），所谓的系统软件就是指，控制和协调计算机及外围设备，支持应用软件开发和运行的系统，是无须用户干预的各种程序的集合，主要功能是调度、监控和维护计算机系统；负责管理计算机系统中各种独立的硬件，使得它们可以协调工作。系统软件使得计算机使用者和其他软件将计算机当作一个整体而不需要考虑底层每个硬件是如何工作的。

　　系统软件的运行既依赖于计算机系统的硬件（Hardware），又要管理计算机系统的一切硬件设施。在操作系统运行过程中，需要硬件强力的支持，而且有一部分功能是由硬件直接完成，从这个意义上讲，操作系统又不完全是软件，而是由软、硬件结合的有机体，在软、硬件的配合下，共同完成操作系统所应完成的任务，如图 5-1 所示。它的主要目标包括以下四方面。

　　① 方便：操作系统使计算机更易于使用。

　　② 有效：操作系统允许以更有效的方式使用计算机系统资源。

　　③ 可扩充性：在操作系统中，允许有效地开发、测试和引进新的系统功能。

　　④ 开放性：实现应用程序的可移植性和互操作性，要求具有统一的开放的环境。

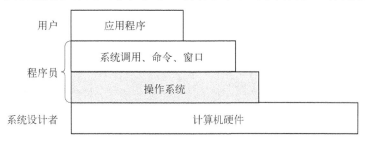

图 5-1　操作系统在计算机系统中的位置

5.1.1　作为用户/计算机接口的操作系统

　　所谓操作系统的用户接口，就是操作系统提供给用户，使用户可通过它们调用系统服务的手段。任何操作系统管理计算机资源的目的都在于将计算机资源提供给用户使用，用户通过用户接口使用操作系统，用户接口是操作系统的五大功能之一，为用户提供统一的接口是操作系统的目标之一。在一般情况下，一个完整的操作系统在启动后就会提供一个供用户对计算机进行操作的界面。例如，DOS 操作系统会在显示器上显示一个字符操作界面；Windows 操作系统会显示一个图形界面。这样，用户就能以输入命令的方式来使用操作系统的某种功能。用户接口主要分为如下三类。

　　（1）命令接口，如图 5-2 所示，是以联机命令方式提供的用户接口。

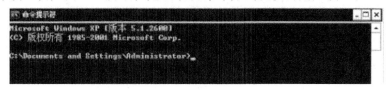

图 5-2　Windows 命令窗口

　　（2）图形接口，如图 5-3 所示，是以图形方式提供的用户接口。

　　（3）程序接口，是以程序调用形式提供的用户接口。

图 5-3　Windows 7 系统的窗口

简单地说，操作系统通常提供了以下几方面的服务。

① 程序开发：操作系统提供各种各样的工具和服务，如编辑器和调试器，用于帮助程序员开发程序。通常，这些服务以实用工具程序的形式出现，严格来说并不属于操作系统核心的一部分；它们由操作系统提供，称为应用程序开发工具。

② 程序运行：运行一个程序需要很多步骤，包括必须把指令和数据载入到内存、初始化 I/O 设备和文件、准备其他一些资源。操作系统为用户处理这些调度问题。

③ I/O 设备访问：每个 I/O 设备的操作都需要特有的指令集或控制信号，操作系统隐藏这些细节并提供了统一的接口，因此程序员可以使用简单的读和写操作访问这些设备。

④ 文件访问控制：对操作系统而言，关于文件的控制不仅必须详细了解 I/O 设备（磁盘驱动器、磁带驱动器）的特性，而且必须详细了解存储介质中文件数据的结构。此外，对于有多个用户的系统，操作系统还可以提供保护机制来控制对文件的访问。

⑤ 系统访问：对于共享或公共系统，操作系统控制对整个系统的访问以及对某个特殊系统资源的访问。访问功能模块必须提供对资源和数据的保护，以避免未授权用户的访问，还必须解决资源竞争时的冲突问题。

⑥ 错误检测和响应：计算机系统运行时可能发生各种各样的错误，包括内部和外部硬件错误，如存储器错误、设备失效或故障，以及各种软件错误，如算术溢出、试图访问被禁止的存储器单元、操作系统无法满足应用程序的请求等。对每种情况，操作系统都必须提供响应以清除错误条件，使其对正在运行的应用程序影响最小。响应可以是终止引起错误的程序、重试操作或简单地给应用程序报告错误。

⑦ 记账：一个好的操作系统可以收集对各种资源使用的统计信息，监控诸如响应时间之类的性能参数。在任何系统中，这个信息对于预测将来增强功能的需求以及调整系统以提高性能都是很有用的。对多用户系统来说，这个信息还可用于记账。

5.1.2　作为资源管理器的操作系统

一台计算机就是一组资源，这些资源用于对数据的移动、存储和处理，以及对这些功能的控制，而操作系统负责管理这些资源。

那么是否可以说是操作系统在控制数据的移动、存储和处理呢？从某个角度来看，答案是肯定的：通过管理计算机资源，操作系统控制计算机的基本功能，但是这个控制是通过一种不寻常的方式来实施的。通常，我们把控制机制想象成在被控制对象之外或者至少与被控制对象有一些差别和距离（例如，住宅供热系统是由自动调温器控制的，它完全不同于热产生和热发送装置）。但是，操作系统却不是这种情况，作为控制机制，它有两方面不同之处：

① 操作系统与普通的计算机软件作用相同，它也是由处理器执行的一段程序或一组程序。

② 操作系统经常会释放控制，而且必须依赖处理器才能恢复控制。

操作系统实际上不过是一组计算机程序，与其他计算机程序类似，它们都给处理器提供指令，主要区别在于程序的意图。操作系统控制处理器使用其他系统资源，并控制其他程序的执行时机。但是，处理器为了做任何一件这类事情，都必须停止执行操作系统程序，而去执行其他程序。因此，这时操作系统释放对处理器的控制，让处理器去做其他一些有用的工作，然后用足够长的时间恢复控制权，让处理器准备好做下一项工作。

操作系统中有一部分在内存中，其中包括内核程序（Kernel，或称 Nucleus）和当前正在使用的其他操作系统程序，内核程序包含操作系统中最常使用的功能。内存的其余部分包含用户程序和数据，它的分配由操作系统和处理器中的存储管理硬件联合控制。操作系统决定在程序运行过程中何时使用 I/O 设备，并控制文件的访问和使用。处理器自身也是一个资源，操作系统必须决定在运行一个特定的用户程序时，可以分配多少处理器时间，在多处理器系统中，这个决定要传到所有的处理器。

5.2　操作系统的发展过程

5.2.1　手工操作（无操作系统）

从 1946 年第一台计算机诞生到 20 世纪 50 年代中期，还未出现操作系统，计算机工作采用手工操作方式。程序由人工编制二进制代码，校验之后，通过卡片或者纸带（见图 5-4）输入计算机，完成之后按下控制台运行键，命令计算机开始运行。计算机运行的结果，通过卡片、纸带以及各种显示状态的氖灯显示出来。如此完全依赖人工运行方式的电子数字计算机，其运行效率非常低。

图 5-4　计算机纸带

程序员将对应于程序和数据的已穿孔的纸带（或卡片）装入输入机，然后启动输入机，把程序和数据输入计算机内存，接着通过控制台开关启动程序对数据运行；计算完毕，打印机输出计算结果；用户取走结果并卸下纸带（或卡片）后，才让下一个用户上机。

手工操作方式有两个特点：

① 用户独占全机。不会出现因资源已被其他用户占用而等待的现象，但资源的利用率低。

② CPU 等待手工操作。当用户进行装纸带（或卡片）、卸纸带（或卡片）等人工操作

时，CPU 及内存等资源是空闲的，CPU 的利用不充分。

20 世纪 50 年代后期，出现人机矛盾，即手工操作的慢速度和计算机的高速度之间形成了尖锐矛盾，手工操作方式已严重损害了系统资源的利用率（使资源利用率降为百分之几，甚至更低）。唯一的解决办法是摆脱人的手工操作，实现作业的自动过渡。这样就出现了批处理。

5.2.2　简单批处理系统

批处理系统是加载在计算机上的一个系统软件，在它的控制下，计算机能够自动地、成批地处理一个或多个用户的作业（作业包括程序、数据和命令）。首先出现的是联机批处理系统，即作业的输入/输出由 CPU 来处理。

主机与输入机之间增加一个存储设备——磁带，在运行于主机上的监督程序的自动控制下，计算机可成批地把输入机上的用户作业读入磁带，再依次把磁带上的用户作业读入主机内存并执行，把计算结果向输出机输出。完成了上一批作业后，监督程序又从输入机上输入另一批作业，保存在磁带上，并按上述步骤重复处理。由于系统对作业的处理都是成批地进行的，且在内存中始终只保持一道作业，故称此系统为单道批处理系统。

监督程序不停地处理各个作业，从而实现了作业到作业的自动转接，减少了作业建立时间和手工操作时间，有效克服了人机矛盾，提高了计算机的利用率。

但是，在作业输入和结果输出时，主机的高速 CPU 仍处于空闲状态，等待慢速的输入/输出设备完成工作，即主机处于"忙等"状态。为克服与缓解高速主机与慢速外设的矛盾，提高 CPU 的利用率，又引入了脱机批处理系统，即输入/输出脱离主机控制。

这种方式的显著特征是，增加一台不与主机直接相连而专门用于与输入/输出设备打交道的卫星机。其功能是：

① 从输入机上读取用户作业并放到输入磁带上；

② 从输出磁带上读取执行结果并传给输出机。

这样，主机不是直接与慢速的输入/输出设备打交道，而是与速度相对较快的磁带机发生关系，有效缓解了主机与设备的矛盾。主机与卫星机可并行工作，二者分工明确，可以充分发挥主机的高速计算能力。

然而，这种方式仍存在不足之处：每次主机内存中仅存放一道作业，每当它运行期间发出输入/输出（I/O）请求后，高速的 CPU 便处于等待低速的 I/O 完成状态，致使 CPU 空闲。为改善 CPU 的利用率，又引入了多道批处理系统。

5.2.3　多道批处理系统

多道批处理系统中主要采用了多道程序设计技术。多道程序设计技术，就是指允许多个程序同时进入内存并运行。即同时把多个程序放入内存，并允许它们交替在 CPU 中运行，它们共享系统中的各种硬、软件资源。当一道程序因 I/O 请求而暂停运行时，CPU 便立即转去运行另一道程序。

单道程序的运行过程如图 5-5 所示。在 A 程序计算时，I/O 空闲，A 程序 I/O 操作时，CPU 空闲（B 程序也是同样）；必须 A 程序工作完成后，B 程序才能进入内存中开始工作，两者是串行的，全部完成时间 = $T_1 + T_2$。

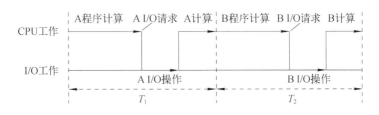

图 5-5　单道程序运行过程示例

多道程序的运行过程如图 5-6 所示。将 A、B 两道程序同时存放在内存中，它们在系统的控制下，可相互穿插、交替地在 CPU 上运行：当 A 程序因请求 I/O 操作而放弃 CPU 时，B 程序就可占用 CPU 运行，这样 CPU 不再空闲，而正进行 A 程序 I/O 操作的 I/O 设备也不空闲，显然，CPU 和 I/O 设备都处于"忙"状态，大大提高了资源的利用率，从而也提高了系统的效率，A、B 程序全部完成时间 $< T_1 + T_2$。

多道程序设计技术不仅使 CPU 得到充分利用，同时也改善 I/O 设备和内存的利用率，从而提高了整个系统的资源利用率和系统吞吐量［单位时间内处理作业（程序）的个数］，最终提高了整个系统的效率。

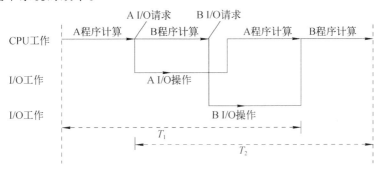

图 5-6　多道程序运行过程示例

单处理机系统中多道程序运行时的特点包括：

（1）多道：计算机内存中同时存放几道相互独立的程序；

（2）宏观上并行：同时进入系统的几道程序都处于运行过程中，即它们先后开始了各自的运行，但都未运行完毕；

（3）微观上串行：实际上，各道程序轮流地用 CPU，并交替运行。

多道程序系统的出现，标志着操作系统渐趋成熟，先后出现了作业调度管理、处理机管理、存储器管理、外围设备管理、文件系统管理等功能。20 世纪 60 年代中期，在前述的批处理系统中，引入多道程序设计技术后形成多道批处理系统（简称批处理系统）。它有两个特点：

（1）多道：系统内可同时容纳多个作业。这些作业放在外存中，组成一个后备队列，系统按一定的调度原则每次从后备作业队列中选取一个或多个作业进入内存运行，运行作业结束、退出运行和后备作业进入运行均由系统自动实现，从而在系统中形成一个自动转接的、连续的作业流。

（2）成批：在系统运行过程中，不允许用户与其作业发生交互作用，即作业一旦进入系统，用户就不能直接干预其作业的运行。

批处理系统的追求目标是提高系统资源利用率和系统吞吐量，以及作业流程的自动化，然而它的一个重要缺点是不提供人机交互能力，给用户使用计算机带来不便。虽然用户独占全机资源，并且直接控制程序的运行，可以随时了解程序运行情况，但这种工作方式因独占全机造成资源效率极低。

5.2.4　分时系统

由于 CPU 速度不断提高，一台计算机可同时连接多个用户终端，而每个用户可在自己的终端上联机使用计算机，好像自己独占机器一样。分时技术正是得以解决上述问题的重要手段，即把处理机的运行时间分成很短的时间片，按时间片轮流把处理机分配给各联机作业使用。

若某个作业在分配给它的时间片内不能完成其计算，则该作业暂时中断，把处理机让给另一作业使用，等待下一轮时再继续其运行。由于计算机速度很快，作业运行轮转得很快，给每个用户的印象是好像他独占了一台计算机。而每个用户可以通过自己的终端向系统发出各种操作控制命令，在充分的人机交互情况下，完成作业的运行。

具有上述特征的计算机系统称为分时系统，它允许多个用户同时联机使用计算机，如图 5-7 所示。

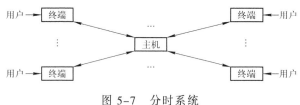

图 5-7　分时系统

分时系统的特点如下。

（1）多路性。若干个用户同时使用一台计算机。微观上看是各用户轮流使用计算机；宏观上看是各用户并行工作。

（2）交互性。用户可根据系统对请求的响应结果，进一步向系统提出新的请求。这种能使用户与系统进行人机对话的工作方式，明显地有别于批处理系统，因而，分时系统又称交互式系统。

（3）独立性。用户之间可以相互独立操作，互不干扰。系统保证各用户程序运行的完整性，不会发生相互混淆或破坏现象。

（4）及时性。系统可对用户的请求及时作出响应。分时系统性能的主要指标之一是响应时间，它是指从终端发出命令到系统予以应答所需的时间。

分时系统的主要目标是能够对用户及时进行响应，即不至于用户等待每一个命令的处理时间过长。分时系统可以同时接纳数十个甚至上百个用户，由于内存空间有限，往往采用对换（又称交换）方式的存储方法。即将未"轮到"的作业放入磁盘，一旦"轮到"，再将其调入内存；而时间片用完后，又将作业存回磁盘（俗称"滚进""滚出"法），使同一存储区域轮流为多个用户服务。多用户分时系统是当今计算机操作系统中最普遍使用的一类操作系统。

5.3　操作系统的基本特性

5.3.1　并行与并发（Concurrence）

并行性和并发性是既相似又有区别的两个概念，并行性是指两个或多个事件在同一时刻发生；而并发性是指两个或多个事件在同一时间间隔内发生。在多道程序环境下，并发性是指在一段时间内，宏观上有多个程序在同时运行，但在单处理机系统中，每一时刻却仅能有一道程序执行，故微观上这些程序只能是分时地交替执行。倘若在计算机系统中有多个处理机，则这些可以并发执行的程序便可被分配到多个处理机上，实现并行执行，即利用每个处理机来处理一个可并发执行的程序，这样，多个程序便可同时执行。

5.3.2　共享（Sharing）

在操作系统环境下，所谓共享是指系统中的资源可供内存中多个并发执行的进程（线程）共同使用。由于资源属性的不同，进程对资源共享的方式也不同，目前主要有互斥共享和同时共享两种资源共享方式。

5.3.3　虚拟技术

操作系统中的所谓"虚拟"，是指通过某种技术把一个物理实体变为若干个逻辑上的对应物。物理实体是实的，即实际存在的；而逻辑上的对应物是虚的，是用户感觉上的东西。相应地，用于实现虚拟的技术，称为虚拟技术。在 OS 中利用了多种虚拟技术，分别用来实现虚拟处理机、虚拟内存、虚拟外围设备和虚拟信道等。

在虚拟处理机技术中，是通过多道程序设计技术，让多道程序并发执行的方法，来分时使用一台处理机的。此时，虽然只有一台处理机，但它能同时为多个用户服务，使每个终端用户都认为是有一个 CPU 在专门为他服务。亦即，利用多道程序设计技术，把一台物理上的 CPU 虚拟为多台逻辑上的 CPU，也称为虚拟处理机，我们把用户所感觉到的 CPU 称为虚拟处理器。

类似地，可以通过虚拟存储器技术，将一台机器的物理存储器变为虚拟存储器，以便从逻辑上来扩充存储器的容量。此时，虽然物理内存的容量可能不大（如 64 MB），但它可以运行比它大得多的用户程序（如 256 MB）。这使用户所感觉到的内存容量比实际内存容量大得多，认为该机器的内存至少有 256 MB。当然这时用户所感觉到的内存容量是虚的。通常把用户所感觉到的存储器称为虚拟存储器。

可以通过虚拟设备技术将一台物理 I/O 设备虚拟为多台逻辑上的 I/O 设备，并允许每个用户占用一台逻辑上的 I/O 设备，这样便可使原来仅允许在一段时间内由一个用户访问的设备（即临界资源），变为在一段时间内允许多个用户同时访问的共享设备。例如，原来的打印机属于临界资源，而通过虚拟设备技术，可以把它变为多台逻辑上的打印机，供多个用户"同时"打印。此外，也可以把一条物理信道虚拟为多条逻辑信道（虚信道）。在操作系统中，虚拟的实现主要是通过分时使用的方法。显然，如果 n 是某物理设备所对应的虚拟的逻辑设备数，则虚拟设备的平均速度就是物理设备速度的 $1/n$。

5.3.4 异步性

在多道程序环境下，允许多个进程并发执行，但只有进程在获得所需的资源后方能执行。在单处理机环境下，由于系统中只有一台处理机，因而每次只允许一个进程执行，其余进程只能等待。当正在执行的进程提出某种资源要求时，如打印请求，而此时打印机正在为其他某进程打印，由于打印机属于临界资源，因此正在执行的进程必须等待，且放弃处理机，直到打印机空闲，并再次把处理机分配给该进程时，该进程方能继续执行。可见，由于资源等因素的限制，使进程的执行通常都不是"一气呵成"，而是以"停停走走"的方式运行。

内存中的每个进程在何时能获得处理机运行，何时又因提出某种资源请求而暂停，以及进程以怎样的速度向前推进，每道程序总共需多少时间才能完成等，都是不可预知的。由于各用户程序性能的不同，比如，有的侧重于计算而较少需要 I/O；而有的程序其计算少而 I/O 多，这样，很可能是先进入内存的作业后完成；而后进入内存的作业先完成。或者说，进程是以人们不可预知的速度向前推进，此即进程的异步性。尽管如此，但只要运行环境相同，作业经多次运行，都会获得完全相同的结果。因此，异步运行方式是允许的，是操作系统的一个重要特征。

5.4 操作系统的主要功能

操作系统是管理和控制计算机系统中的所有硬件、软件资源，合理地组织计算机工作流程，并为用户提供一个良好的工作环境和友好接口的系统软件的集合。计算机系统的主要硬件资源有处理器、存储器、外围设备，软件资源以文件形式存在外存储器上。因此，从资源管理和用户接口的观点上看，操作系统具有处理器管理、存储管理、设备管理、文件管理和提供用户接口的功能。

1. 处理器管理

计算机系统中处理机是最宝贵的系统资源，处理器管理的目的是要合理地安排时间和次序，保证多个作业能够顺利完成并且尽量提高 CPU 的效率，使用户等待的时间最少。操作系统对处理器管理策略不同，提供作业处理方式也就不同，如批处理方式、分时处理方式和实时处理方式。

在大型操作系统中，一般存在多个处理器，可同时管理多个作业。此时，操作系统更要考虑怎样选出其中一个作业放入主存中运行，怎样为这个作业分配处理器时间等。处理器管理模块要对系统中各个处理器的状态进行登记，还要登记各作业对处理器的要求，管理模块还要用一个优化算法来实现最佳调度规则。把所有的处理器分配给各个用户作业使用的最终目的是提高处理器的利用率。

2. 存储管理

存储管理的主要工作是对内存储器（主存储器）进行合理分配、有效保护和扩充。存储管理模块对内存的管理分为三个步骤。首先，为各个用户分配内存空间；其次是保护已占内存空间的作业不被破坏；最后，是结合硬件实现信息的物理地址到逻辑地址的变换。这样，用户在操作中不必担心信息究竟在哪个具体空间——即实际物理地址，就可以操作，方便了用户对计算机的使用和操作。内存管理模块对内存的管理是使用一种优化算法，对内存管理进行优化处理，以提高内存的利用率。

3. 设备管理

由于计算机的不断发展，其应用领域越来越广泛，应用技术越来越提高，应用方法越来越简便，与用户的界面越来越友好，随之外围设备的种类也日益增多，功能不断提高，档次日渐升级。因此，操作系统的设备管理模块的功能也必须紧随外围设备的发展而不断发展、不断升级，以适应外围设备日益发展的需要。

当用户程序要使用外围设备时，设备管理控制（或调用）驱动程序使外围设备工作，并随时对该设备进行监控，处理外围设备的中断请求等。设备管理模块的任务是当用户要求某种设备时，应马上分配给用户所要求使用的设备，并按用户要求驱动外围设备以供用户应用。对外围设备的中断请求，设备管理模块要给予响应并处理。

4. 信息管理（文件系统管理）

以上三种管理都是针对计算机硬件资源的管理，文件系统的管理是对软件资源的管理，即对信息存储的管理。为了管理庞大的系统软件资源及用户提供的程序和数据，操作系统将它们组织成文件的形式，操作系统对软件的管理实际上就是对文件系统的管理。

操作系统对文件的管理主要是通过文件管理模块来实现的。文件管理模块管理的范围包括文件目录、文件组织、文件操作和文件保护。

5. 用户接口

计算机用户与计算机的交流是通过操作系统的用户接口（又称用户界面）完成的。操作系统为用户提供的接口有两种：一是操作界面；二是操作系统的功能服务界面。用户接口的形式一般包括面向终端用户的命令行接口、图形界面接口以及面向程序员开发的系统调用接口等。

5.5　常见操作系统及分类

5.5.1　Windows 操作系统

Microsoft Windows，是微软公司制作和研发的一套桌面操作系统，它问世于 1985 年，起初仅仅是 MS-DOS 模拟环境，由于微软不断的更新升级，后续的系统版本不仅易用，也逐渐地成为人们最常用的操作系统。

Windows 采用了图形化模式 GUI，比起从前的 DOS 需要输入指令使用的方式，更为人性化。随着计算机硬件和软件的不断升级，微软的 Windows 也在不断升级，从架构的 16

位、32 位再到 64 位，系统版本从最初的 Windows 1.0 到大家熟知的 Windows 95、Windows 98、Windows 2000、Windows XP、Windows Vista、Windows 7、Windows 8，Windows 8.1，Windows 10 和 Windows Server 服务器企业级操作系统，不断持续更新，微软一直在致力于 Windows 操作系统的开发和完善。

5.5.2 Linux 操作系统

Linux 是一个早期的计算机系统，不需要任何的认证就可以使用，而且在这个信息飞速发展的时代，Linux 越来越受到大家的认同，并且它可以与现在非常流行的嵌入式系统联系到一起，已经受到了越来越多人的重视。

Linux 是一类 UNIX 计算机操作系统的统称。Linux 操作系统也是自由软件和开放源代码发展中最著名的例子。Linux 操作系统内核的名称也是 "Linux"。严格来讲，Linux 这个词本身只表示 Linux 内核，但在实际上人们已经习惯了用 Linux 来形容整个基于 Linux 内核，并且使用 GNU 工程各种工具和数据库的操作系统。

简单地说，Linux 是一套免费使用和自由传播的类 UNIX 操作系统，它主要用于基于 x86 系列 CPU 的计算机上。这个系统是由世界各地的成千上万的程序员设计和实现的。其目的是建立不受任何商品化软件的版权制约的、全世界人人都能自由使用的 UNIX 兼容产品。

Linux 的基本思想有两点：第一，一切都是文件；第二，每个软件都有确定的用途。其中第一条详细来讲就是系统中的所有都归结为一个文件，包括命令、硬件和软件设备、操作系统、进程等。对于操作系统内核而言，都被视为拥有各自特性或类型的文件。至于说 Linux 是基于 UNIX 的，很大程度上也是因为这两者的基本思想十分相近。

Linux 的突出特点主要包括：

1. 完全免费

Linux 是一款免费的操作系统，用户可以通过网络或其他途径免费获得，并可以任意修改其源代码。这是其他的操作系统所做不到的。正是由于这一点，来自全世界的无数程序员参与了 Linux 的修改、编写工作，程序员可以根据自己的兴趣和灵感对其进行改变，这让 Linux 吸收了无数程序员的精华，不断壮大。

2. 完全兼容 POSIX1.0 标准

这使得用户可以在 Linux 下通过相应的模拟器运行常见的 DOS、Windows 的程序。这为用户从 Windows 转到 Linux 奠定了基础。许多用户在考虑使用 Linux 时，就考虑之前在 Windows 下常见的程序是否能正常运行，这一点就消除了他们的疑虑。

3. 多用户、多任务

Linux 支持多用户，各个用户对于自己的文件设备有自己特殊的权利，保证了各用户之间互不影响。多任务则是现在计算机最主要的一个特点，Linux 可以使多个程序同时并独立地运行。

4. 良好的界面

Linux 同时具有字符界面和图形界面。在字符界面，用户可以通过键盘输入相应的指令来进行操作。它同时也提供了类似 Windows 图形界面的 X-Window 系统，用户可以使用鼠标对其进行操作。在 X-Window 环境中就和在 Windows 中相似，可以说是一个 Linux 版的 Windows。

5. 支持多种平台

Linux 可以运行在多种硬件平台上，如具有 x86、680x0、SPARC、Alpha 等处理器的平台。此外 Linux 还是一种嵌入式操作系统，可以运行在掌上电脑、机顶盒或游戏机上。2001年 1 月份发布的 Linux 2.4 版内核已经能够完全支持 Intel 64 位芯片架构。同时 Linux 也支持多处理器技术。多个处理器同时工作，使系统性能大大提高。

本 章 小 结

本章从用户和系统资源管理两个不同角度讲解了操作系统的实现目标、功能和作用。回顾操作系统的发展历史，从手工操作，到批处理系统，再到现在的多用户分时系统，操作系统随着计算机技术的整体发展变得更加高效、便利。本章最后介绍了 Windows 和 Linux两种最为常见和典型的操作系统，两种系统平台孰优孰劣之争从 20 世纪延续到现在，相信读者经过了解和学习后，也有自己的判断，通过进一步尝试也许就能确定和选择自己心中最合适的操作系统来使用了。

习 题 5

一、选择题

1. 一个完整的计算机系统是由_____组成的。
   A. 硬件　　　　　　B. 软件　　　　　C. 硬件和软件　　D. 用户程序

2. 操作系统的基本职能是_____。
   A. 控制和管理系统内各种资源，有效地组织多道程序的运行
   B. 提供用户界面，方便用户使用
   C. 提供方便的可视化编辑程序
   D. 提供功能强大的网络管理工具

3. 以下著名的操作系统中，属于多用户、分时系统的是_____。
   A. DOS 系统　　　　　　　　　　B. Windows NT 系统
   C. UNIX 系统　　　　　　　　　　D. OS/2 系统

4. 为了使系统中所有的用户都能得到及时响应，该操作系统应该是_____。
   A. 多道批处理系统　　　　　　　B. 分时系统
   C. 实时系统　　　　　　　　　　D. 网络系统

5. 关于操作系统的叙述_____是不正确的。
   A. 管理资源的程序　　　　　　　B. 管理用户程序执行的程序
   C. 能使系统资源提高效率的程序　D. 能方便用户编程的程序

6. 操作系统的发展过程是_____。
   A. 设备驱动程序组成的原始操作系统，管理程序，操作系统

B. 原始操作系统，操作系统，管理程序

C. 管理程序，原始操作系统，操作系统

D. 管理程序，操作系统，原始操作系统

7. 用户程序中的输入/输出操作实际上是由_____完成。

    A. 程序设计语言 B. 编译系统   C. 操作系统   D. 标准库程序

8. _____不是基本的操作系统。

    A. 批处理操作系统   B. 分时操作系统

    C. 实时操作系统   D. 网络操作系统

9. _____不是分时系统的基本特征。

    A. 同时性   B. 独立性   C. 实时性   D. 交互性

10. 操作系统是一种_____。

    A. 系统软件   B. 系统硬件   C. 应用软件   D. 支援软件

二、简答题

1. 操作系统的主要功能包括哪些？

2. 操作系统的主要设计目标有哪些？

3. 你更喜欢用哪种操作系统？谈谈你的理由。

第**6**章

进程的管理

操作系统的职能之一是对处理机进行管理。为了提高 CPU 的利用率，人们采用了多道程序技术，通过进程管理来协调多道程序之间的关系，使 CPU 得到充分的利用。

本章主要介绍进程的概念、进程的状态及其转换、进程控制，以及进程调度的基本策略和常见算法。

6.1 进程的概念

进程（Process）是计算机中的程序关于某数据集合上的一次运行活动，是系统进行资源分配和调度的基本单位，是操作系统结构的基础。在早期面向进程设计的计算机结构中，进程是程序的基本执行实体；在当代面向线程设计的计算机结构中，进程是线程的容器。程序是指令、数据及其组织形式的描述，进程是程序的实体。

6.1.1 进程的定义

如果系统中允许同时运行多个程序，前述的所谓程序顺序执行的特性将不复存在。程序被载入内存执行时，这个执行体与相应的二进制程序文件（如*.exe等）不一定维持一一对应的关系。为了更好地描述，特引入进程的概念来描述程序的运行，强调其动态性并正确描述程序的执行状态。

进程这一概念于 20 世纪 60 年代初被提出，目前还没有统一的定义，约定俗成的说法是：可并发执行的程序在某个数据集合上的一次执行过程，是操作系统资源分配、保护和调度的基本单位。其概念的理解侧重于进程是已装入内存中运行的程序及其相关的数据结构。作业一般是指批处理系统要装入系统运行处理的一系列程序和数据，一般由相应的作业控制语言来描述作业步骤、参数等执行细节。

尽管进程已成为操作系统中的一个最基本也是最重要的概念，但一直没有统一的定义，不同的系统中采用不同的术语，如 MIT 称其为进程（Process）、IBM 公司称其为任务（Task）等。许多人从不同角度给进程下过定义，其中几个较典型的定义如下。

（1）进程是程序在处理机上执行时所发生的活动。

（2）进程是程序的一次执行。

（3）进程是一个程序及其数据在处理机上顺序执行时所发生的活动。

（4）进程是程序在一个数据集合上的运行过程。

6.1.2　进程的特征

（1）结构性：进程包含程序及其相关数据结构。进程的实体包含进程控制块（Processing Control Block，PCB）、程序块、数据块和堆栈，又称进程映像（Process Image）。

（2）动态性：进程是程序在数据集合上的一次执行过程，具有生命周期，由创建而产生，由调度而运行，由结束而消亡，是一个动态的过程。而程序则不然，程序是文件，静态而持久地存在。

（3）独立性：进程是操作系统资源分配、保护和调度的基本单位，每个进程都有其自己的运行数据集，以各自独立的、不可预知的进度异步运行。进程的运行环境不是封闭的，进程间也可以通过操作系统进行数据共享、通信。

（4）并发性：在同一段时间内，若干个进程可以共享一个 CPU。进程的并发性能够改进系统的资源利用率，提高计算机的效率。进程在单 CPU 系统中并发执行，在多 CPU 系统中并行执行。进程的并发执行意味着进程的执行可以被打断，可能会带来一些意想不到的问题，因此必须对并发执行的进程进行协调。

（5）异步性：进程按各自独立的、不可预知的速度前进。内存中的每个进程何时执行、何时暂停、以怎样的速度向前推进、每道程序总共需要多少时间才能完成等，都是不可预知的。

6.1.3　程序的并发执行

为了提高系统的运行效率，允许"同时"执行多个程序——程序的执行不再是顺序的，而是一个程序未执行完，另一个程序便开始执行。内存中同时载入多个相对独立的程序代码，复用/争用 CPU、句柄、外设等软硬件资源，这就引出了并发的概念。

在第 5 章中提到过，并发（Concurrent）和并行（Parallel）是既相似又有区别的两个概念，并行是指多个事件在同一时刻发生，而并发是指多个事件在同一时期内发生。在多道程序环境下，并发性是指在一段时间内系统中宏观上有多个程序在同时运行，但在单 CPU 系统中，每一时刻却仅能有一道程序执行，故微观上这些程序只能是分时地交替执行。如果计算机系统中有多个 CPU，则这些可以并发执行的程序便可被分配到多个 CPU 上，实现并行执行，即利用每个 CPU 来处理一个可并发执行的程序，这样，多个程序便可以真正地同时执行。

显然，并行是并发的特例，程序并行执行的硬件前提是系统中有多个 CPU，现代计算机的硬件——CPU、内存、外设等——是能够同时进行工作的，因此，如果进行适当的程序设计，在计算机系统中也可以充分发挥不同硬件设备并行工作的能力。

并发的本质是一个 CPU 在多个程序运行过程中的时分复用，并发对有限的系统资源实现多用户共享，消除计算机软硬件之间的互相等待现象，以提高系统资源利用率。对于多 CPU 系统，可让各程序在不同 CPU 上并行执行，以加快计算速度。并发还可以简化程序设计任务，一个较大较复杂的程序可以被分成几个能够同时运行的小程序，每个小程序的逻辑可获得一定的简化。

并发执行的特性有以下三点。

（1）间断性：程序不再一条指令执行完接着执行下一条指令且直到程序逻辑结束才能载入执行另一个程序，此时系统中载入了多个程序，各程序的运行流程可能是"运行—暂停—继续"这样的模式。

（2）开放/交互性：由于系统中载入了多个程序，存在资源共享/争用的情况，因此多个程序运行时可能会相互影响。

（3）不可再现性：上述原因会造成程序在不同的情况下运行可能会出现不同的结果，甚至会造成错误。

因此，在进行并发程序设计时，应当避免由于程序间开放交互引起的不可再现性而产生运行错误。

6.2　进程的状态及其转换

进程是程序在并发环境中的执行过程。其基本特征是动态性、并发性、独立性、异步性和结构性。进程是一个主动的实体，而程序是被动的实体。进程的执行必须按一种顺序的方式进行，即在任何时刻至多只有一条指令被执行。

进程的动态性质是由其状态变化决定的。进程的特性决定了进程在其生命周期中会处于不同的状态。通常操作系统中进程都具有三种状态：就绪状态、运行状态、阻塞状态，具体转换如图 6-1 所示。进程的生命周期中通常还有创建和消失两种状态。

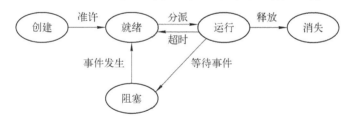

图 6-1　进程的状态转换

1. 就绪状态（Ready）

进程在内存中已经具备执行的条件，等待分配 CPU。一旦分配了 CPU，进程立刻执行。一个进程在创建后处于就绪状态。如果一个系统有多个进程都处于就绪状态，这些处于就绪状态的进程以队列方式进行组织，称为就绪队列。

2. 运行状态（Running）

进程占用 CPU 并正在执行。在单 CPU 系统中，任一时刻只有一个进程处于运行状态。

3. 阻塞状态（Blocked）

阻塞状态又称等待（Waiting）状态。当正在运行的进程由于发生某事件，如请求并等待输入/输出过程的完成、等待进程通信之间的进程到来或进程同步之间的进程到来等，而受到阻塞不能继续执行时，便需要放弃 CPU，从运行状态转换到阻塞状态。如果一个系统中有多个进程都处于阻塞状态，这些进程被组织成队列形式，称为阻塞队列。

进程状态之间的转换有如下几种情况。

（1）就绪状态→运行状态：当 CPU 空闲时，操作系统从就绪队列中选中一个就绪进程并分配 CPU，此时，该进程的状态便从就绪状态转换到运行状态。

（2）运行状态→阻塞状态：当正在运行的进程需要等待某些事件（如 I/O 请求响应）的发生时，其状态将从运行状态转换为阻塞状态。

（3）阻塞状态→就绪状态：处于阻塞状态的进程，由于等待的事件到来而不需要再等待时，进程状态便从阻塞状态转换到就绪状态。需要注意的是，即便阻塞的进程所等待的事件完成，运行条件满足，该进程也不会立即分配 CPU 并运行，仍需按部就班地先转换为就绪状态，进入就绪队列，再被操作系统调度。

（4）运行状态→就绪状态：正在运行的进程被操作系统中断执行（如分配的时间片用完，或优先级更高的进程进入就绪队列），该进程状态从运行状态转换到就绪状态，等待被再次调度。

由于 I/O 操作比 CPU 计算慢得多，故常会出现内存中所有进程都等待 I/O 的现象。即使运行多个程序，处理器在大多数时间仍处于空闲状态。为此可采用交换（Swapping）方法，将内存中的一部分进程转移到磁盘中。在进程行为模式中需增加一个新的挂起（Suspend）状态，当内存所有进程阻塞时，操作系统可将一个进程置为挂起状态并交换到磁盘，再调入另一个进程并执行。挂起状态与原有的阻塞和就绪状态结合为阻塞挂起状态（进程在辅存中且等待某事件的发生）和就绪挂起状态（进程在外存储器中但只要被调入内存就可被执行）。

6.3 进 程 控 制

6.3.1 进程控制块

进程控制块（Process Control Block，PCB），是操作系统核心中的一种数据结构，主要表示进程状态。其作用是使一个在多道程序环境下不能独立运行的程序（含数据），成为一个能独立运行的基本单位或与其他进程并发执行的进程。或者说，OS 是根据 PCB 来对并发执行的进程进行控制和管理的。PCB 通常是系统内存占用区中的一个连续存区，它存放着操作系统用于描述进程情况及控制进程运行所需的全部信息，它使一个在多道程序环境下不能独立运行的程序成为一个能独立运行的基本单位或一个能与其他进程并发执行的进程。

PCB 是系统为了管理进程设置的一个专门的数据结构。系统用它来记录进程的外部特征，描述进程的运动变化过程。同时，系统可以利用 PCB 来控制和管理进程，所以说，PCB 是系统感知进程存在的唯一标志。PCB 通常记载进程的相关信息，包括：

（1）进程标识符（内部、外部）；

（2）处理机的信息（通用寄存器、指令计数器、PSW、用户的栈指针等）；

（3）进程调度信息（进程状态、进程的优先级、进程调度所需的其他信息、事件等）；

（4）进程控制信息（程序的数据的地址、资源清单、进程同步和通信机制、链接指针等）。

进程控制块 PCB 的组织方式有线性表方式、索引表方式以及链接表方式。

（1）线性表方式：不论进程的状态如何，将所有的 PCB 连续地存放在内存的系统区。这种方式适用于系统中进程数不多的情况，如图 6-2 所示。

（2）索引表方式：该方式是线性表方式的改进，系统按照进程的状态分别建立就绪索引表、阻塞索引表等，如图 6-3 所示。

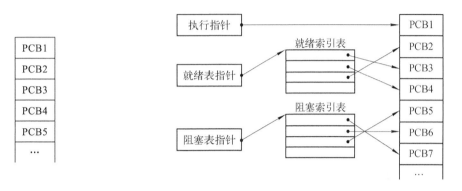

图 6-2 线性表方式组织 PCB   图 6-3 索引表方式组织 PCB

（3）链接表方式：系统按照进程的状态将进程的 PCB 组成队列，从而形成就绪队列、阻塞队列、运行队列等，如图 6-4 所示。

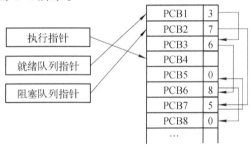

图 6-4 链接表方式组织 PCB

6.3.2 进程控制块的原语

进程控制的主要任务，是对系统中所有进程从创建到消亡的全过程实行有效的管理和控制。这意味着它不仅对进程状态变化加以管理和控制，而且具有创建新进程和撤销已完成任务的进程的能力。

为了对进程进行控制，在操作系统中必须设置一个机构，它具有创建进程、撤销进程及其他管理功能。这是操作系统中最常用、最核心的内容，常称为内核。内核是计算机硬件的第一层扩充软件，是操作系统的管理和控制中心，其功能往往是通过执行各种原语操作来实现的。所谓原语是由若干条机器指令构成的程序模块，它是用于完成特定功能的一段程序。为了保证操作的正确性，原语在执行期间不可分割。原语一旦开始执行，直到完毕之前，是不允许中断的。在操作系统中，用于进程控制的原语主要有创建原语、撤销原语、阻塞原语、唤醒原语。

1. 创建原语

在实际系统中创建一个进程有两种方法：一是由操作系统建立，0 号进程就是由操作系统建立的；二是由其他进程创建一个新的进程。基本操作都是一样的。创建进程原语总是先为新建进程申请一空白 PCB，并为之分配唯一的数字标识符，使之获得 PCB 的内部名称，若该进程所对应的程序不在内存中，则应将它从外存储器调入内存，并将该进程有关信息填入 PCB 中，然后置该进程为就绪状态，并将它排入就绪队列和进程家族队列中。

2. 撤销原语

撤销进程的实质是撤销进程存在标志——进程控制块 PCB。一旦 PCB 被撤销，进程就消亡了。撤销原语的操作过程大致如下：以调用者提供的标识符 n 为索引，从该进程所在的队列，将它从该队列中消去，并撤销属于该进程的一切"子孙进程"，若有父进程则从父进程 PCB 中删除指向该进程的指针，并释放撤销进程所占用的全部资源，或将其归还给父进程，或归还给系统。若被撤销的进程处于执行状态，应立即中断该进程的执行，并设置调度标识为真，以指示该进程被撤销后系统应重新调度。

3. 阻塞原语

阻塞原语的大致工作过程如下：开始时，进程正处于执行状态，因此首先应中断 CPU 执行，并保存该进程的 CPU 现场，然后把阻塞状态赋予该进程，并将它插入具有相同实体的阻塞队列中。

4. 唤醒原语

一进程因为等待事件的发生而处于阻塞状态，当等待的事件完成后，进程又具有了继续执行的条件，这时就要把该进程从阻塞状态转变为就绪状态。这个工作由唤醒原语来完成。

唤醒原语执行的操作有：先把被唤醒进程从阻塞队列中移出，设置该进程当前状态为就绪状态，然后再将该进程插入到就绪队列中。

6.4　进　程　调　度

6.4.1　调度的基本概念

在操作系统中，由于进程总数一般多于 CPU 数，必然会出现竞争 CPU 的情况。进程调度的功能就是按一定策略动态地把 CPU 分配给处于就绪队列中的某一进程。

有两种基本的进程调度方式，抢占方式和非抢占方式，也称剥夺式（Preemptive）和非剥夺式（Non-preemptive）调度。剥夺原则有优先权原则、短进程优先原则、时间片原则。就绪队列中一旦出现符合上述原则的进程，系统便立即剥夺当前运行进程的 CPU 使用权，进行进程切换。非剥夺式调度中，一旦 CPU 分配给某进程，即使就绪队列中出现了优先级比它高的进程，系统也不能抢占运行进程的 CPU 使用权，而必须等待该进程主动让出。

可能引发进程调度的时机包括如下情况：

（1）正在运行的进程运行完毕；

（2）运行中的进程要求 I/O 操作；

（3）执行某种原语操作（如 P 操作）导致进程阻塞；

（4）比正在运行的进程优先级更高的进程进入就绪队列；

（5）分配给运行进程的时间片已经用完。

调度的关键是需要某种方法或算法，好的调度算法有利于选择到合适的进程。调度要满足用户的要求，包括响应时间、周转时间以及截止时间。调度还要满足系统需求，包括系统吞吐量、处理机利用率、各类资源的平衡使用以及公平性及优先级。

由于进程调度的使用频率高，其性能优劣直接影响操作系统的性能。根据不同的系统设计目标，可有多种进程调度策略。例如，系统开销较少的静态优先效法、适合分时系统的时间片轮转法以及动态优先数反馈法等。评价调度算法的好坏，用得较多的是批处理系统中的周转时间、平均周转时间、带权周转时间及分时系统中的响应时间。

所谓周转时间是指从作业提交给系统开始，到作业完成为止的间隔时间；平均周转时间是指各作业周转时间的平均值；带权周转时间是指周转时间与系统为它提供服务的时间之比；响应时间是指从键盘命令进入（按下【Enter】键为准）到开始在终端上显示结果的时间间隔。对于一个调度算法，当然是以上时间越短越好。除此之外，系统吞吐量、CPU利用率及各类资源的平衡利用情况也是评价调度算法的标准。

进程调度是根据一定的算法将 CPU 分派给就绪队列中的一个进程。执行进程调度功能的程序称作进程调度程序，由它实现 CPU 在进程间的切换。进程调度的运行频率很高，在分时系统中往往几十毫秒就要运行一次。进程调度是操作系统中最基本的一种调度。在一般类型的操作系统中都必须有进程调度，而且它的策略的优劣直接影响整个系统的性能。

无论是在批处理系统还是分时系统中，用户进程数一般都多于处理机数、这将导致它们互相争夺处理机。另外，系统进程也同样需要使用处理机。这就要求进程调度程序按一定的策略，动态地把处理机分配给处于就绪队列中的某一个进程，以使之执行。

6.4.2 调度的基本模型

作业从提交开始直到完成，往往要经历下述三级调度。

（1）高级调度（High-Level Scheduling），又称作业调度，在分时和实时系统中不需要。其主要功能是根据一定的算法，从后备作业中选出若干个作业，分配必要的资源，如内存、外设等，为它建立相应的用户作业进程和为其服务的系统进程（如输入、输出进程），将其程序和数据调入内存，等待进程调度程序对其执行调度，并在作业完成后作善后处理工作。

（2）中级调度（Intermediate-Level Scheduling），又称平衡调度，在采用虚拟存储技术的系统中引入，以提高系统吞吐量。其功能是在内存使用情况紧张时，将一些暂时不能运行的进程从内存对换到外存上等待。当内存有足够的空闲空间时，再将合适的进程重新换入内存，等待进程调度。

（3）低级调度（Low-Level Scheduling），又称进程调度，主要功能是根据一定的算法将 CPU 分派给就绪队列中的一个进程。执行低级调度功能的程序称为进程调度程序，由它实现 CPU 在进程间的切换。进程调度的运行频率很高，在分时系统中往往几十毫秒就要运行一次。进程调度是操作系统中最基本的一种调度。在一般类型的操作系统中都必须有进程调度，而且它的策略的优劣直接影响整个系统性能。

不同的操作系统采用不同的调度模型，一级调度系统仅设有低级调度，二级调度系统拥有高级调度和低级调度，还有些系统则为三级调度，调度模型如图 6-5 所示。

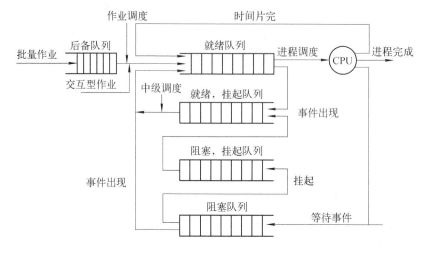

图 6-5　三级调度模型

6.4.3　进程调度算法

1. 先来先服务调度算法

先来先服务（First Come First Service，FCFS）调度算法是一种最简单的调度算法，该算法既可用于作业调度，也可用于进程调度。当在作业调度中采用该算法时，每次调度都是从后备作业队列中选择一个或多个最先进入该队列的作业，将它们调入内存，为它们分配资源、创建进程，然后放入就绪队列。在进程调度中采用 FCFS 算法时，则每次调度是从就绪队列中选择一个最先进入该队列的进程，为之分配处理机，使之投入运行。该进程一直运行到完成或发生某事件而阻塞后才放弃处理机。

2. 最短作业（进程）优先调度算法

最短作业（进程）优先调度算法，是指对最短作业或最短进程优先调度的算法，可以分别用于作业调度和进程调度。最短作业优先（Shortest Job First，SJF）的调度算法是从后备队列中选择一个或若干个估计运行时间最短的作业，将它们调入内存运行。而最短进程优先（Shortest Process First，SPF）调度算法则是从就绪队列中选出一个估计运行时间最短的进程，将处理机分配给它，使它立即执行并一直执行到完成，或发生某事件而被阻塞放弃处理机时再重新调度。

3. 高优先权优先调度算法

为了照顾紧迫型作业，使之在进入系统后便获得优先处理，引入了最高优先权优先（Fixed Priority First，FPF）调度算法。此算法常被用于批处理系统中，作为作业调度算法，也作为多种操作系统中的进程调度算法，还可用于实时系统中。当把该算法用于作业调度时，系统将从后备队列中选择若干个优先权最高的作业装入内存。当用于进程调度时，该算法是把处理机分配给就绪队列中优先权最高的进程，这时，又可进一步把该算法分成如下两种。

（1）非抢占式优先权算法

在这种方式下，系统一旦把处理机分配给就绪队列中优先权最高的进程后，该进程便一直执行下去，直至完成；或因发生某事件使该进程放弃处理机时，系统方可再将处理机重新分配给另一优先权最高的进程。这种调度算法主要用于批处理系统中，也可用于某些对实时性要求不高的实时系统中。

（2）抢占式优先权调度算法

在这种方式下，系统同样是把处理机分配给优先权最高的进程，使之执行。但在其执行期间，只要又出现了另一个其优先权更高的进程，进程调度程序就立即停止当前进程（原优先权最高的进程）的执行，重新将处理机分配给新到的优先权最高的进程。因此，在采用这种调度算法时，是每当系统中出现一个新的就绪进程 i 时，就将其优先权 P_i 与正在执行的进程 j 的优先权 P_j 进行比较。如果 $P_i \leqslant P_j$，原进程 P_j 便继续执行；但如果是 $P_i > P_j$，则立即停止 P_j 的执行，做进程切换，使 i 进程投入执行。显然，这种抢占式的优先权调度算法能更好地满足紧迫作业的要求，故而常用于要求比较严格的实时系统，以及对性能要求较高的批处理和分时系统中。

4．高响应比优先调度算法

在批处理系统中，短作业优先算法是一种比较好的算法，其主要的不足之处是长作业的运行得不到保证。如果我们能为每个作业引入前面所述的动态优先权，并使作业的优先级随着等待时间的增加而以速率 a 提高，则长作业在等待一定的时间后，必然有机会分配到处理机。该优先权的变化规律可描述为

$$优先权 = \frac{等待时间 + 要求服务时间}{要求服务时间} \qquad (6\text{-}1)$$

由于等待时间与服务时间之和就是系统对该作业的响应时间，故该优先权又相当于响应比 R_P，即

$$R_P = \frac{等待时间 + 要求服务时间}{要求服务时间} = \frac{响应时间}{要求服务时间} \qquad (6\text{-}2)$$

由上式可以看出：

（1）如果作业的等待时间相同，则要求服务的时间愈短，其优先权愈高，因而该算法有利于短作业。

（2）当要求服务的时间相同时，作业的优先权决定于其等待时间，等待时间愈长，其优先权愈高，因而它实现的是先来先服务调度算法。

（3）对于长作业，作业的优先级可以随等待时间的增加而提高，当其等待时间足够长时，其优先级便可升到很高，从而也可获得处理机。简言之，该算法既照顾了短作业，又考虑了作业到达的先后次序，不会使长作业长期得不到服务。因此，该算法实现了一种较好的折中。当然，在利用该算法时，每次进行调度之前，都须先做响应比的计算，这会增加系统开销。

5. 基于时间片的轮转调度算法

（1）时间片轮转法

在早期的时间片轮转法中，系统将所有的就绪进程按先来先服务的原则排成一个队列，每次调度时，把 CPU 分配给队首进程，并令其执行一个时间片。时间片的大小从几毫秒到几百毫秒。当执行的时间片用完时，由一个计时器发出时钟中断请求，调度程序便据此信号来停止该进程的执行，并将它送往就绪队列的末尾；然后，再把处理机分配给就绪队列中新的队首进程，同时也让它执行一个时间片。这样就可以保证就绪队列中的所有进程在一给定的时间内均能获得一时间片的处理机执行时间。换言之，系统能在给定的时间内响应所有用户的请求。

（2）多级反馈队列调度算法

前面介绍的各种进程调度算法都有一定的局限性。如短进程优先的调度算法，仅照顾了短进程而忽略了长进程，而且如果并未指明进程的长度，则短进程优先和基于进程长度的抢占式调度算法都将无法使用。而多级反馈队列调度算法则不必事先知道各种进程所需的执行时间，而且还可以满足各种类型进程的需要，因而它是目前公认的较好的进程调度算法。在采用多级反馈队列调度算法的系统中（如图 6-6 所示），调度算法的实施过程如下所述。

① 设置多个就绪队列，并为各个队列赋予不同的优先级。第一个队列的优先级最高，第二个队列次之，其余各队列的优先权逐个降低。该算法赋予各个队列中进程执行时间片的大小也各不相同，在优先权越高的队列中，为每个进程所规定的执行时间片就越小。例如，第二个队列的时间片要比第一个队列的时间片长一倍，……，第 $i+1$ 个队列的时间片要比第 i 个队列的时间片长一倍。

② 当一个新进程进入内存后，首先将它放入第一队列的末尾，按 FCFS 原则排队等待调度。当轮到该进程执行时，如它能在该时间片内完成，便可准备撤离系统；如果它在一个时间片结束时尚未完成，调度程序便将该进程转入第二队列的末尾，再同样地按 FCFS 原则等待调度执行；如果它在第二队列中运行一个时间片后仍未完成，再依次将它放入第三队列，……，如此下去，当一个长作业（进程）从第一队列依次降到第 n 队列后，在第 n 队列便采取按时间片轮转的方式运行。

③ 仅当第一队列空闲时，调度程序才调度第二队列中的进程运行；仅当第 $1 \sim (i-1)$ 队列均空时，才会调度第 i 队列中的进程运行。如果处理机正在第 i 队列中为某进程服务时，又有新进程进入优先权较高的队列［第 $1 \sim (i-1)$ 中的任何一个队列］，则此时新进程将抢占正在运行进程的处理机，即由调度程序把正在运行的进程放回到第 i 队列的末尾，把处理机分配给新到的高优先权进程。

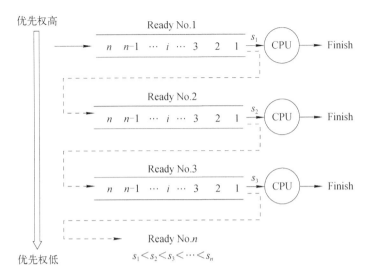

图 6-6 多级反馈队列调度模型

本 章 小 结

本章系统地阐述了为什么要引入进程，进程的基本概念、特征以及和程序的联系与区别。进程的三种状态及其转换是本章的重点内容。作为进程控制和管理中不可缺少的数据结构，进程控制块是进程存在的唯一标识。对于多道程序的操作系统，如何管理好同时运行的多个进程是体现操作系统实现优劣的关键。为此，本章也介绍了如何对进程进行调度和管理，并列举了常见的一些进程调度算法。

习　题　6

一、选择题

1. 引进进程概念的关键在于_____。
    A. 独享资源　　　　B. 共享资源　　　C. 顺序执行　　　D. 便于调试
2. 用户要在程序一级获得系统帮助，必须通过_____。
    A. 进程调度　　　　B. 作业调度　　　C. 键盘命令　　　D. 系统调用
3. 原语是_____。
    A. 一条机器指令　　　　　　　　B. 由若干条机器指令组成，执行时中途不能打断
    C. 一条特定指令　　　　　　　　D. 中途能打断的指令组
4. 正在运行的进程因提出的服务请求未被操作系统立即满足或者所需数据尚未到达等原因，只能由_____把它转变为阻塞状态。
    A. 父进程　　　　　B. 子进程　　　　C. 进程本身　　　D. 其他进程

5. 当被阻塞进程所等待的事件出现时，如所需数据到达或者等待的 I/O 操作已完成，则由_____调用唤醒原语，将等待该事件的进程唤醒。

　　A. 父进程　　　　　　　　　　　　　B. 子进程

　　C. 进程本身　　　　　　　　　　　　D. 另外的、与被阻塞进程相关的进程

6. 系统中进程的创建一般由_____调用进程创建原语来创建。

　　A. 父进程　　　　B. 子进程　　　　C. 进程本身　　　D. 1 号进程

7. 进程与程序的主要区别是_____。

　　A. 进程是静态的；而程序是动态的

　　B. 进程不能并发执行而程序能并发执行

　　C. 程序异步执行，会相互制约，而进程不具备此特征

　　D. 进程是动态的，而程序是静态的

8. 进程的就绪状态是指_____。

　　A. 进程因等待某种事件发生而暂时不能运行的状态

　　B. 进程已分配到 CPU，正在处理机上执行的状态

　　C. 进程已具备运行条件，但未分配到 CPU 的状态

　　D. 以上三个均不正确

9. 进程的运行状态是指_____。

　　A. 进程因等待某种事件发生而暂时不能运行的状态

　　B. 进程已分配到 CPU，正在处理机上执行的状态

　　C. 进程已具备运行条件，但未分配到 CPU 的状态

　　D. 以上三个均不正确

二、填空题

1. 程序在并发环境中的执行过程称之为_____。

2. 在通常的操作系统中，进程的三种基本状态是：_____、_____和_____。

3. 进程实体通常由_____、_____和_____三部分组成。

4. 为了对所有进程进行有效的管理，常将各进程的 PCB 用_____方式、_____方式和_____方式等三种方式组织起来。

三、简答题

1. 操作系统中为什么要引入进程概念？它会产生什么样的影响？

2. 试说明 PCB 的作用，为什么说 PCB 是进程存在的唯一标志？

第**7**章
进程的同步与通信

通过第 6 章的学习，我们知道多个进程在系统中是并发运行的状态。那么对于同时运行的多个进程，它们之间必然会互相影响和制约，且有着千丝万缕的联系。本章便是针对这种制约和联系，对进程之间如何同步和互相通信进行阐述和讲解。

7.1　进程同步

7.1.1　同步的概念

在多道程序环境下，进程是并发执行的，不同进程之间存在着不同的制约关系。我们把异步环境下的一组并发进程因直接制约而互相发送消息、进行互相合作、互相等待，使得各进程按一定的速度执行的过程称为进程间的同步。

具有同步关系的一组并发进程称为合作进程，合作进程间互相发送的信号称为消息或事件。如果我们对一个消息或事件赋以唯一的消息名，则我们可用过程"wait（消息名）"表示进程等待合作进程发来的消息，而用过程"signal（消息名）"表示向合作进程发送消息。

7.1.2　信号量机制

1965 年，荷兰学者 Dijkstra（艾兹格·迪科斯彻）提出了利用信号量机制解决进程同步问题，信号量正式成为有效的进程同步工具，现在信号量机制被广泛的用于单处理机和多处理机系统以及计算机网络中。

信号量 S 是一个整数，S 大于等于零时代表可供并发进程使用的资源实体数，但 S 小于零时则表示正在等待使用临界区的进程数。

Dijkstra 同时提出了对信号量操作的 PV 原语。

（1）P 原语操作的动作是：

① S 减 1；

② 若 S 减 1 后仍大于或等于零，则进程继续执行；

③ 若 S 减 1 后小于零，则该进程被阻塞后进入与该信号相对应的队列中，然后转进程调度。

（2）V 原语操作的动作

① S 加 1；

② 若相加结果大于零，则进程继续执行；

③ 若相加结果小于或等于零，则从该信号的等待队列中唤醒一等待进程，然后再返回原进程继续执行或转进程调度。

PV 操作对于每一个进程来说，都只能进行一次，而且必须成对使用。在 PV 原语执行期间不允许有中断发生。原语不能被中断执行，因为原语对变量的操作过程如果被打断，可能会去运行另一个对同一变量的操作过程，从而出现临界段问题。如果能够找到一种解决临界段问题的元方法，就可以实现对共享变量操作的原子性。

信号量机制分为整型信号量机制、记录型信号量机制、AND 型信号量机制、信号量集。

（1）整型信号量

最简单的信号量，主要用于解决并发程序互斥访问临界资源问题。最初 Dijkstra 把整个信号量定义为一个用于表示资源数目的整型量 S，PV 操作分别可描述为：

```
P(S){
    while (S<=0);
        S=S-1;
}
V(S){
    S=S+1;
}
```

（2）记录型信号量

记录型信号量是不存在"忙等"现象的进程同步机制。除了需要一个用于代表资源数目的整型变量 value 外，再增加一个进程链表 L，用于链接所有等待该资源的进程，记录型信号量是由于采用了记录型的数据结构得名。记录型信号量可描述为：

```
typedef struct{
    int value;
    struct process *L;
} semaphore;
```

相应的 P 操作定义如下：

```
void P(semaphore S){ //相当于申请资源
    S.value--;
    If(S.value<0){
        add this process to S.L;
        block(S.L);
    }
}
```

上述 P 操作中，S.value--，表示进程请求一个该类资源，当 S.value<0 时，表示该类资源已分配完毕，因此进程应调用 block 原语，进行自我阻塞，放弃处理机，并插入到该类资源的等待队列 S.L 中，可见该机制遵循了"让权等待"的准则。

相应的，V 操作定义如下：

```
void V(semaphore S){  //相当于释放资源
```

```
        S.value++;
        if(S.value<=0){
            remove a process p from S.L;
            wakeup(p);
        }
    }
```

V 操作表示进程释放一个资源，使系统中可供分配的该类资源数增 1，故 S.value++。若加 1 后仍是 S.value<=0，则表示在 S.L 中仍有等待该资源的进程被阻塞，故还应调用 wakeup 原语，将 S.L 中的第一个等待进程唤醒。

（3）AND 型信号量

上述信号量机制，是针对各进程之间只共享一种临界资源而言的。在有些应用场合，是一个进程需要先获得两个或更多的共享资源后方能执行其任务。假定现有两个进程 A 和 B，他们都要求访问共享数据 D 和 E。当然，共享数据都应作为临界资源。为此，可为这两个数据分别设置用于互斥的信号量 Dmutex 和 Emutex，并令它们的初值都是 1。

AND 同步机制的基本思想是：将进程在整个运行过程中需要的所有资源，一次性全部地分配给进程，待进程使用完后再一起释放。只要尚有一个资源未能分配给进程，其他所有可能为之分配的资源也不分配给它。亦即，对若干个临界资源的分配，采取原子操作方式：要么把它所请求的资源全部分配到进程，要么一个也不分配。这样就可避免上述死锁情况的发生。为此，在 wait 操作中，增加了一个 "AND" 条件，故称为 AND 同步，或称为同时 wait 操作。

（4）信号量集

在记录型信号量机制中，P（S）或 V（S）操作仅能对信号量施以加 1 或减 1 操作，意味着每次只能获得或释放一个单位的临界资源。而当一次需要 N 个某类临界资源时，便要进行 N 次 P（S）操作，显然这是低效的。此外，在有些情况下，当资源数量低于某一下限值时，便不予分配。因而，在每次分配之前，都必须测试该资源的数量，看其是否大于其下限值。基于上述两点，可以对 AND 信号量机制加以扩充，形成一般化的 "信号量集" 机制。

信号量集是指同时需要多种资源、每种占用的数目不同、且可分配的资源还存在一个临界值时的信号量处理。由于一次需要 N 个某类临界资源，因此如果通过 N 次 wait 操作申请这 N 个临界资源，操作效率很低，并可能出现死锁。一般信号量集的基本思路就是在 AND 型信号量集的基础上进行扩充，在一次原语操作中完成所有的资源申请。进程对信号量 S_i 的测试值为 t_i（表示信号量的判断条件，要求 $S_i \geq t_i$，即当资源数量低于 t_i 时，便不予分配），占用值为 d_i（表示资源的申请量，即 $S_i = S_i - d_i$）。

7.1.3　经典进程同步问题

1. 生产者-消费者问题

问题描述：生产者进程在生产产品，此产品提供给消费者去消费。为使生产者和消费者进程能并发执行，在它们之间设置 n 个缓冲池，生产者进程可将它所生产的产品放入一个缓冲池中，消费者进程可从一个缓冲区取得一个产品消费。

问题分析：设两个同步信号量，一个说明空缓冲区的数目，用 empty 表示，初值为有

界缓冲区的大小 n ，另一个说明已用缓冲区的数目，用 full 表示，初值为 0。由于在执行生产活动和消费活动中要对有界缓冲区进行操作。有界缓冲区是一个临界资源，必须互斥使用，所以另外还需要设置一个互斥信号量 mutex，其初值为 1 。

利用记录型信号量，生产者-消费者问题的实现代码（伪代码）如下：

```
Semaphore mutex=1,empty=n,full=0;
item buffer[n];//缓冲区
int in=out=0;//输入、输出指针
void producer()
{
    while(1)
    {
        ...
        生产一个产品 nextp;
        ...
        P(empty);//等待空缓冲区的数目非 0
        P(mutex);//等待无进程操作缓冲区
        buffer[in]=nextp;//往 buffer[in]放产品
        in=(in+1)mod n;
        V(mutex);//允许其他进程操作缓冲区
        V(full);//增加已用缓冲区的数目
    }
}
void consumer()
{
    while(1)
    {......
        P(full);//等待已用缓冲区的数目非 0
        P(mutex);//等待无进程操作缓冲区
        nextc=buffer[out];//从 buffer[out]取产品
        out=(out+1)mod n;
        V(mutex);//允许其他进程操作缓冲区
        V(empty);//增加空缓冲区的数目消费 nextc 产品
    }
}
main()
{
    cobegin{   //以下代码并发执行
        producer();
        consumer();
    }
}
```

利用 AND 信号量解决生产者-消费者问题的代码实现如下（其中 sP 和 sV 分别表示对多个信号量的 P 原语和 V 原语）：

```
Semaphore mutex=1,empty=n,full=0;
item buffer[n];//缓冲区
inti n=out=0;//输入、输出指针
void producer()
{
```

```
    while(1)
    {
        …
        生产一个产品 nextp;
        …
        sP(empty,mutex);
        buffer[in]=nextp;//往 Buffer[in]放产品
        in=(in+1)mod n;
        sV(mutex,full);
    }
}
void consumer()
{
    while(1)
    {
        …
        sP(full,mutex);
        nextc=buffer[out];//从 buffer[out]取产品
        out=(out+1)mod n;
        sV(mutex,empty);
        消费 nextc 产品;
    }
}
```

2. 读者-写者问题

问题描述：有两组并发进程，分别称为读者（Reader）和写者（Writer），它们共享一组数据区或一个共享文件；要求和限制：

① 允许多个 Reader 同时执行读操作；

② 不允许 Reader、Writer 同时操作；

③ 不允许多个 Writer 同时操作。

下面采用记录型信号量集解决读者-写者问题，首先需要分清楚如下两种情况：

（1）如果读者来

① 无读者、写者，新读者可以读；

② 有写者等待，但有其他读者正在读，则新读者也可以读；

③ 有写者写，新读者等待。

（2）如果写者来

① 无读者，新写者可以写；

② 有读者，新写者等待；

③ 有其他写者，新写者等待。

设有两个信号量 wmutex=1，rmutex=1，另设一个全局变量 readcount=0，表示正在读的读者数目，wmutex 用于读者和写者、写者和写者之间的互斥，rmutex 用于对 readcount 这个临界资源的互斥访问。伪代码实现如下：

```
Semaphore rmutex=wmutex=1;
int readcount=0;
void reader(int i)
{
```

```
        while(1)
        {
            P(rmutex);  /等待无进程访问 readcount
            if(readcount==0)      P(wmutex);  //等待无写者写
              readcount++;
              V(rmutex);  //允许其他进程访问 readcount 读
              READ…
              P(rmutex);  //等待无进程访问 readcount
              readcount--;
              if(readcount==0)     V(wmutex); //允许写者写
              V(rmutex);  //允许其他进程访问 readcount
        }
    }
    void writer(int j)
    {
        while(1)
        {
            P(wmutex); //等待无写者写,无读者读
            WRITE…
            V(wmutex);  //允许写者写,读者读
        }
    }
    main()
        {
            cobegin{
                reader(1);
                 …
                reader(n);
                writer(1);
                 …
              writer(m);
             }
        }
```

7.2　线　　程

　　进程有两个基本属性：首先进程是一个拥有资源的独立单元，其次进程是一个被处理机独立调度和分配的单元。为了既能提高程序的并发程度，又能减少操作系统的开销，操作系统中引入了线程（Thread）。并且，引入线程的另一个好处是能更好的支持对称多处理（Symmetric Multi-Processing，SMP）。

7.2.1　线程的概念

　　线程有许多不同的定义，综合起来可以把线程定义为：线程是进程内的一个相对独立的、可独立调度和指派的执行单元。从它的定义可以知道线程有如下性质：线程是进程内的一个相对独立的可执行单元，是基本调度单元，其中包含调度所需的信息。

　　一个进程中至少应有一个线程，线程不拥有资源，而是共享和使用包含它的进程所拥

有的所有资源，所以进程内的多个线程之间的通信需要同步机制。线程可以创建其他线程，有自己的生命期，也有状态变化。因此，线程在调度、拥有资源、并发性、系统开销上与进程有很大的区别。

7.2.2　线程的特点

在多线程 OS 中，通常是在一个进程中包括多个线程，每个线程都是作为利用 CPU 的基本单位，是花费最小开销的实体。线程具有以下特点。

1. 轻型实体

线程中的实体基本上不拥有系统资源，只是有一点必不可少的、能保证独立运行的资源。线程的实体包括程序、数据和线程控制块（Thread Control Block，TCB）。线程是动态概念，它的动态特性由 TCB 描述。TCB 包括以下信息：

（1）线程状态；

（2）当线程不运行时，被保存的现场资源；

（3）一组执行堆栈；

（4）存放每个线程的局部变量主存区；

（5）访问同一个进程中的主存和其他资源；

以及用于指示被执行指令序列的程序计数器、保留局部变量、少数状态参数和返回地址等一组寄存器和堆栈。

2. 独立调度和分派的基本单位

在多线程 OS 中，线程是能独立运行的基本单位，因而也是独立调度和分派的基本单位。由于线程很"轻"，故线程的切换非常迅速且开销小（在同一进程中的）。

3. 可并发执行

在一个进程中的多个线程之间，可以并发执行，甚至允许在一个进程中所有线程都能并发执行；同样，不同进程中的线程也能并发执行，充分利用和发挥了处理机与外围设备并行工作的能力。

4. 共享进程资源

在同一进程中的各个线程，都可以共享该进程所拥有的资源，这首先表现在：所有线程都具有相同的地址空间（进程的地址空间），这意味着，线程可以访问该地址空间的每一个虚地址；此外，还可以访问进程所拥有的已打开文件、定时器、信号量机构等。由于同一个进程内的线程共享内存和文件，所以线程之间互相通信不必调用内核。

7.2.3　线程与进程的区别

进程和线程都是由操作系统中的程序运行的基本单元，系统利用该基本单元实现系统对应用的并发性。进程和线程的区别在于：

① 线程是进程的一个实体，是 CPU 调度和分派的基本单位，它是比进程更小的能独立运行的基本单位。线程基本上不拥有系统资源，只拥有一点在运行中必不可少的资源（如程序计数器，一组寄存器和栈），但是它可与同属一个进程的其他线程共享进程所拥有的全部资源。进程是具有一定独立功能的程序关于某个数据集合上的一次运行活动，进程是系

统进行资源分配和调度的一个独立单位。简而言之，一个程序至少有一个进程，一个进程至少有一个线程。

② 线程的划分尺度小于进程，使得多线程程序的并发性高。另外，进程在执行过程中拥有独立的内存单元，而多个线程共享内存，从而极大地提高了程序的运行效率。

③ 线程在执行过程中与进程还是有区别的。每个独立的线程有一个程序运行的入口、顺序执行序列和程序的出口。但是线程不能够独立执行，必须依存在应用程序中，由应用程序提供多个线程执行控制。

从逻辑角度来看，多线程的意义在于一个应用程序中，有多个执行部分可以同时执行。但操作系统并没有将多个线程看作多个独立的应用，来实现进程的调度和管理以及资源分配。这就是进程和线程的重要区别。

一个线程可以创建和撤销另一个线程；同一个进程中的多个线程之间可以并发执行。

7.3　进　程　通　信

7.3.1　进程通信的概念

进程间通信就是在不同进程之间传播或交换信息，那么不同进程之间存在着什么双方都可以访问的介质呢？进程的用户空间是互相独立的，一般而言是不能互相访问的，唯一的例外是共享内存区。但是，系统空间却是"公共场所"，所以内核显然可以提供这样的条件。除此以外，那就是双方都可以访问的外设了。在这个意义上，两个进程当然也可以通过磁盘上的普通文件交换信息，或者通过"注册表"或其他数据库中的某些表项和记录交换信息。广义上这也是进程间通信的手段，但是一般都不把这算作"进程间通信"。

7.3.2　进程通信的类型

高级进程通信方式可以分为三大类：共享存储器系统、消息传递系统以及管道通信系统。

1. 共享存储器系统

在共享存储区系统中，进程通过共享内存小的存储区来实现通信。为了实现通信，进程在通信前应向系统申请建立一个共享存储区，并指定该共享存储区的关键字；若该共享存储区已经建立，则将该共享存储区的描述符返回给申请者；然后，申请者把获得的共享存储区连接到进程的地址空间上。这样，进程便可以像读写普通存储器一样地读写共享存储区。

2. 消息传递系统

在消息传递系统中，进程间的数据交换以消息为单位，程序员直接利用系统提供的一组通信命令（原语）来实现通信。操作系统隐藏了通信的实现细节，大大简化了通信程序编制的复杂性，因而获得了广泛的应用。消息传递系统根据其实现方式不同可以分为以下两种。

（1）直接通信方式。发送进程直接把消息发送给接收进程，即将它挂在接收进程的消息缓冲队列上，接收进程从消息缓冲队列中取得消息。

（2）间接通信方式。发送进程把消息发送到某个中间实体中，接收进程从中间实体中取得消息。这种中间实体一般称为信箱，这种通信方式称为信箱通信方式。该通信方式广泛应用于计算机网络中，相应的通信系统称为电子邮件系统。

3. 管道通信系统

管道是用于连接读进程和写进程以实现它们之间通信的共享文件，向管道提供输入的发送进程（即写进程）以字符流形式将大量的数据送入管道，而接收管道输出的接收进程（即读进程）可以从管道中接收数据。

下面具体介绍这三种进程间通信方式的工作原理和机制。

7.3.3　共享存储区系统

共享存储区即共享内存，顾名思义，就是允许两个不相关的进程访问同一个逻辑内存。共享内存是在两个正在运行的进程之间共享和传递数据的一种非常有效的方式。不同进程之间共享的内存通常安排为同一段物理内存，如图 7-1 所示。进程可以将同一段共享内存连接到它们自己的地址空间中，所有进程都可以访问共享内存中的地址，就好像它们是由 C 语言函数 malloc 分配的内存一样。而如果某个进程向共享内存写入数据，所做的改动将立即影响到可以访问同一段共享内存的任何其他进程。

共享内存不涉及数据的复制，因此是速度最快的通信方式。但要特别注意的是，共享内存并未提供同步机制，也就是说，在第一个进程结束对共享内存的写操作之前，并无自动机制可以阻止第二个进程开始对它进行读取。所以我们通常需要用其他的机制来同步对共享内存的访问，例如 7.1.2 节中所介绍的信号量。

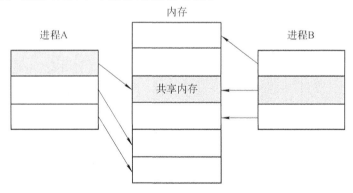

图 7-1　共享内存方式

在 Linux 操作系统中，提供了一组函数接口用于使用共享内存，它们声明在头文件 sys/shm.h 中。

（1）shmget 函数

该函数用来创建共享内存，它的调用格式为：

```
int shmget(key_t key, size_t size, int shmflg);
```

第一个参数，表示程序需要提供一个参数 key（非 0 整数），它有效地为共享内存段命名，shmget 函数成功时返回一个与 key 相关的共享内存标识符（非负整数），用于后续的共享内存函数。调用失败返回 -1。

不相关的进程可以通过该函数的返回值访问同一共享内存，它代表程序可能要使用的某个资源，程序对所有共享内存的访问都是间接的，程序先通过调用 shmget 函数并提供一个键，再由系统生成一个相应的共享内存标识符（shmget 函数的返回值），只有 shmget 函数才直接使用信号量键，所有其他的信号量函数使用由 shmget 函数返回的信号量标识符。

第二个参数，size 以字节为单位指定需要共享的内存容量。

第三个参数，shmflg 是权限标志，它的作用与 open 函数的 mode 参数一样，如果内存中不存在键值与 key 相等的共享内存，新建一个共享内存，可以与 IPC_CREAT 做且操作。共享内存的权限标志与文件的读写权限一样，举例来说，0644，它表示一个进程创建的共享内存允许被内存创建者所拥有的进程读取和写入数据，同时其他用户创建的进程只能读取共享内存。

（2）shmat 函数

第一次创建完共享内存时，它还不能被任何进程访问，shmat 函数的作用就是用来启动对该共享内存的访问，并把共享内存连接到当前进程的地址空间。它的调用格式如下：

```
void *shmat(int shm_id, const void *shm_addr, int shmflg);
```

第一个参数，shm_id 是由 shmget 函数返回的共享内存标识符。

第二个参数，shm_addr 指定共享内存连接到当前进程中的地址位置，通常为空，表示让系统来选择共享内存的地址。

第三个参数，shm_flg 是一组标志位，通常为 0。

调用成功时返回一个指向共享内存第一个字节的指针，如果调用失败返回−1。

（3）shmdt 函数

该函数用于将共享内存从当前进程中分离。注意，将共享内存分离并不是删除它，只是使该共享内存对当前进程不再可用。它的调用格式如下：

```
int shmdt(const void *shmaddr);
```

参数 shmaddr 是 shmat 函数返回的地址指针，调用成功时返回 0，失败时返回−1。

（4）shmctl 函数

shmctl 函数与信号量的 semctl 函数一样，用来控制共享内存，它的调用格式如下：

```
int shmctl(int shm_id, int command, struct shmid_ds *buf);
```

第一个参数，shm_id 是 shmget 函数返回的共享内存标识符。

第二个参数，command 是要采取的操作，它可以取下面的三个值：

① IPC_STAT：把 shmid_ds 结构中的数据设置为共享内存的当前关联值，即用共享内存的当前关联值覆盖 shmid_ds 的值；

② IPC_SET：如果进程有足够的权限，就把共享内存的当前关联值设置为 shmid_ds 结构中给出的值；

③ IPC_RMID：删除共享内存段。

第三个参数，buf 是一个结构指针，它指向共享内存模式和访问权限的结构。

7.3.4　消息传递系统

消息传递系统是实现进程通信的常用方式，这种通信方式既可以实现进程间的信息交换，也可以实现进程间的同步。下面我们介绍较为常用的消息缓冲通信和信箱通信。

1．消息缓冲通信

Hansen 于 20 世纪 70 年代初首次提出用消息缓冲（直接通信的实例）作为进程通信的基本手段。所谓消息是指一组信息，消息缓冲区是含有如下信息的缓冲区。

① 指向发送进程的指针 sender。

② 指向下一个消息缓冲区的指针 next。

③ 消息长度 size。

④ 消息正文 text。

消息缓冲区是进程通信的一个基本单位，每当发送进程欲发送消息时，便形成一个消息缓冲区，再发送给指定的接收进程。因接收进程可能会收到多个进程发来的消息，故应将所有的消息缓冲区链接成一个队列，该队列的头指针可以存放在接收进程的 PCB 中。为了表示队列中消息的数目，还可以在 PCB 中设置一个表示消息数目的信号量，每当发送进程发来一个消息并将该消息挂在接收进程的消息队列上时，便在消息数目信号量上执行 V 操作，而当接收进程从消息队列上读取一个消息时，先对消息数目信号量执行 P 操作，再从队列上移出要读取的消息。另外，消息队列属于临界资源，因此还应在 PCB 中设置一个用于互斥的信号量。为了描述方便，假设消息队列头指针为 mq，消息数目信号量为 sm，互斥读取消息的信号量为 mutex。

发送进程在发送消息前，先在自己的内存空间设置一个发送区，把待发送的消息填入其中，然后再用发送原语将其发送出去。接收进程则在接收消息之前，在自己的内存空间内设置相应的接收区，然后用接收原语接收消息。两个进程进行通信的过程如图 7-2 所示。

发送原语的功能是把待发送消息从发送区复制到消息缓冲区，并将它挂在接收进程的消息队列末尾。如果接收进程因等待消息而处于阻塞状态，则将其唤醒。其工作流程如下：

```
send(receiver,a)/*receiver 为接收者标识号，a 为发送区首址*/
{
    向系统申请一个消息缓冲区；
    将发送区消息送入新申请的消息缓冲区；
    P(mutex);
    把消息缓冲区挂入接收进程的消息队列；
    V(mutex);
    V(sm);
}
```

接收原语的功能是把消息从消息缓冲区复制到接收区，然后将消息缓冲区从消息队列中移出，如果没有消息可读取，则进入阻塞状态。其工作流程如下：

```
Receive(sender,b)/*sender 为发送者标识号，b 为接收区首址*/
{
    P(sm);
    P(mutex);
    从消息队列中找到要接收的消息；
    从消息队列中摘下此消息；
    V(mutex);
    将消息复制到接收区；
    释放消息缓冲区；
}
```

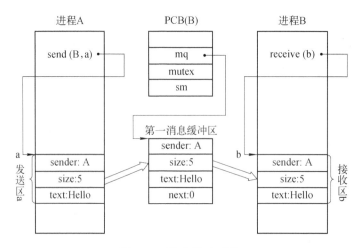

图 7-2　消息缓冲通信

2. 信箱通信

信箱通信是一种间接进程通信方式。信箱是一种数据结构，其中存放信件。当一个进程（发送进程）要与另一个进程（接收进程）通信时，可由发送进程创建一个连接两进程的信箱，通信时发送进程只需把待发送信件投入信箱，接收进程就可以在任何时候取走信件，不存在信件丢失的可能。

信箱逻辑上分成信箱头和信箱体两部分。信箱头中存放有关信箱的描述，信箱体由若干格子组成，每格存放个信件，格子的数目和大小在创建信箱时确定。信件的传递可以是单向的，也可以是双向的。

在单向信箱通信方式中，只要信箱中有空格子，发送进程便可以向信箱中投递信件，若所有格子都已装满，则发送进程等待或者继续执行，待有空格子时再发送。类似地，只要格子中装有信件，接收进程便能取出一个信件。若信箱为空，接收进程等待或者继续执行。

在双向通信方式中，信箱中既有发送进程发出的信件，也有接收进程的回答信件。由于发送进程和接收进程是以各自独立的速度向前推进的，当发送进程发送信件的速度超过接收进程的接收速度时，会产生上溢（信箱满），反之会产生下溢（即接收进程向空信箱索取信件）。这就需要在两个进程之间进行同步控制，当信箱满时发送进程应等待，直至信箱有空格子时再发送；对接收进程，当信箱空时，它也应等待，直至信箱中有信件时再接收。

信箱通信方式中也使用原语操作，如创建信箱原语、撤销信箱原语、发送与接收原语等。另外，在许多时候，存在着多个发送进程和多个接收进程共享信箱的情况。

3. 消息通信中的同步问题

进程间的消息通信隐含着某种同步关系，如只有当一个进程发送出消息之后，接收进程才能接收消息。对于一个发送进程来说，它在执行发送原语后（即发送完消息后），有两种可能选择。

（1）发送进程阻塞，直到这个消息被接收进程接收到，这种发送称为阻塞发送。

（2）发送进程不阻塞，继续执行，这种发送称为非阻塞发送。

同样，对于一个接收进程来说，在执行接收原语后，也有两种可能选择。

（1）如果一个消息在接收原语执行之前已经发送，则该消息被接收进程接收，接收进程继续执行。

（2）如果没有正在等待的消息，则该进程阻塞直到有消息到达；或者该进程继续执行，放弃接收的努力。前者称为阻塞接收，后者称为非阻塞接收。

因此，发送进程和接收进程都可以阻塞或不阻塞。根据发送进程和接收进程采取方式的不同，通常有三种常用的组合方式，但对于一个特定系统来说只会实现其中的一种或两种组合方式。

（1）非阻塞发送、阻塞接收。这是最常用、最自然的模式。这种非阻塞发送的方式便于发送进程尽快地向多个进程发送一个或多个消息，同时这种不阻塞发送也适合客户进程在提出输出请求后继续向前执行，不需要阻塞等待打印请求的完成。这种阻塞接收的方式也特别适用于那些不等待消息到来就无法进行后续工作的进程，如等待服务请求到来的服务器进程和等待资源（硬资源和软资源）的进程的工作情况。但不阻塞发送的方式也存在隐患。它可能造成发送进程不断地发送消息，造成大量资源（CPU 时间和缓冲区空间）浪费。

（2）非阻塞发送、非阻塞接收。这是分布式系统常见的通信方式，因为采用阻塞接收方法时，如果发送来的消息丢失（这在分布式系统中常发生），或者接收进程所期待的消息在未发送之前，发送进程就发生问题了，那么阻塞接收方式将导致接收进程无限期被阻塞。而改进的办法就是使用非阻塞接收方式，即接收进程在接收消息时，若有消息就处理消息，若没有消息就继续执行，放弃接收的努力。

（3）阻塞发送，阻塞接收。发送进程在发送完消息后，阻塞自己等待接收进程发送回答消息后才能继续向前执行。接收进程在接收到消息前，也阻塞等待，直到接收到消息后再向发送进程发送一个回答信息。

4. Linux 系统中的消息队列

在 Linux 操作系统中，用消息队列提供了一种从一个进程向另一个进程发送一个数据块的方法。每个数据块都被认为含有一个类型，接收进程可以独立地接收含有不同类型的数据结构。Linux 用宏 MSGMAX 和 MSGMNB 来限制一条消息的最大长度和一个队列的最大长度。

Linux 提供了一系列消息队列的函数接口来让我们方便地使用它来实现进程间的通信。它的用法与共享内存相似。

（1）msgget 函数

该函数用来创建和访问一个消息队列。它的调用格式为：

```
int msgget(key_t, key, int msgflg);
```

与共享内存机制一样，程序必须提供一个键（key）来命名某个特定的消息队列。msgflg是一个权限标志，表示消息队列的访问权限，它与文件的访问权限一样。msgflg 可以与IPC_CREAT 做或操作，表示当 key 所命名的消息队列不存在时创建一个消息队列，如果 key所命名的消息队列存在时，IPC_CREAT 标志会被忽略，只返回一个标识符。

调用成功时返回一个以 key 命名的消息队列的标识符（非零整数），失败时返回-1。

（2）msgsnd 函数

该函数用来把消息添加到消息队列中。它的调用格式为：

```
int msgsnd(int msgid, const void *msg_ptr, size_t msg_sz, int msgflg);
```

msgid 是由 msgget 函数返回的消息队列标识符。

msg_ptr 是一个指向准备发送消息的指针,但是消息的数据结构却有一定的要求,指针 msg_ptr 所指向的消息结构一定是以一个长整型成员变量开始的结构体,接收函数将用这个成员来确定消息的类型。消息结构的定义为:

```
struct my_message{
    long int message_type;  //消息类型
    /* 这里定义需要传送的数据*/
};
```

msg_sz 是 msg_ptr 指向的消息的长度,注意是消息的长度,而不是整个结构体的长度,也就是说 msg_sz 是不包括长整型消息类型成员变量的长度。

msgflg 用于控制当前消息队列满或队列消息到达系统范围的限制时将要发生的事情。

如果调用成功,消息数据的一份副本将被放到消息队列中,并返回 0,失败时返回–1。

（3）msgrcv 函数

该函数用来从一个消息队列获取消息,它的调用格式为:

```
int msgrcv(int msgid, void *msg_ptr, size_t msg_sz, long int msgtype, int msgflg);
```

msgid, msg_ptr, msg_sz 的作用也函数 msgsnd 函数的一样。

msgtype 可以实现一种简单的接收优先级。如果 msgtype 为 0,就获取队列中的第一个消息。如果它的值大于 0,将获取具有相同消息类型的第一个消息。如果它小于 0,就获取类型等于或小于 msgtype 的绝对值的第一个消息。

msgflg 用于控制当队列中没有相应类型的消息可以接收时将发生的事情。

调用成功时,该函数返回放到接收缓存区中的字节数,消息被复制到由 msg_ptr 指向的用户分配的缓存区中,然后删除消息队列中的对应消息。失败时返回–1。

（4）msgctl 函数

该函数用来控制消息队列,它与共享内存的 shmctl 函数相似,它的调用格式为:

```
int msgctl(int msgid, int command, struct msgid_ds *buf);
```

command 是将要采取的动作,它可以取 3 个值。

① IPC_STAT：把 msgid_ds 结构中的数据设置为消息队列的当前关联值,即用消息队列的当前关联值覆盖 msgid_ds 的值。

② IPC_SET：如果进程有足够的权限,就把消息列队的当前关联值设置为 msgid_ds 结构中给出的值。

③ IPC_RMID：删除消息队列。

buf 是指向 msgid_ds 结构的指针,它指向消息队列模式和访问权限的结构。

函数调用成功时返回 0,失败时返回–1。

7.3.5　管道通信系统

所谓"管道",是指用于连接一个读进程和一个写进程以实现它们之间通信的一个共享文件,又名 pipe 文件。向管道(共享文件)提供输入的发送进程(即写进程)以字符流形式将大量的数据送进管道;而接收管道输出的接收进程(即读进程)则从管道中接收(读)数据。

为了协调双方的通信,管道机制必须提供下面三方面的协调能力。

①　互斥,即当一个进程正在对 pipe 执行读/写操作时,其他(另一)进程必须等待。

②　同步,指当写(输入)进程把一定数量(如 4KB)的数据写入 pipe,便去睡眠等待,直到读(输出进程)取走数据后再把它唤醒,当读进程读一空 pipe 时,也应睡眠等待,直到读(输出)进程取走数据后把它唤醒。

③　确定对方是否存在,只有确定了对方已存在时才能进行通信。

Linux 系统中,管道主要包括两种:无名管道和有名管道。

(1)无名管道

无名管道是 Linux 中管道通信的一种原始方法,如图 7-3 所示,它具有以下特点。

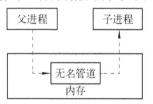

图 7-3　无名管道

①　它只能用于具有亲缘关系的进程之间的通信(也就是父子进程或者兄弟进程之间)。

②　它是一个半双工的通信模式,具有固定的读端和写端。

③　管道也可以看成是一种特殊的文件,对于它的读写也可以使用普通的 read()、write() 等函数。但它不是普通的文件,不属于其他任何文件系统并且只存在于内存中。

Linux 系统中提供了创建和维护管道的相关系统调用函数。利用系统调用 pipe,可建立一条同步通信管道。其格式为:

```
int fd[2];
pipe(fd)
```

当一个管道建立时,它会创建两个文件描述符 fd[0]和 fd[1],其中 fd[0]固定用于读管道,而 fd[1]固定用于写管道,如图 7-4 所示,这样就构成了一个半双工的通道。

管道关闭时只需要将这两个文件描述符关闭即可,可使用普通的 close( )函数逐个关闭各个文件描述符。

(2)有名管道(FIFO)

命名管道也被称为 FIFO 文件,它是一种特殊类型的文件,它在文件系统中以文件名的形式存在,但是它的行为却和无名管道类似。有名管道是对无名管道的一种改进,如图 7-5 所示,它具有以下特点:

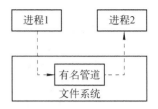

图 7-4　无名管道的读写机制　　　　图 7-5　有名管道

① 它可以使互不相关的两个进程间实现彼此通信。

② 该管道可以通过路径名来指出，并且在文件系统中是可见的。在建立了管道之后，两个进程就可以把它当做普通文件一样进行读写操作，使用非常方便。

③ FIFO 严格地遵循先进先出规则，对管道及 FIFO 的读总是从开始处返回数据，对它们的写则是把数据添加到末尾，它们不支持如 lseek（）等文件定位操作。

由于 Linux 中所有的事物都可被视为文件，所以对命名管道的使用也就变得与文件操作非常的统一，也使它的使用非常方便，同时我们也可以像平常的文件名一样在命令中使用。

可以使用两个函数之一来创建一个命名管道，调用格式如下：

```
#include <sys/types.h>
#include <sys/stat.h>
int mkfifo(const char *filename, mode_t mode);
int mknod(const char *filename, mode_t mode | S_IFIFO, (dev_t)0);
```

这两个函数都能创建一个 FIFO 文件，注意是创建一个真实存在于文件系统中的文件，filename 指定了文件名，而 mode 则指定了文件的读写权限。

mknod 是比较老的函数，而 mkfifo 函数更加简单和规范，所以建议在可能的情况下，尽量使用 mkfifo 而不是 mknod。

与打开其他文件一样，FIFO 文件也可以使用 open 调用来打开。mkfifo 函数只是创建一个 FIFO 文件，要使用命名管道打开。

但是有两点要注意，①程序不能以 O_RDWR 模式打开 FIFO 文件进行读/写操作，而其行为也未明确定义，因为如一个管道以读/写方式打开，进程就会读回自己的输出，同时我们通常使用 FIFO 只是为了单向的数据传递。②传递给 open 调用的是 FIFO 的路径名，而不是正常的文件。

打开 FIFO 文件通常有四种方式，如下：

```
open(const char *path, O_RDONLY);
open(const char *path, O_RDONLY | O_NONBLOCK);
open(const char *path, O_WRONLY);
open(const char *path, O_WRONLY | O_NONBLOCK);
```

open 函数调用的第二个参数，O_NONBLOCK 表示非阻塞，表示 open 调用是非阻塞的，如果没有这个选项，则表示 open 调用是阻塞的。

对于以只读方式（O_RDONLY）打开的 FIFO 文件，如果 open 调用是阻塞的（即第二个参数为 O_RDONLY），除非有一个进程以写方式打开同一个 FIFO，否则它不会返回；如果 open 调用是非阻塞的（即第二个参数为 O_RDONLY | O_NONBLOCK），则即使没有其他进程以写方式打开同一个 FIFO 文件，open 调用成功并立即返回。

对于以只写方式（O_WRONLY）打开的 FIFO 文件，如果 open 调用是阻塞的（即第二

个参数为 O_WRONLY），open 调用将被阻塞，直到有一个进程以只读方式打开同一个 FIFO 文件为止；如果 open 调用是非阻塞的（即第二个参数为 O_WRONLY | O_NONBLOCK），open 总会立即返回，但如果没有其他进程以只读方式打开同一个 FIFO 文件，open 调用将返回 −1，并且 FIFO 也不会被打开。

7.4 死　　锁

死锁是由进程间相互竞争系统资源或通信而引起的一种阻塞现象。如果操作系统不采取特别措施，这种阻塞将永远存在，最终可能导致整个系统处于瘫痪状态。因此，死锁问题是操作系统中需要考虑的重要问题。

7.4.1　死锁的概念

操作系统中有若干进程并发执行，它们不断申请、使用、释放系统资源，虽然系统的进程协调、通信机构会对它们进行控制，但也可能出现若干进程都相互等待对方释放资源才能继续运行，否则就阻塞的情况。此时，若不借助外界因素，谁也不能释放资源，谁也不能解除阻塞状态。根据这样的情况，操作系统中的死锁被定义为：系统中两个或者多个进程无限期地等待永远不会发生的条件，系统处于停滞状态。

例如，进程 1 和 2 分别完全占有两种系统资源 A 和 B，它们的进程操作分别如下：

进程 1：获得 A 资源，获得 B 资源，释放 A 资源，释放 B 资源。

进程 2：获得 B 资源，获得 A 资源，释放 B 资源，释放 A 资源。

从进程 1 来看，它要获得 B 资源才会释放 A 资源，而获得 A 资源正是进程 2 释放 B 资源的条件，所以两个进程互相等待，进入死锁。

7.4.2　产生死锁的条件

产生死锁的主要原因如下：

（1）系统资源不足；

（2）进程运行推进的顺序不合适；

（3）资源分配不当。

如果系统资源充足，进程的资源请求都能够得到满足，死锁出现的可能性就很低，否则就会因争夺有限的资源而陷入死锁。其次，进程运行推进顺序与速度不同，也可能产生死锁。

产生死锁需要具备如下四个条件。

（1）互斥条件：一个资源每次只能被一个进程使用。

（2）请求与保持条件：一个进程因请求资源而阻塞时，对已获得的资源保持不放。

（3）不剥夺条件：进程已获得的资源，在未使用完之前，不能强行剥夺。

（4）循环等待条件：若干进程之间形成一种头尾相接的循环等待资源关系。

这四个条件是死锁的必要条件，只要系统发生死锁，这些条件必然成立，而只要上述条件之一不满足，就不会发生死锁。

7.4.3 死锁的对策

1. 预防死锁

为了使系统不发生死锁现象，在系统设计初期即选择一些限制条件，来破坏产生死锁的四个必要条件之一或其中几个。这样，系统中就不会出现死锁现象。

2. 避免死锁

一方面预防死锁的方法会降低系统资源利用率；另一方面死锁的必要条件存在未必就一定会使系统发生死锁。因此为提高系统资源的利用率，避免死锁并不严格限制死锁必要条件的存在，而是在资源的动态分配过程中，使用某种方法去防止系统进入不安全状态，从而避免死锁的最终出现。

3. 检测和解除死锁

在一些相对简单的系统中，因为死锁产生的概率总是比较小的，所以系统中允许出现死锁状态。在这种系统中，专门设置了一个检测机构，可以随时检测出死锁的发生，并能确定与死锁有关的进程和资源，然后采用适当的方法解除系统中的死锁状态。常用的方法有：

（1）强制性的撤销一些死锁进程，并剥夺它们的资源给其余进程；

（2）使用一个有效的挂起和解除挂起机构来挂起一些进程，以便从被挂起的进程中剥夺一些资源用来解除死锁。

7.4.4 死锁问题的经典示例：哲学家就餐问题

哲学家就餐问题是在计算机科学中的一个经典问题，用来演示在并行计算中多线程同步（Synchronization）时产生的问题。在 1971 年，著名的计算机科学家艾兹格·迪科斯彻提出了一个同步问题，即假设有五台计算机都试图访问五份共享的磁带驱动器。稍后，这个问题被托尼·霍尔重新表述为哲学家就餐问题。这个问题可以用来解释死锁和资源耗尽。

1. 问题描述

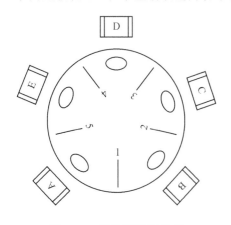

图 7-6　哲学家就餐问题

哲学家就餐问题可以这样表述，假设有五位哲学家围坐在一张圆形餐桌旁，如图 7-6 所示，做以下两件事情之一：吃饭，或者思考。吃东西的时候，他们就停止思考，思考的时候也停止吃东西。每两个哲学家之间有一只筷子。因为用一只筷子没办法吃饭，所以假设哲学家必须用两只筷子吃东西。他们只能使用自己左右手边的那两只筷子。

哲学家从来不交谈，这就很危险，可能产生死锁，每个哲学家都拿着左手的筷子，永远都在等右边的筷子（或者相反）。即使没有死锁，也有可能发生资源耗尽。例如，假设规定当哲学家等待另一只筷子超过五分钟后就放下自己手里的那一只筷子，并且再等五分钟后进行下一次尝试。这个策略消除了死锁（系统总会进入到下一个状态），但仍然有可能发生"活锁"。如果五位哲学家在完全相同的时刻进入餐厅，并同时拿起左边的筷子，那么这些哲学家就会等待五分钟，同时放下手中的筷子，再等五分钟，又同时拿起这些筷子。

在实际的计算机问题中，缺乏筷子可以类比为缺乏共享资源。一种常用的计算机技术是资源加锁，用来保证在某个时刻，资源只能被一个程序或一段代码访问。当一个程序想要使用的资源已经被另一个程序锁定，它就等待资源解锁。当多个程序涉及到加锁的资源时，在某些情况下就有可能发生死锁。例如，某个程序需要访问两个文件，当两个这样的程序各锁了一个文件，那它们都在等待对方解锁另一个文件，而这永远不会发生。

2. 问题解法

（1）编辑服务生解法

一个简单的解法是引入一个餐厅服务生，哲学家必须经过他的允许才能拿起筷子。因为服务生知道哪只筷子正在使用，所以他能够作出判断避免死锁。

为了演示这种解法，假设哲学家依次标号为 A 至 E。如果 A 和 C 在吃东西，则有四只筷子在使用中。B 坐在 A 和 C 之间，所以两只筷子都无法使用，而 D 和 E 之间有一只空余的筷子。假设这时 D 想要吃东西。如果他拿起了第五只筷子，就有可能发生死锁。相反，如果他征求服务生同意，服务生会让他等待。这样，我们就能保证下次当两只筷子空余出来时，一定有一位哲学家可以成功的得到一双筷子，从而避免了死锁。

（2）资源分级解法

另一个简单的解法是为资源（这里是筷子）分配一个偏序或者分级，并约定所有资源都按照这种顺序获取，按相反顺序释放，而且保证不会有两个无关资源同时被同一项工作所需要。在哲学家就餐问题中，筷子（资源）按照某种规则编为 1 号至 5 号，每一个哲学家（工作单元）总是先拿起左右两边编号较低的筷子，再拿编号较高的。用完筷子后，他总是先放下编号较高的筷子，再放下编号较低的。在这种情况下，当四位哲学家同时拿起他们手边编号较低的筷子时，只有编号最高的筷子留在桌上，从而第五位哲学家就不能使用任何一只筷子了。而且，只有一位哲学家能使用最高编号的筷子，所以他能使用两只筷子用餐。当他吃完后，他会先放下编号最高的筷子，再放下编号较低的筷子，从而让另一位哲学家拿起第五位哲学家后放下的那只开始吃东西。

尽管资源分级能避免死锁，但这种策略并不总是实用的，特别是当所需资源的列表并不是事先知道的时候。例如，假设一个工作单元占用资源 3 和 5，并决定需要资源 2，则必须先要释放资源 5，之后释放资源 3，才能得到资源 2，之后必须重新按顺序获取资源 3 和资源 5。对需要访问大量数据库记录的计算机程序来说，如果需要先释放高编号的记录才能访问新的记录，那么运行效率就不会高，因此这种方法在这里并不实用。

（3）Chandy/Misra 解法

1984 年，K.Mani Chandy 和 J.Misra 提出了哲学家就餐问题的另一个解法，允许任意的用户（编号 $P_1, \cdots, P_n$）争用任意数量的资源。与迪科斯彻的解法不同的是，这里编号可以是任意的。

① 对每一对竞争一个资源的哲学家，新拿一只筷子，给编号较低的哲学家。每只筷子都是"干净的"或者"脏的"。最初，所有的筷子都是脏的。

② 当一位哲学家要吃东西（使用资源）时，他必须从与他竞争的邻居那里得到。对每只他当前没有的筷子，他都发送一个请求。

③ 当拥有筷子的哲学家收到请求时，如果筷子是干净的，那么他继续留着，否则就擦干净并交出筷子。

④ 当某位哲学家吃东西后，他的筷子就变脏了。如果另一位哲学家之前请求过其中的筷子，那他就擦干净并交出筷子。

这个解法允许很大的并行性，适用于用户任意多的问题。

本 章 小 结

本章介绍了进程同步的基本概念，并以生产者–消费者、读者–写者等几个经典的问题为例，详细阐述了信号量机制是如何实现进程同步的。之后，介绍了与进程很类似但又不同的线程的基本概念和特点，阐述了线程和进程之间的主要区别。进程与进程之间若要通信和传输信息或数据，操作系统中提供了共享存储、消息传递、管道等手段。在同步与通信的过程中可能出现的死锁将会对系统运行带来致命的影响，本章在最后也介绍了相应的对策并给出了经典的示例。

习　题　7

一、选择题

1. 产生死锁的四个必要条件是＿＿＿＿＿＿。
   A. 互斥条件、不可抢占条件、占有且申请条件、循环等待条件
   B. 同步条件、占有条件、抢占条件、循环等待条件
   C. 互斥条件、可抢占条件、申请条件、循环等待条件
   D. 同步条件、可抢占条件、申请条件、资源分配条件

2. 下述描述中，＿＿＿＿＿＿发生进程死锁。
   A. 进程 A 占有资源 R1，等待进程 B 占有的资源 R2；进程 B 占有资源 R2，等待进程 A 占有的资源 R1，R1、R2 不允许两个进程同时占用
   B. 进程 A 占有资源 R1，进程 B 等待进程 A 占有的资源 R1，R1、R2 不允许两个进程同时占用
   C. 进程 A 占有资源 R1，进程 B 占有资源 R2
   D. 进程 A 占有资源 R1，等待占有 R2，进程 B 占有 R2，R1、R2 不允许两个进程同时占用

3. 下列描述中，＿＿＿＿＿＿发生进程通信上的死锁。
   A. 某一时刻，发来的消息传给进程 A，进程 A 传给进程 B，进程 B 得到的消息传给进程 C，则 A、B、C 三进程
   B. 某一时刻，进程 A 等待 B 发来的消息，进程 B 等待 C 发来的消息，而进程 C 又等待进程 A 发来的消息，消息未到，则 A、B、C 三进程
   C. 某一时刻，发来的消息传给进程 C，进程 C 再传给进程 B，进程 B 再传给进程 A，则 A、B、C 三进程
   D. 某一时刻，发来的消息传给进程 B，进程 B 再传给进程 C，进程 C 再传给进程 A，则 A、B、C 三进程

4. 下述描述中，_____发生进程死锁。

    A. 系统中只有一台 CD-ROM 和一台打印机，进程 A 占有了 CD-ROM 又申请打印机，但不能立即满足，因为进程 B 占有打印机。强行 A 释放占有的 CD-ROM，以后再重新申请。进程 A 释放的 CD-ROM 让给进程 B，则 A、B 进程

    B. 系统中只有一台 CD-ROM 和一台打印机，排序为 R1、R2，对立序号为 1、2，A、B 进程对 R1、R2 的请求严格资源序递增的顺序提出，则进程 A、B

    C. 系统中只有一台 CD-ROM 和一台打印机，进程 A、进程 B 运行前一次性向系统申请它需 CD-ROM 和打印机，则进程 A、B

    D. 系统中只有一台 CD-ROM 和一台打印机，进程 A 占有了 CD-ROM，又申请打印机，进程 B 占有了打印机又申请 CD-ROM，则 A、B 进程

5. 死锁时，如没有外力的作用，则死锁_____。

    A. 涉及的各个进程都将永久处于封锁状态

    B. 涉的单个进程处于封锁状态

    C. 涉及的单个进程处于等待状态

    D. 涉及的进程暂时处于封锁状态

6. 互斥条件是指_____。

    A. 某资源在一段时间内只能由一个进程占有，不能同时被两个或两个以上的进程占有

    B. 一个进程在一段时间内只能占用一个资源

    C. 多个资源只能由一个进程占有

    D. 多个资源进程分配占有

7. 进程所获得的资源在未使用完之前，资源申请者不能强行地从资源占有者手中夺取资源，而只能由该资源的占有者进程自行释放。此指_____。

    A. 强行占有   B. 等待占有

    C. 不可抢占条件   D. 自行释放

8. 存在一进程等待序列 $\{P_1, P_2, \cdots, P_{n-1}, P_n\}$，其中 P_1 等待 P_2 所占有的某一资源，P_2 等待 P_3 所占有的资源，依此类推，而 P_n 等待 P_1 所占有的资源，从而形成一个_____。

    A. 进程顺序推进   B. 进程循环等待环

    C. 资源有序分配   D. 资源强占

二、填空题

1. 产生死锁的根本原因是_____。

2. 所谓死锁是指多个进程循环等待他方占有的资源而无限期地_____的局面。

3. 预防死锁的策略有资源预先分配策略和_____。

4. 一般地，解决死锁的方法分为预防、_____、检测与恢复。

5. 预防死锁的基本思想要求进程申请资源时遵循某种协议，打破产生死锁的_____。

三、简答题

1. 假定进程 A 负责为用户作业分配打印机，进程 B 负责释放打印机，系统中设立一个打印机配表如下，由各个进程共用。

打印机编号	分配标志	用户名	用户定义的设备名
0	0		
1	0		
2	0		

试用 P，V 操作实现两进程对分配表的互斥操作。

2. 设系统中只有一台打印机,有两个用户的程序在执行过程中都要使用打印机输出计算结果。设每个用户程序对应一个进程。问:这两个进程间有什么样的制约关系?试用 P,V 操作写出这两个进程使用打印机的算法。

3. 设 P1,P2 两进程共用一个缓冲区 F,P1 向 F 写入信息,P2 则从 F 中读出信息。问这两个进程间是什么样的制约关系?试用 P,V 操作写出这两个进程读写缓冲区的算法。

4. 设 A1,A2 为两个并发进程,它们共享一临界资源,其临界区代码分别为 CS1,CS2。问这两个进程间是什么样的制约关系?试用 P,V 操作写出这两个进程共享临界资源的算法。

5. 设有一台计算机,有一条 I/O 通道,接一台卡片输入机,卡片机把一叠卡片逐一输入到缓冲区 Q1 中,计算机从缓冲区 Q1 中取出数据再进行加工处理。假设系统中设一个输入进程 Pr 和一个计算进程 Pc 来完成这个任务。问这两个进程间有什么样的制约关系?请用 P,V 操作写出这些进程的算法。

第 **8** 章

内存的管理

内存管理，是指操作系统运行时对计算机内存资源的分配和使用的技术。其最主要的目的是如何高效、快速地分配内存资源，并且在适当的时候释放和回收内存资源。系统运行的过程中，在同一时刻可能有多个应用程序共享内存，因此内存管理对于操作系统的高效运行和实现是非常重要的。本章首先对存储的空间和使用过程进行介绍，并着重阐述内存管理的重要方法。

8.1　存储管理概述

存储管理子系统是操作系统中最重要的组成部分之一，它的目的是方便用户使用和提高存储器利用率。存储管理的对象是主存储器（简称内存或主存）。下面首先介绍存储管理中涉及预备知识，即逻辑地址和物理地址之间是如何映射和定位的。

8.1.1　地址空间

（1）地址空间的概念

在计算机中，每个设备以及进程都被分配了一个地址空间。处理器的地址空间由其地址总线以及寄存器决定。地址空间可以分为 Flat——表示起始空间位置为 0；或者 Segmented——表示空间位置由偏移量决定。在一些系统中，可以进行地址空间的类型转换。内存地址空间（address space）表示任何一个计算机实体所占用的内存大小。比如外设、文件、服务器或者一个网络计算机。地址空间包括物理空间以及虚拟空间。

要保证多个应用程序同时处于内存中并且不互相影响，则需要解决两个问题：保护和重定位。我们来看一个原始的保护办法：给内存块标记上一个保护键，并且比较执行进程的键和其访问的每个内存字的保护键。然而，这种方法本身并没有解决后一个问题，虽然这个问题可以通过在程序被装载时重定位程序来解决，但这是一个缓慢且复杂的解决方法。一个更好的办法是创造一个新的内存抽象：地址空间。就像进程的概念创造了一类抽象的CPU以运行程序一样，地址空间为程序创造了一种抽象的内存。地址空间是一个进程可用于寻址内存的一套地址集合。每个进程都有一个自己的地址空间，并且这个地址空间独立于其他进程的地址空间（除了在一些特殊情况下进程需要共享它们的地址空间外）。

（2）物理地址和虚拟地址

下面介绍物理地址和虚拟地址两个概念，程序在运行过程中需要将虚拟地址转换为物理地址才能够寻找到实际数据。

① 物理地址（physical address）：是指真正放在寻址总线上的地址。放在寻址总线上，如果是读，电路根据这个地址将相应地址的物理内存中的数据放到数据总线中传输。如果是写，电路根据这个地址将相应地址的物理内存中放入数据总线上的内容。物理内存是以字节（B，1B=8bit）为单位编址的。

② 虚拟地址（virtual address）：CPU 启动保护模式后，程序运行在虚拟地址空间中。注意，并不是所有的"程序"都是运行在虚拟地址中。

（3）物理存储器和存储地址空间

物理存储器和存储地址空间是两个不同的概念。但是由于这两者有十分密切的关系，而且两者都用 B、KB、MB、GB 来度量其容量大小，因此容易产生认识上的混淆，弄清这两个不同的概念，有助于进一步认识主存储器和用好主存储器。

① 物理存储器是指实际存在的具体存储器芯片。如主板上装插的主存条和装载有系统的 BIOS 的 ROM 芯片，显示卡上的显示 RAM 芯片和装载显示 BIOS 的 ROM 芯片，以及各种适配卡上的 RAM 芯片和 ROM 芯片都是物理存储器。

② 存储地址空间是指对存储器编码（编码地址）的范围。所谓编码就是对每一个物理存储单元（一字节）分配一个号码，通常称为"编址"。分配一个号码给一个存储单元的目的是为了便于找到它，完成数据的读/写，这就是所谓的"寻址"，所以，有人也把地址空间称为寻址空间。

CPU 在操控物理存储器的时候，把物理存储器都当作内存来对待，把它们总体看作一个由若干存储单元组成的逻辑存储器，这个逻辑存储器就是我们所说的内存地址空间。

有的物理存储器被看作一个由若干存储单元组成的逻辑存储器，每个物理存储器在这个逻辑存储器中占有一个地址段，即一段地址空间。CPU 在这段地址空间中读写数据，实际上就是在相对应的物理存储器中读写数据。

地址空间的大小和物理存储器的大小并不一定相等。举个例子来说明这个问题：某层楼共有 17 个房间，其编号为 801~817。这 17 个房间是物理的，而其地址空间采用了三位编码，其范围是 800~899 共 100 个地址，可见地址空间是大于实际房间数量的。

8.1.2 程序的装入与重定位

在多道程序环境下，要使程序运行，必须先为之创建进程。而创建进程的第一件事，便是将程序和数据装入内存。如何将一个用户源程序变为一个可在内存中执行的程序，通常都要经过以下几个步骤。

① 首先是编译，由编译程序（Compiler）将用户源代码编译成 CPU 可执行的目标代码，产生了若干个目标模块（Object Module，即若干程序段）。

② 其次是链接，由链接程序（Linker）将编译后形成的一组目标模块（程序段），以及它们所需要的库函数链接在一起，形成一个完整的装入模块（Load Module）。

③ 最后是装入，由装入程序（Loader）将装入模块装入内存。

图 8-1 表示了这样的三步过程。

在将一个装入模块装入内存时，可以有绝对装入方式、可重定位装入方式和动态运行时装入方式。

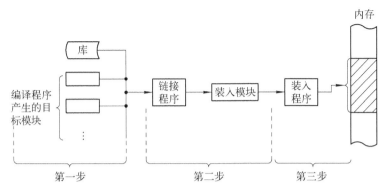

图 8-1　程序装入过程

（1）绝对装入方式（Absolute Loading Mode）

早期，程序的装入是没有物理地址和逻辑地址之分的，也就是只有物理地址，程序的操作都是直接对物理地址进行操作的，也叫绝对地址，所以程序的载入方式叫做绝对载入方式，这种时候程序都是在单道环境下运行的。

在编译时，如果知道程序将驻留在内存的什么位置，那么，编译程序将产生绝对地址的目标代码。即按照物理内存的位置赋予实际的物理地址。例如，事先已知用户程序（进程）驻留在从 R 处开始的位置，则编译程序所产生的目标模块（即装入模块）便从 R 处开始向上扩展。绝对装入程序按照装入模块中的地址，将程序和数据装入内存。装入模块被装入内存后，由于程序中的逻辑地址与实际内存地址完全相同，故不需对程序和数据的地址进行修改。程序中所使用的绝对地址，既可在编译或汇编时给出，也可由程序员直接赋予。

这个方式的优点是 CPU 执行目标代码快。缺点也非常明显：

① 由于内存大小限制，能装入内存并发执行的进程数大大减少；

② 编译程序必须知道内存的当前空闲地址部分和其地址，并且把进程的不同程序段连续地存放起来，编译非常复杂。因此，通常是在程序中采用符号地址，然后在编译或汇编时，再将这些符号地址转换为绝对地址。

（2）静态地址重定位（可重定位装入方式，Relocation Loading Mode）

绝对装入方式只能将目标模块装入到内存中事先指定的位置。在多道程序环境下，编译程序不可能预知所编译的目标模块应放在内存的何处，因此，绝对装入方式只适用于单道程序环境。在多道程序环境下，所得到的目标模块的起始地址通常是从 0 开始的，程序中的其他地址也都是相对于起始地址计算的。假设有 A，B，C 三个模块都要装载，A 的 0 号地址对应物理地址的 0 号，那么 B 和 C 的 0 号地址怎么办呢（因为程序里面给出的都是绝对地址）？于是就出现了可重定位的装入方式，即根据内存的当前情况，将装入模块装入到内存的适当位置。

静态地址重定位即在程序装入内存的过程中完成，是指在程序开始运行前，程序中指令和数据的各个地址均已完成重定位，即完成虚拟地址到内存地址映射。地址变换通常是在装入时一次完成的，以后不再改变。装入时对目标程序中指令和数据修改过程称为可重定位。其实就是逻辑地址转换成物理地址的过程，这样 A 的起始地址还是从 0 开始，A 的末地址可能是 100，B 的起始地址在加载的时候就变成了 101，然后指令中对特定地址的操作都改了，比如在原来 0x08 处，指令是 mov ax,1000，那对应过去就是在 0x109 处执行该指令。

值得注意的是，在采用可重定位装入程序将装入模块装入内存后，会使装入模块中的所有逻辑地址与实际装入内存的物理地址不同，如图 8-2 所示。

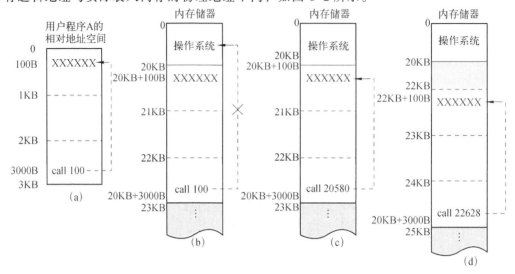

图 8-2　静态地址重定位装入方式

静态地址重定位的优点是无须硬件支持，但也存在缺点：①程序重定位之后就不能在内存中搬动了；②要求程序的存储空间是连续的，不能把程序放在若干个不连续的区域中。

（3）动态地址重地位（动态运行时装入方式，Dynamic Run-time Loading）

静态地址重定位虽然解决了程序的逻辑地址转换成物理地址，但是在程序运行的时候要修改指令和数据怎么办，静态地址重定位的加载方式一旦到了内存里就变成了"绑定"的程序，不能移动。如果程序在内存中发生了移动，意味着它的物理位置发生了变化，这时必须对程序和数据的地址（绝对地址）进行修改后方能运行。然而，实际情况是，在运行过程中它在内存中的位置可能经常要改变，此时就应采用动态运行时装入的方式。这就又出现了动态运行时加载程序方式：动态运行时的装入程序把程序装载到内存后，不直接修改装入模块中的地址，而是真正到执行的时候才进行地址的转换。因此在执行要修改程序指令或者数据之前都是相对地址，不会影响程序的移动。

具体地说，动态地址重定位指的是，不在程序执行之前而是在程序执行过程中进行地址变换。更确切的说，是把这种地址转换推迟到程序真正要执行时才进行，即在每次访问内存单元前才将要访问的程序或数据地址变换成内存地址。动态重定位可使装入模块不加任何修改而装入内存。为使地址转换不影响指令的执行速度，这种方式需要一个重定位寄存器的支持，如图 8-3 所示。

动态地址重定位的优点：①目标模块装入内存时无须任何修改，因而装入之后再搬迁也不会影响其正确执行，这对于存储器紧缩、解决碎片问题是极其有利的；②一个程序由若干个相对独立的目标模块组成时，每个目标模块各装入一个存储区域，这些存储区域可以不是顺序相邻的，只要各个模块有自己对应的定位寄存器即可。

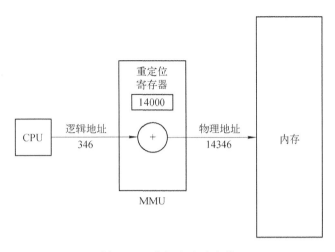

图 8-3　动态地址重定位

8.1.3　程序的链接

源程序经过编译后，可得到一组目标模块，再利用链接程序将这组目标模块链接，形成装入模块。根据链接时间的不同，可把链接方式分成如下三种。

（1）静态链接（Static Linking）

在程序运行之前，先将各目标模块及它们所需的库函数，链接成一个完整的装配模块，以后不再拆开。我们把这种事先进行链接的方式称为静态链接方式。

我们通过一个例子来说明在实现静态链接时应解决的一些问题。图 8-4 所示为静态链接方式，其中图 8-4（a）给出了经过编译后所得到的三个目标模块 A、B、C，它们的长度分别为 L、M 和 N。在模块 A 中有一条语句 CALL B，用于调用模块 B。在模块 B 中有一条语句 CALL C，用于调用模块 C。

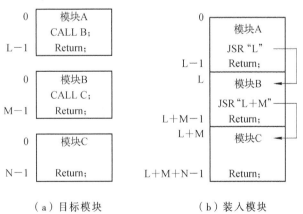

（a）目标模块　　　　　　　（b）装入模块

图 8-4　静态链接方式

B 和 C 都属于外部调用符号，在将这几个目标模块装配成一个装入模块时，须解决以下两个问题。

① 修改相对地址进行。在由编译程序所产生的所有目标模块中，使用的都是相对地址，其起始地址都为 0，每个模块中的地址都是相对于起始地址计算的。在链接成一个装

入模块后，原模块 B 和 C 在装入模块的起始地址不再是 0，而分别是 L 和 L+M，所以此时须修改模块 B 和 C 中的相对地址，即把原 B 中的所有相对地址都加上 L，把原 C 中的所有相对地址都加上 L+M。

② 变换外部调用符号。将每个模块中所用的外部调用符号也都变换为相对地址，如把 B 的起始地址变换为 L，把 C 的起始地址变换为 L+M，如图 8-4（b）所示。这种先进行链接所形成的一个完整的装入模块，又称为可执行文件。通常都不再拆开它，要运行时可直接将它装入内存。

（2）装入时动态链接（Load-time Dynamic Linking）

装入时动态链接是指将用户源程序编译后所得到的一组目标模块，在装入内存时，采用边装入边链接的链接方式。

用户源程序经编译后所得的目标模块，是在装入内存时边装入边链接的，即在装入一个目标模块时，若发生一个外部模块调用事件，将引起装入程序去找出相应的外部目标模块，并将它装入内存，还要按照图 8-4 所示的方式来修改目标模块中的相对地址。装入时动态链接方式有以下优点。

① 便于修改和更新。对于经静态链接装配在一起的装入模块，如果要修改或更新其中的某个目标模块，则要求重新打开装入模块。这不仅是低效的，而且有时是不可能的。若采用动态链接方式，由于各目标模块是分开存放的，所以要修改或更新各目标模块是件非常容易的事。

② 便于实现对目标模块的共享。在采用静态链接方式时，每个应用模块都必须含有其目标模块的副本，无法实现对目标模块的共享。但采用装入时动态链接方式，OS 则很容易将一个目标模块链接到几个应用模块上，实现多个应用程序对该模块的共享。

（3）运行时动态链接（Run-time Dynamic Linking）

运行时动态链接是指对某些目标模块的链接，是在程序执行中需要该（目标）模块时，才对它进行的链接。

在许多情况下，应用程序在运行时，每次要运行的模块可能是不相同的。但由于事先无法知道本次要运行哪些模块，故只能是将所有可能运行到的模块都装入内存，并在装入时全部链接在一起。显然这是低效的，因为往往会有些目标模块根本就不运行。比较典型的例子是作为错误处理用的目标模块，如果程序在整个运行过程中都不出现错误，则显然就不会用到该模块。近几年流行起来的运行时动态链接方式，是对上述装入时链接方式的一种改进。这种链接方式是对某些模块的链接推迟到程序执行时才进行链接，亦即，在执行过程中，当发现一个被调用模块尚未装入内存时，立即由 OS 去找到该模块并将之装入内存，把它链接到调用者模块上。凡在执行过程中未被用到的目标模块，都不会被调入内存和被链接到装入模块上，这样不仅可加快程序的装入过程，而且可节省大量的内存空间。

8.2 内存管理的方法

内存管理，是指软件运行时对计算机内存资源的分配和使用的技术。其最主要的目的是如何高效、快速的分配，并且在适当的时候释放和回收内存资源。内存管理主要包括虚拟地址、地址变换、内存分配和回收、内存扩充、内存共享和保护等功能。

最简单的内存管理方式就是单一连续分配存储管理方式，即为一个用户程序分配连续的内存空间。在这种管理方式中，内存被分为两个区域：系统区和用户区。应用程序装入用户区，可使用用户区全部空间。其特点是简单，适用于单用户、单任务的操作系统。CP/M 和 DOS 2.0 以下就是采用此种方式。这种方式的最大优点就是易于管理。但也存在着一些问题和不足，例如，对要求内存空间少的程序，造成内存浪费；程序全部装入，使得很少使用的程序部分也占用一定数量的内存。

为了支持多道程序系统和分时系统，支持多个程序并发执行，引入了分区式存储管理。分区式存储管理是把内存分为大小相等或不等的分区，操作系统占用其中一个分区，其余的分区由应用程序使用，每个应用程序占用一个或几个分区。分区式存储管理虽然可以支持并发，但难以进行内存分区的共享。分区式存储管理又分为固定分区和动态分区管理两种方式。

8.2.1 固定分区存储管理

固定分区存储管理是预先把可分配的主存储器空间分割成若干个连续区域，每个区域的大小可以相同，也可以不同。

为了说明各分区的分配和使用情况，存储管理需设置一张主存分配表，如表 8-1 所示。

表 8-1 固定分区存储管理的主存分配表

分区号	起始地址/KB	长度/KB	占用标志位
1	8	8	0
2	16	16	Job1
3	32	16	0
4	48	64	0
5	64	32	Job2
6	96	32	0

主存分配表指出各分区的起始地址和长度，表中的占用标志位用来指示该分区是否被占用了，当占用的标志位为"0"时，表示该分区尚未被占用。进行主存分配时总是选择那些标志为"0"的分区，当某一分区分配给一个作业后，则在占用标志栏填上占用该分区的作业名，在表 8-1 中，第 2、5 分区分别被作业 Job1 和 Job2 占用，而其余分区为空闲。由于固定分区存储管理是预先将主存分割成若干个区，如果分割时各区的大小是按顺序排列的，那么固定分区存储管理的主存分配算法就十分简单。

固定分区存储管理的地址转换可以采用静态定位方式，装入程序在进行地址转换时检查其绝对地址是否在指定的分区中，若是，则可把程序装入，否则不能装入，且应归还所分析的区域。固定分区方式的主存分配很简单，只需将主存分配表中相应分区的占用标志位设置成"0"即可。

采用固定分区存储管理，主存空间的利用率不高，例如，表 8-1 中若 Job1 和 Job2 两个作业实际只是 10 K B 和 18 K B 的主存，但它们却占用了 16 K B 和 32 K B 的区域，共有 20 K B 的主存区域占而不用，所以这种分配方式存储空间利用率不高，然而这种方法简单，因此，对于程序大小和出现频率已知的情形，还是合适的。例如，IBM 的 OS/MFT，它是任务数固定的多道程序设计系统，它的主存分配就采用固定分区方式。

8.2.2　动态分区存储管理

动态分区存储管理也叫可变分区管理方式，是按作业的大小来划分分区。当要装入一个作业时，根据作业需要的主存量查看主存中是否有足够的空间，若有，则按需要量分割一个分区分配给该作业；若无，则令该作业等待主存空间。由于分区的大小是按作业的实际需要量来定的，且分区的个数也是随机的，所以可以克服固定分区方式中主存空间的浪费。

随着作业的装入、撤离，主存空间被分成许多个分区，有的分区被作业占用，而有的分区是空闲的。当一个新的作业要求装入时，必须找一个足够大的空闲区，把作业装入该区，如果找到的空闲区大于作业需要量，则作业装入后又把原来的空闲区分成两部分，一部分给作业占用了；另一部分又分成为一个较小的空闲区。当一作业结束撤离时，它归还的区域如果与其他空闲区相邻，则可合成一个较大的空闲区，以利于作业的装入。主存中分区的数目和大小随作业的执行而不断改变。为了方便主存的分配和回收，主存分配表可由两张表格组成，一张已分配区的情况表，另一张是未分配区的情况表，如表 8-2 所示。

表 8-2　可变分区存储管理的主存分配表

（a）已分配区情况表

分区号	起始地址/KB	长度/KB	标志
1	4	6	Job1
2	46	6	Job2
…	…	…	…

（b）未分配区情况表

分区号	起始地址/KB	长度/KB	标志
1	10	36	未分配
2	52	76	未分配

当要装入长度为 30KB 的作业时，从未分配情况表中可找一个足够容纳它的长度 36KB 的空闲区，将该区分成两部分，一部分为 30KB，用来装入 Job 3，成为已分配区；另一部分为 6KB，仍是空闲区。这时，应从已分配区情况表中找一个空栏目登记 Job 3 占用的起始地址、长度，同时修改未分配区情况表中空闲区的长度和起始地址。当作业撤离时则已分配区情况表中的相应状态改成"空"，而将收回的分区登记到未分配情况表中，若有相邻空闲区则将其连成一片后登记。由于分区的个数不定，所以表格应组织成链表。

那么，在有新作业到达的时候，如何选取合适的空闲区分配给它呢？这里可以采用多种不同的分配算法和策略。常用的可变分区管理方式的分配算法有以下 4 种。

（1）首次适应算法（First Fit）

对可变分区方式可采用首次适应算法，每次分配时，总是顺序查找未分配表，找到第一个能满足长度要求的空闲区为止。分割这个找到的未分配区，一部分分配给作业，另一部分仍为空闲区。这种分配算法可能将大的空间分割成小区，造成较多的主存"碎片"。作为改进，可把空闲区按地址从小到大排列在未分配表中，于是为作业分配主存空间时，尽量利用了低地址部分的区域，而可使高地址部分保持一个大的空闲区，有利于大作业的装入。但是，这给收回分区带来一些麻烦，每次收回一个分区后，必须搜索未分配区表来确定它在表格中的位置且要移动表格中的登记项。

（2）最佳适应算法（Best Fit）

可变分区方式的另一种分配算法是最佳适应算法，它是从空闲区中挑选一个能满足作业要求的最小分区，这样可保证不去分割一个更大的区域，使装入大作业时比较容易得到分配区。采用这种分配算法时可把空闲区按空间大小以递增顺序排列，查找时总是从最小的一个区开始，直到找到一个满足要求的区为止。按这种方法，在收回一个分区时也必须对表格重新排列。最优适应分配算法找出的分区如果正好满足要求则是最合适的了，如果比所要求的略大则分割后使剩下的空闲区就很小，以致无法使用。

（3）最坏适应算法（Worst Fit）

最坏适应算法是挑选一个最大的空闲区分割给作业使用，这样可使剩下的空闲区不至于太小，这种算法对中、小作业是有利的。采用这种分配算法时可把空闲区按空间大小以递减顺序排列，查找时总是从最大的一个区开始。按这种方法，在收回一个分区时也必须对表格重新排列。

（4）下次适应算法（循环首次适应算法 Next Fit）

按分区在内存的先后次序，从上次分配的分区起查找（到最后时再从头开始），找到符合要求的第一个分区进行分配。该算法的分配和释放的时间性能较好，使空闲分区分布得更均匀，但较大空闲分区不易保留。

8.2.3　覆盖和交换技术

引入覆盖（Overlay）技术的目标是在较小的可用内存中运行较大的程序。这种技术常用于多道程序系统之中，与分区式存储管理配合使用。

覆盖技术的原理是，一个程序的几个代码段或数据段，按照时间先后来占用公共的内存空间。将程序必要部分（常用功能）的代码和数据常驻内存；可选部分（不常用功能）平时存放在外存（覆盖文件）中，在需要时才装入内存。不存在调用关系的模块不必同时装入内存，从而可以相互覆盖。

在任何时候只在内存中保留所需的指令和数据；当需要其他指令时，它们会装入到刚刚不再需要的指令所占用的内存空间；如图 8-5 所示，A 和 B 复用同一块内存区域，C、D、E 公用同一块内存区域，这样原本长度为 180 KB 的作业在内存中仅占用 100 KB 的空间即可。

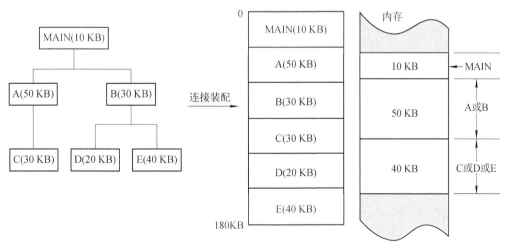

图 8-5　覆盖技术

覆盖技术的缺点是编程时必须划分程序模块和确定程序模块之间的覆盖关系，增加编程复杂度；从外存装入覆盖文件，以时间延长换取空间节省。覆盖的实现方式有两种，以函数库方式实现或操作系统支持。

交换（swapping）技术在多个程序并发执行时，可以将暂时不能执行的程序（进程）送到外存中，从而获得空闲内存空间来装入新程序（进程），或读入保存在外存中而处于就绪状态的程序。交换单位为整个进程的地址空间。交换技术常用于多道程序系统或小型分时系统中，因为这些系统大多采用分区存储管理方式。与分区式存储管理配合使用又称"对换"或"滚进／滚出"（roll-in／roll-out）。

交换技术的原理是：暂停执行内存中的进程，将整个进程的地址空间保存到外存的交换区中（换出，swap out），而将外存中由阻塞变为就绪的进程的地址空间读入到内存中，并将该进程送到就绪队列（换入，swap in）。

交换技术优点之一是增加并发运行的程序数目，并给用户提供适当的响应时间；与覆盖技术相比交换技术另一个显著的优点是不影响程序结构。交换技术本身也存在着不足。例如：对换入和换出的控制增加处理器开销；程序整个地址空间都进行对换，没有考虑执行过程中地址访问的统计特性。

与覆盖技术相比，交换不要求程序员给出程序段之间的覆盖结构。交换主要是在进程与作业之间进行，而覆盖则主要在同一作业或进程内进行。另外，覆盖只能覆盖那些与覆盖程序段无关的程序段。

8.2.4 分页存储管理

在前面介绍的几种存储管理方法中，为进程分配的空间是连续的，使用的地址都是物理地址。如果允许将一个进程分散到许多不连续的空间，就可以避免内存紧缩，减少碎片。基于这一思想，通过引入进程的逻辑地址，把进程地址空间与实际存储空间分离，增加存储管理的灵活性。

根据分配时所采用的基本单位不同，可将离散分配的管理方式分为以下三种：页式存储管理、段式存储管理和段页式存储管理。其中段页式存储管理是前两种结合的存储管理方式。

分页存储管理是将一个进程的逻辑地址空间分成若干个大小相等的片，称为页面或页（page），并为各页加以编号，从 0 开始，如第 0 页、第 1 页等。相应地，也把内存空间分成与页面相同大小的若干个存储块，称为（物理）块或页框（frame），也同样为它们加以编号，如 0#块、1#块等。在为进程分配内存时，以块为单位将进程中的若干个页分别装入到多个可以不相邻接的物理块中。由于进程的最后一页经常装不满一块而形成了不可利用的碎片，称之为"页内碎片"。

在页式系统中进程建立时，操作系统为进程中所有的页分配页框。当进程撤销时收回所有分配给它的页框。在程序的运行期间，如果允许进程动态地申请空间，操作系统还要为进程申请的空间分配物理页框。操作系统为了完成这些功能，必须记录系统内存中实际的页框使用情况。操作系统还要在进程切换时，正确地切换两个不同的进程地址空间到物理内存空间的映射。这就要求操作系统要记录每个进程页表的相关信息。为了完成上述的功能，一个页式系统中，一般要采用页表这种数据结构。

进程页表的主要功能是完成逻辑页号（本进程的地址空间）到物理页面号（实际内存空间，也叫块号）的映射。每个进程有一个页表，描述该进程占用的物理页面及逻辑排列顺序，如图 8-6 所示。

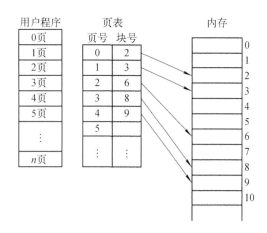

图 8-6　进程页表

分页存储管理方法需要 CPU 的硬件支持来实现逻辑地址和物理地址之间的映射。在页式存储管理方式中地址结构由两部构成，前一部分是页号，后一部分为页内地址 d（位移量），如图 8-7 所示。

对某特定机器，其地址结构是一定的。若给定一个逻辑地址空间中的地址为 A，页面的大小为 L，则页号 P 和页内地址 d 可按下式求得：

图 8-7　分页地址的结构

$$P = \left\lfloor \frac{A}{L} \right\rfloor$$

$$d = \lfloor A \rfloor \% L$$

分页管理的地址变换过程是如图 8-8 所示。CPU 中的内存管理单元（Memory Management Unit，MMU）按逻辑页号通过查进程页表得到物理页框号，将物理页框号与页内地址相加形成物理地址。

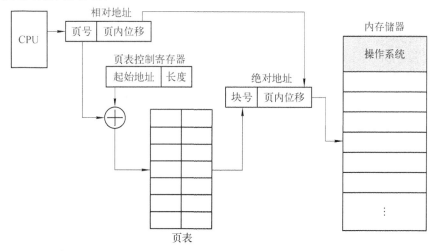

图 8-8　分页管理地址变换过程

上述过程通常由处理器的硬件直接完成，不需要软件参与。通常，操作系统只需在进程切换时，把进程页表的首地址装入处理器特定的寄存器中即可。一般来说，页表存储在主存之中。这样处理器每访问一个在内存中的操作数，就要访问两次内存：第一次用来查找页表将操作数的逻辑地址变换为物理地址；第二次完成真正的读写操作。

这样做时间上耗费严重，为缩短查找时间，可以将页表从内存装入 CPU 内部的关联存储器（例如，快表）中，实现按内容查找。此时的地址变换过程是：在 CPU 给出有效地址后，由地址变换机构自动将页号送入快表，并将此页号与快表中的所有页号进行比较，而且这种比较是同时进行的。若其中有与此相匹配的页号，表示要访问的页的页表项在快表中。于是可直接读出该页所对应的物理页号，这样就无须访问内存中的页表。由于关联存储器的访问速度比内存的访问速度快得多，所以节约时间。具有快表的地址变换过程如图 8-9 所示。

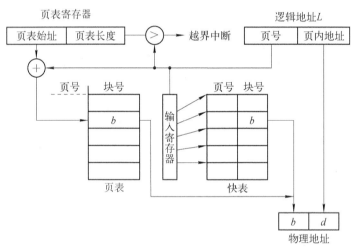

图 8-9　具有快表的地址变换机构

8.2.5　分段存储管理

由于分页方式只考虑程序空间按页的尺寸切分，没有考虑各连续的页之间是否在逻辑上也是连续的。而实际上程序空间往往是多维的，将它们用一维空间的切分方式来分页会造成一页中有不同段的内容，页的结束不等于段的结束。

因此，为了保留程序在逻辑上的完整性，将程序分段，程序可以由多个逻辑段组成；系统按段进行分配，各段大小不等。

在段式存储管理中，将程序的地址空间划分为若干个段（Segment），这样每个进程有一个二维的地址空间。在分段存储管理方式中，作业的地址空间被划分为若干个段，每个段定义了一组逻辑信息。例如，有主程序段 MAIN、子程序段 X、数据段 D 及栈段 S 等。每个段都有自己的名字。为了简单起见，通常可用一个段号来代替段名，每个段都从 0 开始编址，并采用一段连续的地址空间。段的长度由相应的逻辑信息组的长度决定，因而各段长度不等。整个作业的地址空间由于是分成多个段，因而是二维的，即其逻辑地址由段号（段名）和段内地址所组成，如图 8-10 所示。

图 8-10　段式存储管理的地址结构

在动态分区分配方式中，系统为整个进程分配一个连续的内存空间。而在段式存储管理系统中，则为每个段分配一个连续的分区，而进程中的各个段可以不连续地存放在内存的不同分区中。程序加载时，操作系统为所有段分配其所需内存，这些段不必连续，物理内存的管理采用动态分区的管理方法。

类似地，在为某个段分配物理内存时，也可以采用首次适应算法、下次适应算法、最佳适应算法等方法。在回收某个段所占用的空间时，要注意将收回的空间与其相邻的空间合并。

段式存储管理也需要硬件支持，实现逻辑地址到物理地址的映射。

程序通过分段划分为多个模块，如代码段、数据段、共享段，这样做的优点是：可以分别编写和编译源程序的一个文件，并且可以针对不同类型的段采取不同的保护，也可以按段为单位来进行共享。

总的来说，段式存储管理的优点是：没有内碎片，外碎片可以通过内存紧缩来消除；便于实现内存共享。缺点与页式存储管理的缺点相同，进程必须全部装入内存。

为了实现段式管理，操作系统也需要类似页表的数据结构——段表，来实现进程地址空间到物理内存空间的映射，并跟踪物理内存的使用情况，以便在装入新的段的时候，合理地分配内存空间。

进程段表的主要功能是描述组成进程地址空间的各段，可以是指向系统段表中表项的索引，如图 8-11 所示。与页表不同的是，每段有段基址（Base Address），即段内地址。

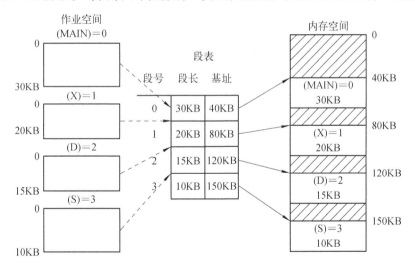

图 8-11　进程段表

在段式管理系统中，整个进程的地址空间是二维的，即其逻辑地址由段号和段内地址两部分组成。为了完成进程逻辑地址到物理地址的映射，处理器会查找内存中的段表，由段号得到段的首地址，加上段内地址，得到实际的物理地址（见图 8-12）。这个过程也是由处理器的硬件直接完成的，操作系统只需在进程切换时，将进程段表的首地址装入处理器的特定寄存器当中。这个寄存器一般被称为段表地址寄存器。

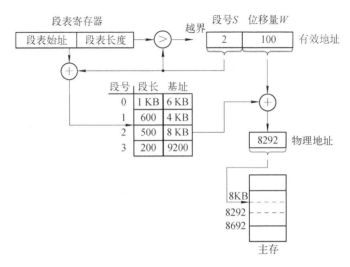

图 8-12 段式存储管理的地址变换过程

8.2.6 段页式存储管理

页式和段式存储管理系统有许多相似之处。比如，两者都采用离散分配方式，且都通过地址映射机构来实现地址变换。但概念上两者也有很多区别，主要表现在以下四个方面。

（1）需求：是信息的物理单位，分页是为了实现离散分配方式，以减少内存的碎片，提高内存的利用率。或者说，分页仅仅是由于系统管理的需要，而不是用户的需要。段是信息的逻辑单位，它含有一组其意义相对完整的信息。分段的目的是为了更好地满足用户的需要。一条指令或一个操作数可能会跨越两个页的分界处，而不会跨越两个段的分界处。

（2）大小：页大小固定且由系统决定，把逻辑地址划分为页号和页内地址两部分，是由机器硬件实现的。段的长度不固定，且由用户所编写的程序决定，通常由编译系统在对源程序进行编译时根据信息的性质来划分。

（3）逻辑地址表示：页式系统地址空间是一维的，即单一的线性地址空间，程序员只需利用一个标识符，即可表示一个地址。分段的作业地址空间是二维的，程序员在标识一个地址时，既需要给出段名，又需要给出段内地址。

（4）段比页大，因而段表比页表短，可以缩短查找时间，提高访问速度。

为了获得分段在逻辑上的优点和分页在管理存储空间方面的优点，可以将段式和页式相结合，引入段页式存储管理方式。段页式系统的基本原理，是基本分段存储管理方式和基本分页存储管理方式原理的结合，即先将用户程序分成若干个段，再把每个段分成若干个页，如图 8-13 所示，并为每一个段赋予一个段名。

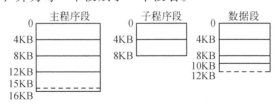

图 8-13 段页式存储管理方式

段页式存储管理方式的特点如下。

（1）用分段方法来分配和管理虚拟存储器。把作业的地址空间分成若干段，而每一段有自己的段名，把每一段分成若干页。

（2）用分页方法来分配和管理内存。即把整个主存分成大小相等的存储块，可装入作业的任何一页。

地址变换过程如图 8-14 所示。给出逻辑地址的段号、页号、页内地址，即可进行地址变换。

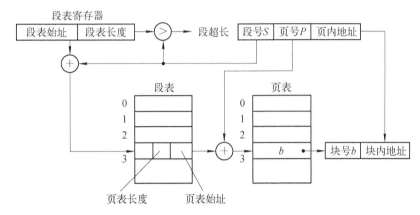

图 8-14　段页式存储管理方式地址变换过程

① 在被调进程的 PCB 中取出段表始址和段表长度，装入段表寄存器；

② 段号与控制寄存器的页表长度比较，若页号大于等于段表长度，发生地址越界中断，停止调用，否则继续；

③ 由段号结合段表始址求出页表始址和页表大小；

④ 页号与段表的页表大小比较，若页号大于等于页表大小，发生地址越界中断，停止调用，否则继续；

⑤ 由页表始址结合段内页号求出存储块号；

⑥ 根据存储块号和页内地址，便可以计算出实际的物理地址。

8.2.7　虚拟存储器管理

当程序的存储空间要求大于实际的内存空间时，就使得程序难以运行了。虚拟存储技术就是利用实际内存空间和相对大的多的外部储存器存储空间相结合构成一个远远大于实际内存空间的虚拟存储空间，程序就运行在这个虚拟存储空间中。能够实现虚拟存储的依据是程序的局部性原理，即程序在运行过程中经常体现出运行在某个局部范围之内的特点。在时间上，经常运行相同的指令段和数据（称为时间局部性），在空间上，经常运行于某一局部存储空间的指令和数据（称为空间局部性），有些程序段不能同时运行或根本得不到运行。虚拟存储是把一个程序所需要的存储空间分成若干页或段，程序运行用到页和段时就放在内存里，暂时不用就放在外存中。当用到外存中的页和段时，就把它们调到内存，反之就把它们送到外存中。装入内存中的页或段可以分散存放。

1．虚拟存储器的基本概念

所谓虚拟存储器，是指具有请求调入功能和置换功能，能从逻辑上对内存容量加以扩充的一种存储器系统。具体地说，就是作业提交给系统时，首先进入辅存。运行时，只将其有关部分信息装入内存，大部分仍保存在辅存中。当运行过程中需要用到不在内存中的信息时，再把它们调入，以保证程序的正常运行。虚拟存储器又称为虚拟存储系统，由主存储器和辅助存储器共同组成。它把辅助存储器作为主存储器的扩充，对应用程序员来说，好像微机系统有一个容量很大的主存。

在提供虚拟存储管理的系统里，把用户作业的相对地址空间改称为"虚拟地址空间"，里面的地址称为"虚拟地址"。

在虚拟存储器系统中要注意区分如下概念。

① 虚拟地址空间，又称为虚存地址空间，是应用程序员用来编写程序的地址空间，与此相对应的地址称为虚拟地址或逻辑地址。

② 主存（内存）地址空间。又称为实存地址空间，是存储、运行程序的空间，其相应的地址称为主存物理地址或实地址。

③ 辅存（外存）地址空间也就是磁盘存储器的地址空间，是用来存放程序的空间，相应的地址称为辅存地址或磁盘地址。

不难看出，主存与辅存的关系极类似于主存与高速缓存的关系，但主存-Cache体系和主存-辅存体系还有一些差别。

① 主存-Cache体系的目的是满足程序对速度的要求，而主存-辅存体系是为了满足容量的要求。所以前者容量小，传送信息块的长度短，读/写速度快；而后一种体系容量大，传送数据块的长度长，读/写速度相对较慢。

② 在主存-Cache体系中，CPU可以直接访问Cache和主存；而在主存-辅存体系结构中，CPU不可以直接访问辅存。

③ 为了保证速度，主存-Cache体系的存取信息过程、地址变换和替换策略全部采用硬件来实现，而主存-辅存体系基本上由操作系统的存储管理软件辅助一些硬件进行数据块的划分来实现主存-辅存之间的调度，所以需要设计存储管理软件来实现这些功能。

2．请求分页存储管理方式

请求分页存储管理技术是在简单分页技术基础上发展起来的。它的基本思想是，当要执行一个程序时才把它换入内存；但并不把全部程序都换入内存，而是用到哪一页时才换入。这样，就减少了对换时间和所需内存数量，允许增加程序的道数。

为了表示一个页面是否已装入内存块，在每一个页表项中增加一个状态位，Y表示该页对应的内存块可以访问；N表示该页不对应内存块，即该页尚未装入内存，不能立即进行访问。如果地址转换机构遇到一个具有N状态的页表项时，便产生一个缺页中断，告诉CPU当前要访问的这个页面还未装入内存。操作系统必须处理这个中断：将内存装入所要求的页面，并相应调整页表的记录，然后再重新启动该指令。

由于这种页面是根据请求而被装入的，所以这种存储管理方法叫做请求分页存储管理。通常在作业最初投入运行时，仅把它的少量几页装入内存，其他各页是按照请求顺序动态装入的，这样就保证用不到的页面不会被装入内存。

为了实现请求分页，系统必须提供一定的硬件支持。除了需要一定容量的内存及外存的计算机系统，还需要有页表机制、缺页中断机构和地址变换机构。

（1）页表机制

请求分页系统的页表机制不同于基本分页系统，请求分页系统在一个作业运行之前不要求数据全部一次性调入内存，因此在作业的运行过程中，必然会出现要访问的页面不在内存的情况，如何发现和处理这种情况是请求分页系统必须解决的两个基本问题。为此，在请求页表项中增加了四个字段，如图 8-15 所示。

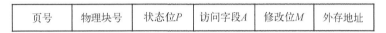

页号	物理块号	状态位 P	访问字段 A	修改位 M	外存地址

图 8-15　请求分页系统中的页表项

增加的四个字段说明如下：

① 状态位 P：用于指示该页是否已调入内存，供程序访问时参考；

② 访问字段 A：用于记录本页在一段时间内被访问的次数，或记录本页最近已有多长时间未被访问，供置换算法换出页面时参考；

③ 修改位 M：标识该页在调入内存后是否被修改过；

④ 外存地址：用于指出该页在外存上的地址，通常是物理块号，供调入该页时参考。

（2）缺页中断机构

在请求分页系统中，每当所要访问的页面不在内存时，便产生一个缺页中断，请求操作系统将所缺的页调入内存。此时应将缺页的进程阻塞（调页完成唤醒），如果内存中有空闲块，则分配一个块，将要调入的页装入该块，并修改页表中相应页表项，若此时内存中没有空闲块，则要淘汰某页（若被淘汰页在内存期间被修改过，则要将其写回外存）。

缺页中断作为中断同样要经历诸如保护 CPU 环境、分析中断原因、转入缺页中断处理程序、恢复 CPU 环境等几个步骤。但与一般的中断相比，它有以下两个明显的区别：

① 在指令执行期间产生和处理中断信号，而非一条指令执行完后，属于内部中断；

② 一条指令在执行期间，可能产生多次缺页中断。

（3）地址变换机构

请求分页系统中的地址变换机构，是在分页系统地址变换机构的基础上，为实现虚拟内存，又增加了某些功能而形成的。

如图 8-16 所示，在进行地址变换时，先检索快表：

① 若找到要访问的页，便修改页表项中的访问位（写指令则还须重置修改位），然后利用页表项中给出的物理块号和页内地址形成物理地址。

② 若未找到该页的页表项，应到内存中去查找页表，再对比页表项中的状态位 P，看该页是否已调入内存，未调入则产生缺页中断，请求从外存把该页调入内存。

（4）页面置换算法

进程运行时，若其访问的页面不在内存而需将其调入，但内存已无空闲空间时，就需要从内存中调出一页程序或数据，送入磁盘的对换区。

选择调出页面的算法就称为页面置换算法。好的页面置换算法应有较低的页面更换频率，也就是说，应将以后不会再访问或者以后较长时间内不会再访问的页面先调出。

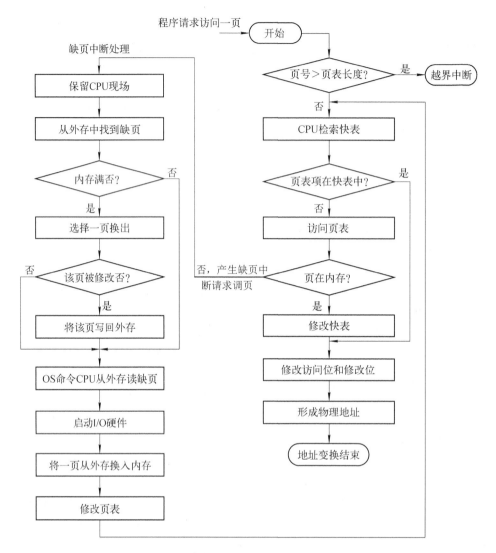

图 8-16 请求分页系统中的地址变换过程

常见的置换算法有以下四种。

① 最佳置换算法（OPT）

最佳（Optimal，OPT）置换算法所选择的被淘汰页面将是以后永不使用的，或者是在最长时间内不再被访问的页面，这样可以保证获得最低的缺页率。但由于人们目前无法预知进程在内存下的若干页面中哪个是未来最长时间内不再被访问的，因而该算法在实际应用中很难实现。

然而，最佳置换算法可以用来评价其他算法。假定系统为某进程分配了三个物理块，并考虑有以下页面号引用串：

$$7, 0, 1, 2, 0, 3, 0, 4, 2, 3, 0, 3, 2, 1, 2, 0, 1, 7, 0, 1$$

进程运行时，先将 7，0，1 三个页面依次装入内存。进程要访问页面 2 时，产生缺页中断，根据最佳置换算法，选择第 18 次访问才需调入的页面 7 予以淘汰。然后，访问页面 0 时，因为已在内存中所以不必产生缺页中断。访问页面 3 时又会根据最佳置换算法将页面 1 淘汰，依此类推，如图 8-17 所示。从图中可以看出采用最佳置换算法时的情况。

访问页面	7	0	1	2	0	3	0	4	2	3	0	3	2	1	2	0	1	7	0	1
物理块 1	7	7	7	2		2		2			2			2				7		
物理块 2		0	0	0		0		4			0			0				0		
物理块 3			1	1		3		3			3			1				1		
缺页否	√	√	√	√		√		√			√			√				√		

图 8-17　利用最佳置换算法的置换过程

可以看到，发生缺页中断的次数为 9，页面置换的次数为 6。

② 先进先出（FIFO）页面置换算法

FIFO 算法优先淘汰最早进入内存的页面，亦即在内存中驻留时间最久的页面。该算法实现简单，只需把调入内存的页面根据先后次序链接成队列，设置一个指针总指向最早的页面。但该算法与进程实际运行时的规律不适应，因为在进程中，有的页面经常被访问。

这里仍用上面的页面号引用串，采用 FIFO 算法进行页面置换。进程访问页面 2 时，把最早进入内存的页面 7 换出。然后访问页面 3 时，再把 2, 0, 1 中最先进入内存的页换出。由图 8-18 可以看出，利用 FIFO 算法时进行了 12 次页面置换，比最佳置换算法正好多一倍。

访问页面	7	0	1	2	0	3	0	4	2	3	0	3	2	1	2	0	1	7	0	1
物理块 1	7	7	7	2		2	2	4	4	4	0			0	0			7	7	7
物理块 2		0	0	0		3	3	3	2	2	2			1	1			1	0	0
物理块 3			1	1		1	0	0	0	3	3			3	2			2	2	1
缺页否	√	√	√	√		√	√	√	√	√	√			√	√			√	√	√

图 8-18　利用 FIFO 置换算法时的置换图

FIFO 算法还会产生当所分配的物理块数增大而缺页次数不减反增的异常现象，这是由 Belady 于 1969 年发现，故称为 Belady 异常，如图 8-19 所示。分配 3 个物理块的情况下，

访问页面	1	2	3	4	1	2	5	1	2	3	4	5
物理块 1	1	1	1	4	4	4	5			5	5	
物理块 2		2	2	2	1	1	1			3	3	
物理块 3			3	3	3	2	2			2	4	
缺页否	√	√	√	√	√	√	√			√	√	
物理块 1*	1	1	1	1			5	5	5	5	4	4
物理块 2*		2	2	2			2	1	1	1	1	5
物理块 3*			3	3			3	3	2	2	2	2
物理块 4*				4			4	4	4	3	3	3
缺页否	√	√	√	√			√	√	√	√	√	√

图 8-19　Belady 异常

缺页次数为 9；当物理块增加到 4 时，缺页次数增加到 10。只有 FIFO 算法可能出现 Belady 异常，而 OPT 算法和后面要介绍的 LRU 算法永远不会出现 Belady 异常。

③ 最近最久未使用（LRU）置换算法

LRU 算法选择最近最长时间未访问过的页面予以淘汰，它认为过去一段时间内未访问过的页面，在最近的将来可能也不会被访问。该算法为每个页面设置一个访问字段，来记录页面自上次被访问以来所经历的时间，淘汰页面时选择现有页面中值最大的予以淘汰。

再对上面的实例采用 LRU 算法进行页面置换，如图 8-20 所示。进程第一次对页面 2 访问时，将最近最久未被访问的页面 7 置换出去。然后访问页面 3 时，将最近最久未使用的页面 1 换出。

访问页面	7	0	1	2	0	3	0	4	2	3	0	3	2	1	2	0	1	7	0	1
物理块 1	7	7	7	2		2		4	4	4	0			1			1			1
物理块 2		0	0	0		0		0	0	3	3			3			0			0
物理块 3			1	1		3		3	2	2	2			2			2			7
缺页否	√	√	√	√		√		√	√	√	√			√			√			√

图 8-20　LRU 页面置换算法时的置换图

在图 8-20 中，前 5 次置换的情况与最佳置换算法相同，但两种算法并无必然联系。实际上，LRU 算法根据各页以前的情况，是"向前看"的，而最佳置换算法则根据各页以后的使用情况，是"向后看"的。

LRU 性能较好，但需要寄存器和栈的硬件支持。LRU 是堆栈类的算法，理论上可以证明，堆栈类算法不可能出现 Belady 异常。FIFO 算法基于队列实现，不是堆栈类算法。

④ 时钟（CLOCK）置换算法

LRU 算法的性能接近于 OPT，但是实现起来比较困难，且开销大；FIFO 算法实现简单，但性能差。所以操作系统的设计者尝试了很多算法，试图用比较小的开销接近 LRU 的性能，这类算法都是 CLOCK 算法的变体。

简单的 CLOCK 算法是给每一帧关联一个附加位，称为使用位（用 u 表示）。当某一页首次装入主存时，该帧的使用位设置为 1；当该页随后再被访问到时，它的使用位也被置为 1。对于页替换算法，用于替换的候选帧集合看做一个循环缓冲区，并且有一个指针与之相关联。当某一页被替换时，该指针被设置成指向缓冲区中的下一帧。当需要替换一页时，操作系统扫描缓冲区，以查找使用位被置为 0 的一帧。每当遇到一个使用位为 1 的帧时，操作系统就将该位重新置为 0；如果在这个过程开始时，缓冲区中所有帧的使用位均为 0，则选择遇到的第一个帧替换；如果所有帧的使用位均为 1，则指针在缓冲区中完整地循环一周，把所有使用位都置为 0，并且停留在最初的位置上，替换该帧中的页。由于该算法循环地检查各页面的情况，故称为 CLOCK 算法，又称最近未用（Not Recently Used, NRU）算法。

CLOCK 算法的性能比较接近 LRU，而通过增加使用的位数目，可以使得 CLOCK 算法更加高效。在使用位的基础上再增加一个修改位（用 m 表示），则得到改进型的 CLOCK 置换算法。这样，每一帧都处于以下四种情况之一：

a. 最近未被访问，也未被修改（$u=0$，$m=0$）；

b. 最近被访问，但未被修改（$u=1$，$m=0$）；

c. 最近未被访问，但被修改（$u=0$，$m=1$）；

d. 最近被访问，被修改（$u=1$，$m=1$）。

算法执行如下操作步骤：

a. 从指针的当前位置开始，扫描帧缓冲区。在这次扫描过程中，对使用位不做任何修改。选择遇到的第一个帧（$u=0$，$m=0$）用于替换。

b. 如果 a 步失败，则重新扫描，查找（$u=0$，$m=1$）的帧。选择遇到的第一个这样的帧用于替换。在这个扫描过程中，对每个跳过的帧，把它的使用位设置成 0。

c. 如果 b 步失败，指针将回到它的最初位置，并且集合中所有帧的使用位均为 0。重复第 1 步，如果有必要，重复第 2 步。这样将可以找到供替换的帧。

改进型的 CLOCK 算法优于简单 CLOCK 算法之处在于替换时首选没有变化的页。由于修改过的页在被替换之前必须写回，因而这样做会节省时间。

3. 请求分段存储管理方式

请求分段存储管理系统也与请求分页存储管理系统一样，为用户提供了一个比内存空间大得多的虚拟存储器。虚拟存储器的实际容量由计算机的地址结构确定。在分段系统的基础上，系统提供必要的硬件和软件支持，采用了请求调段的策略，便形成段式虚拟存储系统。

在请求分段存储管理系统中，作业运行之前，只要求将当前需要的若干个分段装入内存，便可启动作业运行。在作业运行过程中，如果要访问的分段不在内存中，则通过调段功能将其调入，同时还可以通过置换功能将暂时不用的分段换出到外存，以便腾出内存空间。

（1）段表机制

如图 8-21 所示，为进行请求分段式存储管理，在段表项中，除了段名（号）、段长、段在内存中的起始地址外，还增加了以下项：

① 存取方式：存取属性（执行、只读、允许读/写）；

② 访问字段 A：记录该段被访问的频繁程度；

③ 修改位 M：表示该段在进入内存后，是否被修改过；

④ 存在位 P：表示该段是否在内存中；

⑤ 增补位：表示在运行过程中，该段是否做过动态增长；

⑥ 外存始址：表示该段在外存中的起始地址。

段名	段长	段的基址	存取方式	访问字段A	修改位M	存在位P	增补位	外存始址

图 8-21　请求分段存储管理系统中的段表项

（2）缺页中断机构

在指令执行期间，当访问的段不在内存中时，将产生和处理中断信号。一条指令在执行期间，可能产生多次缺段中断。由于分段是信息的逻辑单位，因此不可能出现一条指令被分割在两个段中的情况，也不会有被传送的一组信息段分割在两个分段中的情况。段是不定长的，对缺段中断的处理要比对缺页中断的处理复杂。有时需拼接，有时需淘汰几个段形成一个合适的空区以便调入所需分段。

请求分段系统的中断处理过程如图 8-22 所示。

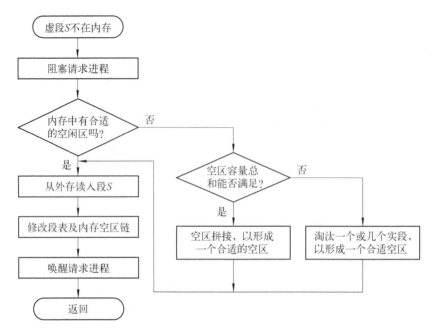

图 8-22 请求分段系统中的中断处理过程

本 章 小 结

存储器是计算机系统的重要组成部分，虽然内存容量在不断扩大，但内存仍然是计算机系统中的宝贵资源。为此，操作系统对内存进行管理的主要任务就是如何提高内存的利用率，并对内存中的信息实现有效保护。本章首先讲解了程序如何通过装入、定位、链接的过程占用和使用内存空间，然后介绍了固定分区、动态分区、分页和分段等多种多样的存储管理方法，并讲解了不同方法的特点，对各自的优缺点进行了比较。希望通过本章的学习，能够使读者了解和掌握操作系统中对主存储器管理的主要思想和常见方法。

习 题 8

一、选择题

1. 在存储管理的分区法中，为了便于内存分配，系统会建立一张_____。

　　A. 页表　　　　　　B. 快表　　　　　C. 分区说明表　　D. 段表

2. 在分区存储管理方法下，导致碎片的原因是_____。

　　A. 重定位　　　　　　　　　　　　B. 分区的个数固定

　　C. 分区的大小固定　　　　　　　　D. 作业连续存储

3. 虚拟存储管理策略可以_____。

　　A. 扩大逻辑内存容量　　　　　　　B. 扩大物理内存容量

　　C. 扩大逻辑外存容量　　　　　　　D. 扩大物理外存容量

4. 请求分页存储管理中，若把页面大小增加一倍，则一般缺页中断次数（程序顺序执行）_____。

    A. 增加　　　　　　B. 减少　　　　　C. 不变　　　　　D. 可能增加也可能减少

5. 采用_____不会产生内部碎片。

    A. 分页式存储管理　　　　　　　B. 分段式存储管理

    C. 固定分区式存储管理　　　　　D. 段页式存储管理

6. 最佳适应算法的空白区是_____。

    A. 按大小递减顺序连在一起　　　B. 按大小递增顺序连在一起

    C. 按地址由小到大排列　　　　　D. 按地址由大到小排列

7. 在可变分区存储管理中的拼接技术可以_____。

    A. 集中空闲块　　　　　　　　　B. 增加内存容量

    C. 缩短访问周期　　　　　　　　D. 加速地址转换

8. 在固定分区分配中，每个分区的大小_____。

    A. 相同　　　　　　　　　　　　B. 随作业长度变化

    C. 可以不同但预先固定　　　　　D. 可以不同但根据作业长度固定

9. 在以下存储管理方案中，不适用多道程序设计系统的是_____。

    A. 单用户连续分配　　　　　　　B. 固定式分区分配

    C. 可变式分区分配　　　　　　　D. 页式存储管理

二、填空题

1. 对内存的访问是通过一系列对指定_____进行读或写来实现的。

2. 将编译或汇编后得到的一组目标模块及它们所需的库函数装配成一个完整的装入模块的过程称为_____。

3. 用户程序经编译之后的每个目标模块都以 0 为基地址顺序编址，这种地址称为_____。

4. 内存中各存储单元的地址是从统一的基地址顺序编址，这种地址称为_____。

5. 从用户的源程序进入系统到相应程序在机器上运行，要经历的主要处理阶段有：编辑、编译、_____和运行。

6. 源程序不能在机器上直接执行，要把源程序编译成处理机能识别的二进制_____。

7. 动态重定位是程序执行期间每次_____之前进行重定位，这种变换是靠硬件地址变换机构来实现的。

8. 把逻辑地址转变为内存的_____的过程称为重定位。

9. 使用固定分区存储管理法时，内存中的分区个数和_____都固定。

10. 使用动态重定位法，通过紧缩可以消除碎片，但需耗费大量的_____。

11. 所谓交换技术，就是为了解决内存不足的问题，令作业在内存和_____之间交换。

12. 在分页系统中，页面的大小由_____决定。

13. 使用分页存储管理方法时，把内存划分成为与_____相同大小的若干个存储块，称为内存块或页框。

14. 请求分页式存储管理是根据实际程序执行的顺序，_____申请存储块的。

15. 存储器管理的请求分页技术和简单分页技术的根本区别是：请求分页技术提供_____，而简单分页技术并不提供。

16. 段是一组逻辑信息的集合，分段的作业地址空间是二维的，利用_____实现二维逻辑地址对一维内存空间的映像。

17. 存储器管理时，为了进行内存保护，在分段存储管理方式中可通过_____和段表中的段长来进行越界检查。

18. 在页面置换算法中，先进先出（FIFO）法是最简单的页面置换算法，而_____算法可以保证最少的缺页率。

三、简答题

1. 什么是虚拟存储器，其基本特征是什么？

2. 为什么分段技术比分页技术更容易实现程序或数据的共享，如何保护？

3. 在页式存储管理中，页的划分对用户是否可见？在段式存储管理中，段的划分对用户是否可见？在段页式存储管理中，段的划分对用户是否可见？段内页的划分对用户是否可见？

4. 已知如下段表：

段号	基址	长度	合法（0）/非法（1）
0	219	600	0
1	2300	14	0
2	90	100	1
3	1327	580	0
4	1952	96	0

在分段存储管理下系统运行时，下列逻辑地址的物理地址是什么？

（1）1，10

（2）2，500

（3）3，400

（4）4，112

5. 已知如下段表：

段号	段长	段基址
0	200	3600
1	100	500
2	30	1050
3	500	2000
4	1024	2500
5	100	3700

在分段存储管理方式下，系统运行时，下述逻辑地址的物理地址是什么？

300　　85　　20　　5

6. 考虑下述页面走向：

　　　　1，2，3，4，2，1，5，6，2，1，2，3，7，6，3，2，1，2，3，6

当内存块数量分别为 3，5 时，试问 LRU、FIFO、OPT 这三种置换算法的缺页次数各是多少？

（注意：所有内存块最初都是空的，凡第一次用到的页面都产生一次缺页。）

7. 某系统页表如下，设每页 1KB，请写出下列逻辑地址所对应的页号和页的地址，以及在内存中对应用的物理地址。（请详细写出第一小题的运算过程）

（1）20　　　　　　　（2）3456

系统页表：

页号	块号
0	3
1	5
2	6
3	10
4	8
5	7
6	1
7	2
8	4

8. 某系统页表如下，设每页 1KB，请写出下列逻辑地址所对应的页号和页的地址，以及在内存中对应用的物理地址。（请详细写出第一小题的运算过程）

（1）8300　　　　　　（2）2049

系统页表：

页号	块号
0	3
1	5
2	6
3	10
4	8
5	7
6	1
7	2
8	4

9. 在一个请求式分页存储管理系统中，一个程序的页面走向是：1，2，3，4，1，2，5，1，2，3，4，5；请分别用 FIFO 算法和 LRU 算法，求出在作业的内存块数为 $M=4$ 时的缺页中断次数和缺页中断率。

第 **9** 章
信息存储的管理

在现代计算机系统中，要用到大量的程序和数据，但内存的容量终究是有限的，且不能长期永久的保存。因此，我们日常要用到的信息和数据通常以文件的形式存放在外存中，需要时再随时将它们调入内存。如果由用户直接管理外存上的文件，不仅要求用户熟悉外存特性，了解各种文件的属性，以及它们在外存上的位置，而且在多用户环境下，还必须保持数据的安全性和一致性。显然，这是用户所不能胜任、也不愿意承担的工作。于是，取而代之的便是在操作系统中又增加了文件管理功能，即构成一个文件系统，负责管理在外存上的文件，并把对文件的存取、共享和保护等手段提供给用户。这不仅方便了用户，保证了文件的安全性，还可以有效地提高系统资源的利用率。本章主要对信息如何以文件的形式在外存上进行存放和管理进行讲解，并介绍一些常见文件系统的特点。

9.1 文件管理概述

9.1.1 文件与文件系统

1. 文件的概念

文件是存储在外存上的具有标识名的一组相关信息集合，它具有文件类型、长度、物理位置、存取控制和建立时间等属性。文件的三个基本特征是：

（1）文件的内容是一组信息的集合，可以是源程序、二进制代码、文本文档、数据、表格、声音和图像等；

（2）文件具有保存性，存放在某种存储介质上，长期保存，多次使用；

（3）文件是按名存取的，每个文件都具有唯一的标识名。

2. 文件系统

文件系统是操作系统中对文件进行控制管理的模块，其主要功能是负责管理存储在外存上的文件，并为用户提供一种简单而又统一的存取和管理文件的方法。无论是用户文件、操作系统的系统文件或是作为管理用的目录文件都依靠文件系统来实施管理。文件系统将文件的存储、检索、共享和文件保护的手段提供给操作系统和用户，以实现方便用户的宗旨。

以 UNIX 为例，文件系统是一些文件和目录的集合。每个文件系统被存储在单独的逻辑卷或整个硬盘分区上，如图 9-1 所示。/usr 下的文件通常被存储在一个文件系统中。

- /var 下的文件通常被存储在另一个文件系统中。
- /tmp 下的文件通常也被存储在另一个文件系统中。
- 根文件系统是一个包含/etc、/dev、/sbin 等目录的特殊文件系统。

终上所述，文件系统包含两方面的含义，一方面包括负责管理文件的一组系统软件，另一方面也包括被管理的对象，即文件。

文件系统的主要目标是提高外存空间的利用率，它要解决的主要问题有：完成文件存储空间的管理，实现文件名到物理地址的转换，实现文件和目录的操作，提供文件共享能力和安全措施，提供友好的用户接口。

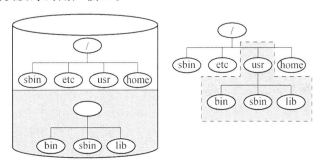

图 9-1 UNIX 文件系统

9.1.2 文件的属性及分类

文件是存放在外存介质上的信息集合，以文件名作为其唯一标识。从用户的角度看，文件是外存的最小分配单位，即数据必须组织在文件中，否则不能写入外存。

文件名以字符串的形式描述。不同的操作系统对文件名有不同的规定，有些系统采用扩展名表示文件的属性和类型，文件名与扩展名之间用"."分隔，如 DOS 中使用扩展名.exe 表示该文件为二进制可执行文件。

有些系统通过修改文件属性描述文件的类型，而不支持扩展名，如 Linux 中"."只是一个字符，该字符之后的所有字符也被认为是文件名的一部分，不能以此识别文件类型，文件类型要通过文件属性来描述，在这一点上 DOS 与 Linux 不同。一些典型的文件扩展名及其对应含义如表 9-1 所示。

表 9-1 典型文件扩展名

扩展名	含 义
.bak	备份文件
.bas	BASIC 源程序
.bin	可执行二进制文件
.c	C 源程序
.dat	数据文件
.doc	文档文件
.hlp	帮助文件
.obj	目标文件（编译程序输出，未加链接）
.pas	Pascal 文件
.txt	一般文本文件

文件的属性通常包括以下内容：

① 文件名：文件的唯一标识，也是外部标识，由用户按规定取名。

② 文件标识符：文件的内部标识，由操作系统给出。

③ 类型：标志该文件类型，比如可执行文件、批处理文件、源文件、文字处理文件等等，也可以是文件系统所支持的不同的文件内部结构文件，如文本文件、二进制文件等。

④ 位置：指向文件在设备上存放位置的指针。

⑤ 大小：文件大小。

⑥ 存取权限：文件的存取控制信息（是否可读、可写、可执行等）

⑦ 时间、日期和用户标识：文件创建、上次修改、上次访问等的时间和日期以及用户。用于系统保护、安全和使用跟踪。

文件的分类可以有多种不同方式如下：

① 按用途分类：系统文件、库文件、用户文件、文档文件等。

② 按文件中的数据形式分类：源文件、目标文件、可执行文件等。

③ 按存取控制属性分类：只执行文件、只读文件、读/写文件等。

④ 按文件的逻辑结构分类：有结构的记录式文件、无结构的字符流式文件。

⑤ 按文件的物理结构分类：顺序文件、链接文件、索引文件。

⑥ 按信息流向分类：输入文件、输出文件、输入/输出文件。

9.1.3　文件系统的功能

文件系统是操作系统中负责管理和存取文件信息的软件机构，由管理文件所需要的数据结构、操作系统实现文件管理的系统程序、以及涉及文件操作的一组系统调用组成。其主要功能是实现对文件存储设备上的空间进行组织、分配；对文件进行存取、保护、检索。它是操作系统面向用户的部分，也是用户与外存之间的接口。文件系统对文件实现统一管理，方便用户且提供安全可靠的共享和保护手段，具体功能包括：

① 实现"按名存取"；

② 合理存放文件，对磁盘等外存空间进行统一管理；

③ 提供合适的文件物理结构；

④ 实现对文件及文件目录的管理；

⑤ 提供用户接口；

⑥ 提供有关文件自身的服务，如文件的共享和保护以及文件完整性控制等。

9.1.4　文件系统的层次结构

文件系统实际上就是文件管理的承担者。可以把文件系统分成三个层次，图9-2给出了文件系统的具体模型。

1. 描述层

负责说明系统中所有文件和文件存储介质的使用状况。

2. 管理层

管理层可进一步划分成如下4个层次，实现信息的传输。

（1）设备驱动管理层。该层实现最底层的文件管理功能，负责启动、控制 I/O 以及支持文件传输。

（2）物理 I/O 控制层。又称基本文件系统，具体负责磁盘与内存之间的数据交换。

（3）文件存储组织层。负责与文件物理存储相关的管理，具体包括：选定文件所在的设备、磁盘空间的组织与管理、文件逻辑地址到物理地址的变换等。

（4）逻辑 I/O 管理层。又称逻辑文件系统，负责对文件逻辑操作的管理。

图 9-2　文件系统模型

3. 接口层

接口层为用户使用文件提供相应接口，如命令接口和程序接口。

文件系统作为文件管理者，覆盖了文件管理模块的所有内容。文件管理在设计与实现时首先要了解文件定义、文件的构造方式、文件的存储方式和存储介质特性等基础知识，然后弄清楚典型目录结构如何实现按名存取，文件存储空间如何组织，文件如何存储、共享和保护等关键技术的实现方法。

9.2　文件的结构和存储方式

9.2.1　文件的逻辑结构

逻辑文件可以有两种形式，一种是流式文件，另一种是记录式文件。

1. 流式文件和记录式文件

流式文件是指对文件内的信息不再划分单位，由依次的一串信息（字符流或字节流）组成，字符数就是文件长度。当然，也可以用插入的特殊字符作为分界，例如，回车换行符、文件结束符等。这种文件通常按字符数或特殊字符来读取所需信息。事实上，许多文件无须分记录，如用户作业的源程序就是一个顺序的字符流，硬要将它分割成记录，只会造成麻烦和增加开销。因而，为了简化系统，像 UNIX 及 MS-DOS 等操作系统对用户仅提供流式文件。

逻辑记录是文件中按信息在逻辑上的独立含义划分的中文信息单位。记录在文件中的排列可能有顺序关系，但此外，记录和记录之间不存在其他关系（在这一点上，文件有别于数据库）。逻辑记录的概念被广泛应用，特别是数据库管理系统。例如，学生成绩文件中，每个学生的成绩信息是包含姓名、学号、班级、各科成绩等若干数据项的一个逻辑记录。整个班级学生的成绩信息，即全部逻辑记录便组成了该班级的成绩信息文件，如表 9-2 所示。

表 9-2　记录式文件

记录号	学号	姓名	班级	各科成绩			
				外语	数学	操作系统	…
0	981001	章城冰	980701	86	93	90	…
1	981002	李伟业	980701	99	76	85	…
2	981003	袁中春	980701	77	94	85	…
⋮	⋮	⋮	⋮	⋮	⋮	⋮	

从操作系统角度来看，逻辑记录是文件内独立的最小信息单位，每次总是为使用者存取、检索或更新一个逻辑记录；但对用户使用来说，还需要进一步将逻辑记录划分成几个更小的独立数据项。不同的高级语言都支持各种类型的数据项，以满足用户需求。

通常用户按照自己特定的需要设计数据项、逻辑记录、逻辑文件。虽然用户不必了解文件的存储结构，但应考虑各种可能的数据表示法，考虑某种类型数据的检索方法，考虑数据处理的简易性、有效性和扩充性。因此，用户在设计逻辑文件时，应考虑下列因素。

（1）如果文件要经常的增、删、改，那么便要求能方便地将数据项增加到逻辑记录中，或将逻辑记录添加到逻辑文件中，否则可能因此重新组织整个文件。

（2）数据项的数据表示法主要取决于数据的用法。若是计算用，则用十进制数或二进制数为宜；若仅作字符串处理，则宜采用（ASCII）字符。

（3）数据项数据应有最普遍的使用形式。例如若用 1 代表男性，用 0 代表女性，则显示性别时需进行转换。但若用英文 M、W 代表性别（或用中文男、女表示），则在显示时无须转换。

（4）依赖于计算机的数据表示法不能被不同计算机处理，但字符串数据是通用的，应尽可能使用字符串数据。

2．记录的成组和分解

逻辑记录和块（物理记录）的关系是：逻辑记录是按信息在逻辑上的独立含义划分的单位，而块（物理记录）是存储介质上连续信息所组成的区域。两者概念不同，长度自然不会一样。为了充分利用存储介质的空间，应考虑如何将逻辑记录存放到存储介质的块上；反过来，使用时又如何从块中取出用户所要的逻辑记录。

若干个逻辑记录合并成一组，写入一个块称为记录的成组，这时每块中逻辑记录的个数称块因子。反过来，当存储介质上的一个物理记录读入缓冲区后，把逻辑记录从块中分离出来的操作称为记录的分解。成组操作一般先在输出缓冲区中进行，凑满一块后才将输出缓冲区内的信息存入存储介质上。

对于设置间隙的存储设备来说，记录采用成组和分解方式处理是提高存储空间利用率的有效方法。

例，某磁带机的记录密度为 800B/in（1in=25.4cm），逻辑记录长 80B，磁带的块间隙为 0.6 英寸。若有 1000 个逻辑记录需要记带，不采用成组方式时，共占带：

$$0.6 \times 1000 + （80/800）\times 1000 = 700（英寸）$$

其中信息只占用 100 英寸，磁带的利用率为：

$$100/700 = 14.3\%$$

若采用块因子数为 4 作成组处理时，则共占带：

$$0.6×1\,000/4+(80/800)×4×1\,000/4=250（英寸）$$

磁带的利用率为：

$$100/250=40\%$$

若采用块因子数为 10 作成组处理时，则共占带：

$$0.6×1000/10+(80/800)×10×1000/10=160（英寸）$$

磁带的利用率为：

$$100/160=62.5\%$$

可见，块因子数较大时，存储空间的利用率较高。

记录的成组和分解处理不仅节省存储空间，还能减少输入/输出操作次数（读/写若干个逻辑记录访盘一次，而不是读/写中文逻辑记录访盘一次），提高系统的效率。它的缺点是：需要软件进行成组和分解的额外操作，以及能容纳最大块长的 I/O 缓冲区。

9.2.2　文件的物理结构

根据外围存储设备的不同，文件被划分为若干个大小相等的物理块，它是存放文件信息或分配存储空间的基本单位，也是文件系统与主存之间传输或交换信息（读/写）的基本单位。物理块的大小一般是固定的，由存储设备和操作系统确定。一个物理块可以存放一个或多个逻辑记录，或者多个物理块存放一个逻辑记录。

（1）顺序文件（连续文件）

按照逻辑文件中的记录顺序，依次把逻辑记录存储到连续的物理块中而形成的文件，如图 9-3 所示。

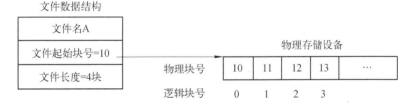

图 9-3　顺序文件的物理结构

这种结构的优点是简单，不占用额外的存储空间，对连续存取有最好的时空效率。然而也正是由于物理空间的连续性，若需要对数据进行增删异动，操作完成后仍需保持物理上的连续，则势必移动大量的物理块，付出相当大的时间开销。

（2）链接文件（串联文件）

考虑到异动频繁的文件不宜采用连续文件存放，串联文件采用物理上不连续的块存放文件，并使用指针实现各块间逻辑上的连续性。由于其物理块不连续，所以，当文件发生异动时，无须移动其他物理块，只要修改相应的指针即可。

例如，文件 A 如果采用串联文件，其物理存储结构如图 9-4 所示。

链接文件结构的优点是，使用链接文件结构时，只须提供该文件的第一个物理块号，无须提供文件长度。链接文件结构下，文件长度可以动态增长，增删方便，只要调整指针就可以方便地插入或删除信息块。

链接文件结构也存在缺点，由于逻辑块号到物理块号的转换需要由第一块开始，依照指针的指引，在队列中逐块查询，而每获取一个指针值都必须读一次物理块。对磁盘等设备而言，为了读取某个数据块可能造成磁头大幅度移动而花费很多的时间开销。所以该文件结构查询效率极低。

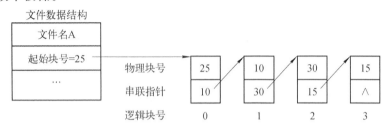

图 9-4　链接文件的物理结构

综上所述，链接文件的物理块可以不连续，也不必顺序排列，但每个物理块中设置一个指针，指向下一个物理块的地址。解决了存储器的碎片问题，有利于文件扩充，但存取速度较慢。链接文件一般适用于逻辑上连续，且存取也是顺序访问的文件，不适合随机存取。

（3）索引文件

为了提高文件的检索效率，可以采用索引方法组织文件。采用索引这种结构，逻辑上连续的文件可以存放在若干不连续的物理块中，但对于每个文件，在存储介质中除存储文件本身外，还要求系统另外建立一张索引表，索引表记录了文件信息所在的逻辑块号和与之对应的物理块号。索引表也以文件的形式存储在存储介质中，索引表的物理地址则由文件说明信息项给出。索引结构如图 9-5 所示。

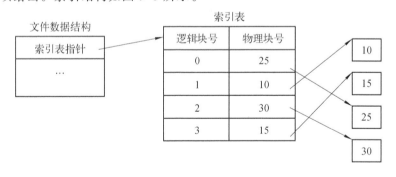

图 9-5　索引文件的物理结构

在很多情况下，有的文件很大，文件索引表也就较大。如果索引表的大小超过了一个物理块，可以采用间接索引（多重索引），也就是在索引表所指的物理块中存放的不是文件信息，而是装有这些信息的物理块地址。这样，如果一个物理块可装下 n 个物理块地址，则经过一级间接索引，可寻址的文件长度将变为 $n \times n$ 块。如果文件长度还大于 $n \times n$ 块，还可以进行类似的扩充，即二级间接索引，其原理如图 9-6 所示。

不过，大多数文件不需要进行多重索引，也就是说，这些文件所占用的物理块的所有块号可以放在一个物理块内。如果对这些文件也采用多重索引，则显然会降低文件的存取速度。因此，在实际系统中，总是把索引表的前几项设计成直接寻址方式，也就是这几项所指的物理块中存放的是文件信息；而索引表的后几项设计成多重索引，也就是间接寻址方式。在文件较短时，就可利用直接寻址方式找到物理块号而节省存取时间。

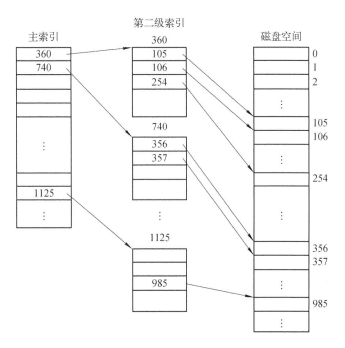

图 9-6　多重索引结构

索引结构既适用于顺序存取，也适用于随机存取，并且访问速度快，文件长度可以动态变化。索引结构的缺点是由于使用了索引表而增加了存储空间的开销。另外，在存取文件时需要至少访问存储器两次，其中，一次是访问索引表，另一次是根据索引表提供的物理块号访问文件信息。由于文件在存储设备的访问速度较慢，因此，如果把索引表放在存储设备上，势必大大降低文件的存取速度。改进的方法是，对某个文件进行操作之前，系统预先把索引表放入内存，这样，文件的存取就可直接在内存通过索引表确定物理地址块号，而访问存储设备的动作只需要一次。当文件被打开时，为提高访问速度将索引表读入内存，故又需要占用额外的内存空间。

9.3　文　件　目　录

9.3.1　文件目录的概念

用于标识文件的有关信息，该数据结构即称之为文件控制块。因此，文件控制块可以唯一标识出一个文件，并与文件一一对应。借助文件控制块中存储的文件信息，可对文件进行各种操作。文件控制块应包含如下内容。

（1）文件基本信息，包括用户名、文件名和文件类型等。

（2）文件结构信息，包括文件的逻辑结构、文件的物理结构、文件大小、文件在存储介质上的位置等。

（3）文件管理信息，包括文件的建立日期、文件被修改的日期、文件保留期限和记账信息等。

（4）文件存取控制信息，包括只读、可执行和读写等。

为实现"按名存取"，必须建立文件名与辅存空间中物理地址的对应关系，体现这种对应关系的数据结构称为文件目录。文件目录通常用于检索文件，它是文件系统实现按名存取的重要手段。把所有目录项有机地组织在一起，就构成了文件目录。当用户要求访问某个文件时，文件系统可顺序查找文件目录中的目录项，通过比较文件名，可找到指定文件的目录项，根据该目录项中给出的有关信息可进行核对使用权限等工作，并读出文件供用户使用。

9.3.2 文件目录结构

操作系统对文件按名存取，关键是解决文件名称与文件具体的存储地址的转换，这主要依赖于文件目录来实现。对文件目录的管理有以下要求：

① 实现"按名存取"；

② 提高对目录的检索速度；

③ 文件共享；

④ 允许文件重名。

文件目录（file directory）为每个文件设立一个表目。文件目录表目至少要包含文件名、文件内部标识、文件的类型、文件存储地址、文件的长度、访问权限、建立时间和访问时间等内容。

文件目录（或称为文件夹）是由文件目录项组成的。文件目录分为一级目录、二级目录和多级目录。多级目录结构也称为树形结构，在多级目录结构中，每一个磁盘有一个根目录，在根目录中可以包含若干子目录和文件，在子目录中不但可以包含文件，而且还可以包含下一级子目录，这样类推下去就构成了多级目录结构。

采用多级目录结构的优点是用户可以将不同类型和不同功能的文件分类储存，既方便文件管理和查找，还允许不同文件目录中的文件具有相同的文件名，解决了一级目录结构中的重名问题。Windows、UNIX、Linux 和 DOS 等操作系统采用的是多级目录结构，如图 9-7 所示。

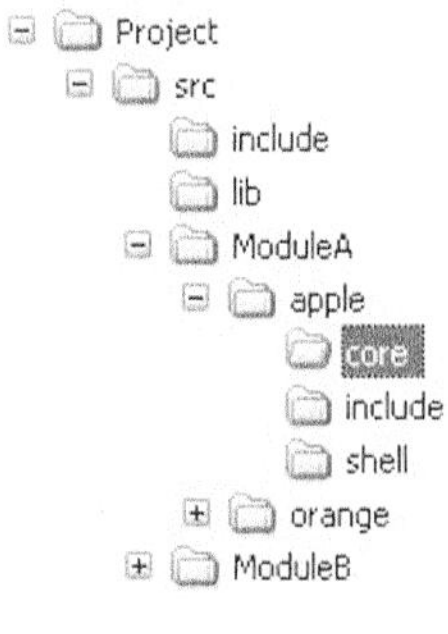

在多级目录结构中，可通过路径名和文件名访问文件。然而，当一个文件系统含有许多级时，每访问一个文件，都要使用从树根开始直到树叶（数据文件）为止的、包括各中间结点（目录）名的全路径名。这是相当麻烦的事。

因此，可为每个进程设置一个"当前目录"，又称为"工作目录"。进程对各文件的访问都相对于"当前目录"而进行。此时各文件所使用的路径名，只需从当前目录开始，逐级经过中间的目录文件，最后到达要访问的数据文件。

图 9-7 多级文件目录结构

把这一路径上的全部目录文件名与数据文件名用"/"连接形成路径名，如图 9-7 所示，如果当前目录是/Project/src/ModuleA/apple，那么此时目录 core 的相对路径名仅是 core 本身。

这样，把从当前目录开始直到数据文件为止所构成的路径名，称为相对路径名（Relative

Path Name）；而把从树根开始的路径名称为绝对路径名（Absolute Path Name）。

9.4　文件系统的实现

　　文件系统定义了把文件存储于磁盘时所必需的数据结构及磁盘数据的管理方式。我们知道，磁盘是由很多个扇区（Sector）组成的，如果扇区之间不建立任何的关系，写入其中的文件就无法访问，因为无法知道文件从哪个扇区开始，文件占多少个扇区，文件有什么属性。为了访问磁盘中的数据，就必须在扇区之间建立联系，也就是需要一种逻辑上的数据存储结构。建立这种逻辑结构就是文件系统要做的事情，在磁盘上建立文件系统的过程通常称为格式化。

　　以早期 Windows 平台下常见的 FAT（File Allocation Table）文件系统为例。FAT 文件系统有两个重要的组成部分：FAT 表和数据存储区。FAT 表是 FAT 文件系统的名称来源，它定义了存储数据的簇（Cluster，由 2^n 个 Sector 组成，n 的值根据分区大小而定，需综合考虑数据存取效率和存储空间的利用率）之间的链接关系，这种链接关系是一个单向链表，指向 0xFF 表示结束。依据一个簇编号所用位数的不同，可分为 FAT 12、FAT 16 和 FAT 32 文件系统。数据区存储的数据包含文件目录项（Directory Entries）和文件数据。文件目录项存储的是一个文件或目录的属性信息，包括文件名称（把目录也看成是文件）、读写属性、文件大小、创建时间、起始簇编号等，一个目录下的每个子目录和文件都对应一个表项记录。文件目录项以固定 32 字节的长度存储，以树型结构管理，其中根目录的位置是确定的。也就是说，根据分区根目录可以找到下级子目录和文件的起始簇编号，根据下级子目录又可以找到更下级目录或文件的起始簇编号。可见，FAT 表和文件目录项是为了文件的访问和管理而建立的。应用程序要访问一个文件时，根据文件路径（逻辑分区号 + 目录，如 F:\software）和文件名称（如 setup.exe）可从文件目录项中获得存储文件数据的起始簇号，之后从 FAT 表查询这个簇号对应的链表，就可以获得该文件对应的全部簇编号。从这些簇中读出全部数据，就得到一个完整的文件。

　　一般来说，文件系统是和操作系统紧密结合在一起的，不同的操作系统使用不同的文件系统，但有时为了兼容，不同操作系统也使用相同的文件系统。

9.4.1　主流文件系统及其特点

　　在 Windows 系列操作系统中，MS–DOS 和 Windows 3.x 使用 FAT16 文件系统，默认情况下 Windows 98 也使用 FAT16，Windows 98 和 Windows Me 可以同时支持 FAT16、FAT32 两种文件系统，Windows NT 则支持 FAT16、NTFS 两种文件系统，Windows 2000 可以支持 FAT16、FAT32、NTFS 三种文件系统。每一种文件系统提供的功能与特点各不相同。比如 FAT32 文件系统，采用 32 位的文件分配表，磁盘的管理能力大大增强。但由于文件分配表的增大，性能相对来说有所下降。此外，这个版本的文件系统不能向下兼容。

　　NTFS 是随着 Windows NT 操作系统而产生的，和 FAT 文件系统相比有更好的安全性和稳定性，在使用中不易产生文件碎片，NTFS 分区对用户权限作出了非常严格的限制，同时它还提供了容错结构日志，从而保护了系统的安全。但 NTFS 分区格式的兼容性不好，Windows 98/ME 操作系统均不能直接访问该分区。

对于超过 4GB 的硬盘，使用 NTFS 分区可以减少磁盘碎片的数量，大大提高硬盘的利用率；NTFS 可以支持的文件大小理论上仅受磁盘分区或卷的容量限制，远远大于 FAT32 下的 4 GB；且能够支持长文件名。

在 Linux 系统中，每个分区都是一个文件系统，都有自己的目录层次结构。Linux 的最重要特征之一就是支持多种文件系统，并可以和许多其他种操作系统共存。

随着 Linux 的不断发展，它所支持的文件格式系统也在迅速扩充。特别是 Linux 2.4 内核正式推出后，出现了大量新的文件系统。Linux 系统可以支持十多种文件系统类型，包括：JFS、ext、ext2、ext3、ISO9660、XFS、Minx、MS-DOS、UMSDOS、VFAT、NTFS、HPFS、NFS、SMB、SysV、PROC 等。

各主流操作系统和平台的文件系统名称和特点如表 9-3 所示。

表 9-3　各主流操作系统和平台的文件系统名称和特点

操 作 系 统	文 件 系 统	主 要 特 点
Windows 9x Windows Me 和 Windows XP	FAT 文件系统 FAT12/FAT16 和 FAT32	可以允许多种操作系统访问，如 MS-DOS、Windows 3.x、Windows 9x、Windows NT 和 OS/2 等。这一文件系统在使用时遵循 8.3 命名规则（即文件名最多为 8 个字符，扩展名为 3 个字符）。最大的限制在于兼容性方面，FAT32 不能保持向下兼容。当分区小于 512MB 时，FAT32 不会发生作用。单个文件不能大于 4GB
Windows NT/2000 及更高版本	NTFS 文件系统	支持文件系统故障恢复，尤其是大存储媒体、长文件名。分区大小可以达到 2TB。通过使用标准的事物处理日志和恢复技术来保证分区的一致性。只能被 Windows NT/2000 所识别，不能被 FAT 文件系统所存取
Windows longhorn	WinFS	用以组织、搜索和共享多种多样信息的存储平台。WinFS 被设计为在无结构文件和数据库数据之间建立起更好的互操作性，从而提供快捷的文件浏览和搜索功能
Linux	ext2/ext3/XFS 等文件系统	是一种日志式文件系统。日志式文件系统的优越性在于：由于文件系统都有快取层参与运作，如不使用时必须将文件系统卸下，以便将快取层的资料写回磁盘中。因此每当系统要关机时，必须将其所有的文件系统全部卸下后才能进行关机
UNIX	NFS	网络文件系统，允许多台计算机之间共享文件系统，易于从所有这些计算机存放文件
Windows 系列	CIFS	网络文件系统，允许多台计算机之间共享文件系统，易于从所有这些计算机存放文件
AIX	JFS	具有可伸缩性和健壮性，与非日志文件系统相比，它的优点是其快速重启能力：JFS 能够在几秒或几分钟内就把文件系统恢复到一致状态。为满足服务器（从单处理器系统到高级多处理器和群集系统）的高吞吐量和可靠性需求而设计。使用数据库日志处理技术
SCO UNIXWare	Vxfs UFS	日志式文件系统。建立文件的索引区，将操作记录在事件日志中，当系统发生意外时，能让系统迅速、完全地得到恢复。提供文件系统的照相功能，保证了数据的在线备份，提供文件系统的在线扩展，并提高了 I/O 吞吐率

9.4.2　网络文件系统及其特点

下面以 NFS 和 CIFS 两种典型的网络文件系统为例，介绍网络文件系统的工作原理和主要特点。

NFS（Network File System，网络文件系统）是当前主流异构平台共享文件系统之一。主要应用在 UNIX 环境下。最早是由 Sun Microsystems 开发，现在能够支持在不同类型的系统之间通过网络进行文件共享，广泛应用在 FreeBSD、SCO、Solaris 等异构操作系统平台，允许一个系统在网络上与他人共享目录和文件。通过使用 NFS，用户和程序可以像访问本地文件一样访问远端系统上的文件，使得每个计算机的节点能够像使用本地资源一样方便地使用网上资源。换言之，NFS 可用于不同类型计算机、操作系统、网络架构和传输协议运行环境中的网络文件远程访问和共享。

NFS 的工作原理是使用客户端/服务器架构，由一个客户端程序和服务器程序组成。服务器程序向其他计算机提供对文件系统的访问，其过程称为输出。NFS 客户端程序对共享文件系统进行访问时，把它们从 NFS 服务器中"输送"出来。文件通常以块为单位进行传输。其大小是 8KB（虽然它可能会将操作分成更小尺寸的分片）。NFS 传输协议用于服务器和客户机之间文件访问和共享的通信，从而使客户机远程地访问保存在存储设备上的数据。

CIFS（Common Internet File System，公共互联网文件系统）是当前主流异构平台共享文件系统之一。主要应用在 Windows NT 等环境下，是由 Microsoft 公司开发。其工作原理是让 CIFS 协议运行于 TCP/IP 通信协议 Windows NT 之上，让 UNIX 计算机可以在网络邻居上被 Windows 计算机看到。

共享文件系统特点包括。

① 异构平台下的文件共享：不同平台下的多个客户端可以很容易地共享 NAS 中的同一个文件。

② 充分利用现有的 LAN 网络结构，保护现有投资。

③ 容易安装，使用和管理都很方便，实现即插即用。

④ 广泛的连接性：由于基于 IP/Ethernet 以及标准的 NFS 和 CIFS，可以适应复杂的网络环境。

⑤ 内部资源的整合：可以将内部的磁盘整合成一个统一的存储池，以卷的方式提供给不同的用户，每个卷可以格式化成不同的文件系统。允许应用进程打开一个远地文件，并能够在该文件的某一个特定的位置上开始读写数据。NFS 可使用户只复制一个大文件中的一个很小的片段，而不需复制整个大文件，在网络上传送的只是少量的修改数据。

需要注意的是，CIFS 和 NFS 虽然同样也是文件系统（File System），但它并不能用于在磁盘中存储和管理数据，它定义的是通过 TCP/IP 网络传输文件时的文件组织格式和数据传输方式。利用 CIFS 和 NFS 共享文件实际涉及两次的文件系统转换。客户端从服务器端申请一个文件时，服务器端首先从本地读出文件（本地文件系统格式），并以 NFS/CIFS 的格式封装成 IP 报文并发送给客户端。客户端收到 IP 报文以后，把文件存储于本地磁盘中（本地文件系统格式）。

9.4.3　外存空间管理

为了对外存空间进行有效的利用，提高对文件的访问速率，系统对外存中的空闲块资源要妥善管理。目前常用的磁盘空闲区管理技术有：空闲空间表法、空闲块链接法、位示图法和成组链接法。

1. 空闲空间表法

（1）空闲空间表

为了记载磁盘上有哪些盘块当前是空闲的，文件系统要建立一个空闲空间表，如表 9-4 所示。

表 9-4　空闲空间表

序号	第一空闲盘块号	空闲盘块数
1	2	4
2	9	3
3	9	5
4	—	—

所有连续的空闲盘块在表中占据一项，其中标出空闲块序号和该项中所包含的空闲块个数，以及相应的物理盘块号。

（2）空闲块分配

在建新文件时，要为它分配盘空间。为此，系统检索空闲空间表，寻找合适的表项。如果对应空闲区的大小恰好是所申请的值，就把该项从表中清除；如果该区大于所需数量，则把分配后剩余的部分记在表项中。

（3）空闲块回收

当用户删除一个文件时，系统回收该文件原来占用的盘块，并把相应的空闲块信息填回到空闲空间表中。如果释放的盘区和原有空闲区相邻接，则把它们合并成一个大的空闲区，记在一个表项中。

这种方法把若干连续的空闲块组合在一个空闲表项中，它们可一起被分配或释放，所以特别适合于存放连续文件。若存储空间有大量的小空间区时，则其目录变得很大，使检索效率大大降低。同时，如同内存的动态分区分配一样，随着文件不断地被创建和被删除，将使磁盘空间分割成许多小块。这些小空闲区无法用来存放文件，从而产生了外存的外部碎片，造成了磁盘空间的浪费。

2. 空闲块链接法

这种方法与链接文件的结构有相似之处，只是链上的盘块都是空闲块，所有的空闲盘块链在一个队列中，用一个指针指向第一个空闲块，而各个空闲块中都含有下一个空闲区的块号，最后一块的指针项记为 NULL，表示链尾。

这种技术易于实现，但工作效率低。

3. 位示图（BitMap）法

这是利用一串二进制的值来反映磁盘空间的分配情况，也称为位向量法。每个盘块都对应一个位，如图 9-8 所示。如果盘块是空闲的，对应位是 0；如盘块已分出去，则对应位是 1。

	0位	1位	2位	3位		30位	31位
第0字	0/1	0/1	0/1	0/1	…	0/1	0/1	0/1	0/1
第1字	0/1	0/1	0/1	0/1	…	0/1	0/1	0/1	0/1
⋮					…				
	0/1	0/1	0/1	0/1	…	0/1	0/1	0/1	0/1
	0/1	0/1	0/1	0/1	…	0/1	0/1	0/1	0/1
第99字	0/1	0/1	0/1	0/1	…	0/1	0/1	0/1	0/1

←1个柱面

图 9-8　位示图

进行盘块分配时，按照如下步骤。

① 顺序扫描位示图，从中找出一个或一组其值为 0 的二进制位。

② 将所找到的一个或一组二进制位，转换成与之相应的盘块号。假定找到的其值为"0"的二进制位，位于位示的第 i 行、第 j 列，则其相应的盘块号应按下式计算：

$$b=ni+j$$

式中，n 代表每行的位数。

③ 修改位示图，令 map$[i][j]=1$。

需要回收盘块时，按如下步骤进行。

① 将回收盘块的盘块号 b 转换成位示图中的行号 i 和列号 j。转换公式为：

$$i= b/n$$
$$j= b\%n$$

② 修改位示图。令 map $[i][j]=0$。

4. 空闲块成组链接法

（1）空闲块成组链接

用空闲块链接法可省内存，但实现效率低。改进办法是把所有空闲盘块按固定数量分组。UNIX 系统中就是采用这种方法。在 UNIX 系统中，将空闲块分成若干组，每 100 个空闲块为一组，每组的第一个空闲块登记了下一组空间块的物理盘块号和空闲块总数，假如一个组的第一个空闲块号等于 0，意味着该组是最后一组，即无下一组空闲块。依次类推，组与组之间形成链接关系。最后一组的块号通常放在内存的一个专用栈结构中，如图 9-9 所示。这样，平常对盘块的分配和释放是在栈中进行，具体方式为。

① 将每一组含有的盘块总数 N 和该组所有的盘块号，记入其前一组的第一个盘块的 S.free(0) ~ S.free(99) 中。

② 将第一组的盘块总数和所有的盘块号，记入空闲盘块号栈中。

③ 最末一组只有 99 个盘块，盘块号记入其前一组第一盘块的 S.free(1) ~ S.free(99) 中。而在 S.free(0) 中存放 0，作为空闲盘块链的结束标志。

（2）空闲块分配

盘块的分配过程如下。

① 检查空闲盘块号栈是否上锁，如未上锁，便从栈顶取出一空闲盘块号，将与之对应的盘块分配给用户，然后将栈顶指针下移一格。

② 若该盘块号已是栈底，这是当前栈中最后一个可分配的盘块号。

③ 由于在该盘块号所对应的盘块中记有下一组可用的盘块号，因此，须调用磁盘读过程，将栈底盘块号所对应盘块的内容读入栈中，作为新的盘块号栈的内容，并把原栈底对应的盘块分配出去（其中的有用数据已读入栈中）。

④ 然后，把栈中的空闲盘块数减 1 并返回。

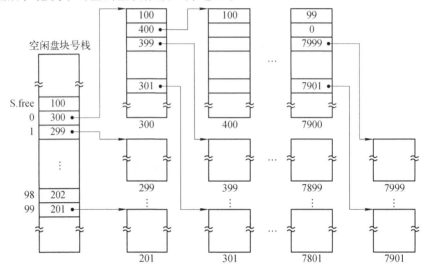

图 9-9　空闲盘块的成组链接法

（3）空闲块释放与回收

空闲块回收的过程是：

① 将回收盘块的盘块号记入空闲盘块号栈的顶部，并执行空闲盘块数加 1 操作。

② 当栈中空闲盘块号数目已达 100 时，表示栈已满，便将现有栈中的 100 个盘块号，记入新回收的盘块中，再将其盘块号作为新栈底。

成组链接法是 UNIX 系统中采用的空闲盘块管理技术，它兼备了空闲空间表法和空闲块链接法的优点，克服了两种方法都有的表（或链）太长的缺点。成组链接法在管理上要复杂一些，尤其是在盘块分配时出现栈空和盘块释放时遇到栈满的情况下，要作特殊处理。

9.5　文件的使用

9.5.1　文件主要操作

文件系统提供给用户使用文件的一组接口，用户通过调用"文件操作"提出对文件的操作要求。常用的文件操作有 6 种。

1. 建立文件操作

首先调用建立文件操作命令向系统提出"建立"要求，并向系统提供如下常用参数：用户名、文件名、存储设备类型及编号、文件属性和存取控制信息。

建立文件操作的实质是建立文件控制块，目的是为了建立系统与文件的联系。在二级文件目录结构下，其基本步骤如下：

（1）检查建立参数的合法性，若合法则按照用户名检索主文件目录表，找到用户文件目录表；

（2）检查用户文件目录表中有无重名文件，若无则在目录表中空闲位置处建立一个空的文件控制块（即目录项）；

（3）为新文件分配必要的外部存储空间；

（4）将用户提供的参数及外存地址填入文件控制块中；

（5）返回一个文件描述符。

2．打开文件操作

用户使用文件前，首先调用打开文件操作命令向系统提出"打开"要求。并向系统提供如下常用参数：用户名、文件名、存储设备类型及编号、打开方式及口令等。

打开文件操作的过程，是指系统将文件的有关信息从辅存读入主存文件目录表的一个表目中，并将文件的编号返回给用户，从而为用户具体访问文件做好准备。在树型文件目录结构中，其基本步骤如下：

（1）根据文件路径名查找文件目录树，找到该文件的文件控制块。

（2）根据打开方式、共享说明和用户身份检查访问合法性。

（3）根据文件号检索系统打开文件表，检查文件是否已被打开；若已打开，则将表中的共享计数值加 1；否则将辅存中文件控制块等信息填入系统打开文件表空表项，共享计数值置为 1（第一次）。

（4）在用户打开文件表中取一空表项，填写打开方式等，并指向系统打开文件表对应表项。

文件打开后，用户便可直接向系统提出若干读/写操作请求，不需多次重复打开，这样可大大提高对文件的操作速度。一般地，通过打开命令打开文件的方式称为显式打开方式，但有些系统中也可通过读/写命令隐含地向系统提出打开要求，称为隐式打开方式。

3．读文件操作

读文件是指把文件中的数据从辅存空间读入主存数据区中的操作，但一般先执行打开文件操作。用户在调用此操作命令时，需提供一些主要参数。若该文件采用随机方式存储，则参数包括文件名、起始逻辑记录号及记录数、数据读入的主存起始地址等；若采用顺序方式，则参数中不需包含起始逻辑记录号，并将记录数换成字节数即可。步骤如下：

（1）根据文件名查找文件目录，确定该文件在目录中的位置及存储地址；

（2）根据隐含参数中的进程控制块信息和该文件的存取权限数据，检查访问的合法性；

（3）根据文件控制块参数中指出的存储方式、起始地址和长度等信息，确定对应的存储块号和块数；

（4）根据确定的起始块号和块数，分一次或多次将所有数据读入主存区域。

4．写文件操作

当用户要求插入、添加或更新文件内容，并把修改后的内容存入存储物理块时，可以执行写操作，但一般须先执行打开文件操作或建立文件操作。除增加了辅存空间参数外，写文件操作与读文件类似，同样也须先查目录，根据找到的文件控制块信息，完成将主存数据区中的数据写入物理块中。

5. 关闭文件操作

关闭操作将文件关闭，切断与该文件的联系，向系统归还对该文件的使用权。用户不能再对关闭后的文件进行读/写操作，可有效保护文件，避免误操作。关闭文件操作的参数同打开文件操作，其基本步骤如下：

（1）查找用户打开文件表，删除该表中对应表项；

（2）检索系统打开文件表，将该文件对应表项中的共享计数值减 1，若减后的值为 0，则直接删除该表项；

（3）若系统打开文件表中该文件对应表项内容被用户修改过，则在删除该表项前必须要把该表项内容写回文件目录表的相应文件控制块中。

6. 删除文件操作

当一个文件完成了任务且不再被需要时，可将它从文件系统中删除。该操作只需提供完整的文件路径名参数，其主要步骤如下：

（1）根据路径名查找文件目录树，找到该文件的文件控制块；

（2）根据该文件控制块信息，回收该文件所占据的辅存空间；

（3）删除该文件控制块对应的文件目录树中的目录项。

但执行删除文件操作前必须注意以下事项：

（1）删除该文件前应先关闭该文件；

（2）若此文件对另一文件执行了连接，先将"连接数"减 1；

（3）当被删文件的"当前用户数"为 0 时，删除该文件。

9.5.2　文件的使用

当前绝大多数操作系统都提供了以上几种文件基本操作，但它们仅仅只是我们对文件使用过程中的其中一个基本操作。因此，只有将上述基本操作组合起来才能完成有效的文件管理过程。

为了保证文件的正确管理和文件信息的安全可靠，避免共享文件被几个用户同时访问而造成的混乱，文件的使用应遵循一定的操作步骤。

从文件系统的功能可以看出，文件的使用包括对文件的插入、修改、删除、检索及排序等，但它们基本上都是由最主要的三个文件使用过程转变而来。

1. 读文件

当需要从一个文件中读取数据时，顺序执行打开、读和关闭这三个基本操作。打开操作验证了用户对文件的使用权，并为读文件做好准备工作。反复执行读操作可读入用户所需的数据。当用户访问结束后，再通过关闭操作向系统归还该文件的使用权，读过程结束。

2. 写文件

当用户需要新建一个文件并把其中的数据写入辅存空间时，应顺序执行建立、写和关闭这三个基本操作。通过"建立"，也验证了用户对文件的使用权，并做好写文件前的准备工作。通过反复执行写操作可把用户新建的数据存入辅存空间。当用户访问结束后，再通过"关闭"，向系统归还该文件的使用权，至此写过程结束。

3．删除文件

与上述两个过程不同，若用户有权对某个文件执行删除，则只需调用删除操作这个基本指令就可完成。一个文件被删除后，其所占存储空间被系统收回。

9.5.3　文件共享

现代操作系统都提供了文件共享手段。所谓文件共享，是指允许多个用户同时使用一个文件。这样，不仅可以节省大量辅存空间和主存空间，而且减少 I/O 操作次数，为用户访问文件提供了极大的方便，大大减少了用户工作量。因此，共享是衡量文件系统性能好坏的主要标志。

但为了系统的可靠性和文件的安全性，文件的共享必须得到控制。在当前计算机系统中，既要为用户提供共享文件的方便性，又要充分注意到系统和文件的安全性和保密性。

如何实现文件的共享是文件共享的主要问题。下面我们介绍当前常用的几种文件共享方法和实现技术。

1．绕道法

绕道法早在 20 世纪中后期就出现了，是 MULTICS 操作系统采用过的方法。在该方法中，系统允许每个用户获得一个"当前目录"，用户对所有文件的访问都是相对于"当前目录"下进行的，当所访问的共享文件不在当前目录下时，可以从当前目录出发通过"向上走"的方式返回到与共享文件所在路径的交叉点，再沿路径向下到达共享文件，如图 9-10 所示。

绕道法要求用户指定到达共享文件的路径，并要回溯访问多级目录，因此，共享其他目录下的文件搜索速度较慢。

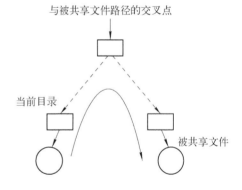

图 9-10　绕道法共享文件

2．链接法

链接法通过此路径名访问该文件。根据链接对象的不同，链接法有目录链接、基于索引结点的链接和符号链接三种不同形式。

（1）目录链接

在树型目录结构中，当有多个用户需要经常对某个子目录或文件进行访问时，用户必须在自己的用户文件目录表中对欲共享的文件建立相应的目录项，称为链接。链接可在任意两个子目录之间进行，因此链接时必须特别小心，链接后的目录结构已不再是树型结构，而成为了网状复杂结构，文件的查找路径名也不再唯一，如图 9-11 所示。

引入了目录链接方式后，文件系统的管理就变得复杂了。由于链接后的目录结构变成了网状结构图，当要删除某个共享文件时情况就变得特别复杂。如果被删除的共享文件还有其他子目录指向了它，就会出现链接指针指向一个不复存在的目录项，从而引起文件访问出错。另外，由于目录项中只记录了当前链接时共享文件的存储地址和长度，若之后其中一个用户要对共享文件进行修改并向该文件添加新内容时，则该文件的长度也必然随之增加。但增加的文件存储块只记录在执行了修改的用户目录项中，其他共享用户目录项中仍只记录了原内容，显然不能满足我们的共享需求。

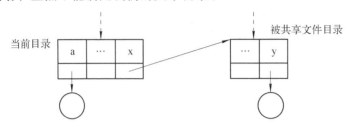

图 9-11　基于文件目录法共享文件

（2）基于索引结点的链接

为了解决目录链接共享方式中存在的问题，就不能将共享文件的存储地址、长度等文件信息记录在文件目录项中，而是放在索引结点中，目录项中只是存放文件名及指向索引结点的指针，如图 9-12 所示。

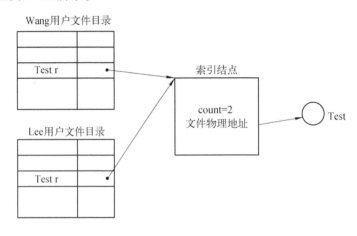

图 9-12　基于索引结点法共享文件

从图 9-12 中可看出，若某用户对 Test 进行了修改，所引起的内容改变全部存入 Test 的索引结点，共享用户文件目录项并不作任何改变。因此，共享文件内容不管作任何改变，共享用户都是可见的。另外，为有效管理共享文件，在该文件对应的索引结点中应该设置一个链接计数器 count，记录链接到本索引结点文件上的用户目录项的个数。

例如，用户 A 创建了一个新文件，A 便是所有者，count 为 1。当 B 要共享此文件时，只需在 B 的用户目录中添加一目录项，同时设置一个指针指向该文件的索引结点。这时，count 的值增加到 2，但所有者仍为 A。若 A 不再需要该文件时，他必须等待 B 使用完而且不再需要时才能删除该文件；否则会致使 B 目录项中的指针悬空。因此，该共享方式可能会导致共享文件所有者为等待其他用户使用完而付出高昂的代价。

（3）符号链接

为了使 B 用户能共享 A 用户创建的文件 e，也可以由用户 B 通过调用系统过程"link"来创建一个新文件，类型为系统定义的 LINK 型，取名为 f，并把 f 记录到 B 用户的目录项中，从而实现 B 的目录项与文件 f 的链接。在 B 用户创建的链接文件 f 中只包含了被链接的文件 e 的路径名，该路径名又称符号链。这种基于符号链的链接方式称为符号链接。

利用符号链接方式可以实现文件共享。当用户 B 要访问共享文件 e 时，只要从目录项中读取文件 f，该文件被操作系统获取，然后操作系统根据文件 f 中的符号链值即文件 e 的路径名去读取文件 e，从而实现了用户 B 共享文件 e。

该方式优点主要体现在下列两方面：

① 避免了指针悬空。该方式实现文件共享时，只有共享文件所有者拥有指向其索引结点文件的指针，其他用户只有该文件的路径名。因此，该方式不会发生前一种方式的指针悬空现象，因为当共享文件的所有者把该文件删除后，该文件对应路径也不复存在，其他用户试图通过符号链再去访问时必定失败。

② 实现网络环境下任意文件的共享。由于符号链接仅仅只记录了共享文件的路径名，因此在局域网甚至在因特网中，只要连入，该网络中的计算机的文件都可以实现共享，当然必须提供该文件所在计算机的网络地址和计算机中的路径名。

符号链接方式的不足之处在于：其他用户通过符号链读取共享文件，都是把查找共享文件路径的过程交给系统，而系统将根据路径名再去检索文件目录，直到找到该共享文件的索引结点。因此，每次访问共享文件时，都可能多次读取辅存，增加了辅存的访问频率，从而使得每次访问的开销过大。

9.6　磁盘调度

在多道程序设计的计算机系统中，各个进程可能会不断提出不同的对磁盘进行读/写操作的请求。由于有时候这些进程的发送请求的速度比磁盘响应的还要快，因此我们有必要为每个磁盘设备建立一个等待队列。

磁盘设备调度的动态分配算法与进程调度相似，也是基于一定的分配策略的。常用的分配策略有先请求先分配、优先级高者先分配等策略。在多道程序系统中，低效率通常是由于磁盘类旋转设备使用不当造成的。操作系统中，对磁盘的访问要求来自多方面，常常需要排队。这时，对众多的访问要求按一定的次序响应，会直接影响磁盘的工作效率，进而影响系统的性能。访问磁盘的时间因子由三部分构成，它们是查找（查找磁道）时间、等待（旋转等待扇区）时间和数据传输时间，其中查找时间是决定因素。因此，磁盘调度算法先考虑优化查找策略，需要时再优化旋转等待策略。

平均寻道长度（L）为所有磁道所需移动距离之和除以总的所需访问的磁道数（N），即

$$L = (M_1 + M_2 + \cdots + M_i + \cdots + M_N)/N$$

式中，M_i 为所需访问的磁道号所需移动的磁道数。

启动磁盘执行输入输出操作时，要把移动臂移动到指定的柱面，再等待指定扇区的旋转到磁头位置下，然后让指定的磁头进行读写，完成信息传送。因此，执行一次输入输出所花的时间有：

- 寻找时间——磁头在移动臂带动下移动到指定柱面所花的时间；
- 延迟时间——指定扇区旋转到磁头下所需的时间；
- 传送时间——由磁头进程读写完成信息传送的时间。

其中传送信息所花的时间，是在硬件设计就固定的，而寻找时间和延迟时间是与信息

在磁盘上的位置有关。

为了减少移动臂进行移动花费的时间，每个文件的信息不是按盘面上的磁道顺序存放满一个盘面后，再放到下一个盘面上。而是按柱面存放，同一柱面上的各磁道被放满信息后，再放到下一个柱面上。所以各磁盘的编号按柱面顺序（从 0 号柱面开始），每个柱面按磁道顺序，每个磁道又按扇区顺序进行排序。下面介绍几种常见的磁盘调度算法。

1. 先来先服务（First Come First Service，FCFS）算法

先来先服务（FCFS）调度的基本思想是按先来后到次序服务，不作任何优化，因此是最简单的移臂调度算法。这个算法实际上不考虑访问者要求访问的物理位置，而只是考虑访问者提出访问请求的先后次序。例如，如果现在读写磁头正在 50 号柱面上执行输出操作，而等待访问者依次要访问的柱面为 130、199、32、159、15、148、61、99，那么，当 50 号柱面上的操作结束后，移动臂将按请求的先后次序先移到 130 号柱面，最后到达 99 号柱面。

采用先来先服务算法决定等待访问者执行输入/输出操作的次序时，移动臂来回地移动。先来先服务算法花费的寻找时间较长，所以执行输入/输出操作的总时间也很长。

2. 最短寻道时间优先（Shortest Seek Time First，SSTF）算法

最短寻道时间优先调度算法总是从等待访问者中挑选寻找时间最短的那个请求进行执行的，而不管访问者到来的先后次序。现在仍利用同一个例子来讨论，现在当 50 号柱面的操作结束后，应该先处理 61 号柱面的请求，然后到达 32 号柱面执行操作，随后处理 15 号柱面请求，后继操作的次序应该是 99、130、148、159、199。

采用最短寻道时间优先算法决定等待访问者执行操作的次序时，读写磁头总共移动了 200 多个柱面的距离，与先来先服务算法比较，大幅度地减少了寻找时间，因而缩短了为各访问者请求服务的平均时间，也就提高了系统效率。

但最短寻道时间优先（SSTF）调度会引起读/写头在盘面上的大范围移动，SSTF 查找距离磁头最短（也就是查找时间最短）的请求作为下一次服务的对象。SSTF 查找模式有高度局部化的倾向，会推迟一些请求的服务，甚至引起无限拖延（又称饥饿）。

3. 扫描（SCAN）算法

SCAN 算法又称电梯调度算法。SCAN 算法是磁头前进方向上的最短查找时间优先算法，它排除了磁头在盘面局部位置上的往复移动，SCAN 算法在很大程度上消除了 SSTF 算法的不公平性，但仍有利于对中间磁道的请求。

电梯调度算法是从移动臂当前位置开始沿着臂的移动方向去选择离当前移动臂最近的那个柱面访问者，如果沿臂的移动方向无请求访问时，就改变臂的移动方向再选择。这好比乘电梯，如果电梯已向上运动到 4 层时，依次有 3 位乘客陈生、伍生、张生在等候乘电梯。要求是：陈生在 2 层等待去 10 层；伍生在 5 层等待去底层；张生在 8 层等待 15 层。由于电梯目前运动方向是向上，所以电梯的形成是先把乘客张生从 8 层带到 15 层，然后电梯换成下行方向，把乘客伍生从 5 层带到底层，电梯最后再调换方向，把乘客陈生从 2 层送到 10 层。

我们仍用前述的同一例子来讨论采用电梯调度算法的情况。由于磁盘移动臂的初始方向有两个，而该算法是与移动臂方向有关，所以分成两种情况来讨论。

（1）移动臂由里向外移动

开始时在 50 号柱面执行操作的读写磁头的移动臂方向是由里向外，趋向 32 号柱面的位置，因此，当访问 50 号柱面的操作结束后，沿臂移动方向最近的柱面是 32 号柱面。所

以应先为 32 号柱面的访问者服务，然后是为 15 号柱面的访问者服务。之后，由于在向外移动方向已无访问等待者，故改变移动臂的方向，由外向里依次为各访问者服务。在这种情况下为等待访问者服务的次序是 61、99、130、148、159、199。

（2）移动臂由外向里移动

开始时，正在 50 号柱面执行操作的读写磁头的移动臂是由外向里（即向柱面号增大的内圈方向）趋向 61 号柱面的位置，因此，当访问 50 号柱面的操作结束后，沿臂移动方向最近的柱面是 61 号柱面。所以，应先为 61 号柱面服务，然后按移动臂由外向里移动的方向，依次为 99、130、148、159、199 柱面的访问者服务。当 201 号柱面的操作结束后，向里移动的方向已经无访问等待者，所以改变移动臂的前进方向，由里向外依次为 32、15 柱面的访问者服务。

电梯调度与最短寻找时间优先都是要尽量减少移动臂时所花的时间。所不同的是：最短寻找时间优先算法不考虑臂的移动方向，总是选择离当前读写磁头最近的那个柱面，这种选择可能导致移动臂来回改变移动方向；"电梯调度"是沿着臂的移动方向去选择离当前读写词头最近的哪个柱面的访问者，仅当沿移动臂的前进移动方向无访问等待者时，才改变移动臂的前进方向。由于移动臂改变方向是机械动作，速度相对较慢，所以，电梯调度算法是一种简单、使用且高效的调度算法。

但是，电梯调度算法在实现时，不仅要记住读/写磁头的当前位置，还必须记住移动臂的当前前进方向。

4. 循环扫描（CSCAN）算法

单项扫描调度算法的基本思想是，不考虑访问者等待的先后次序，总是从 0 号柱面开始向里道扫描，按照各自所要访问的柱面位置的次序去选择访问者。在移动臂到达最后一个柱面后，立即快速返回到 0 号柱面，返回时不为任何的访问者等待服务。在返回到 0 号柱面后，再次进行扫描。

由于该例中已假定读/写的当前位置在 50 号柱面，所以，指示了从 50 号柱面继续向里扫描，依次为 61、99、130、148、159、199 各柱面的访问者服务，此时移动臂已经是最内的柱面，于是立即返回到 0 号柱面，重新扫描，依次为 15、32 号柱面的访问者服务。

除了先来先服务调度算法外，其余三种调度算法都是根据欲访问的柱面位置来继续调度的。在调度过程中可能有新的请求访问者加入。在这些新的请求访问者加入时，如果读/写已经超过了它们所要访问的柱面位置，则只能在以后的调度中被选择执行。

在多道程序设计系统中，在等待访问磁盘的若干访问者请求中，可能要求访问的柱面号相同，但在同一柱面上的不同磁道，或访问同一柱面中同一磁道上的不同扇区。所以，在进行移动调度时，在按照某种短法把移动臂定位到某个柱面后，应该在等待访问这个柱面的各个访问者的输入输出操作都完成之后，再改变移动臂的位置。

本 章 小 结

本章主要讲解了操作系统怎样将信息存储在外存设备上，并在需要时进行查找和使用。实际上，操作系统把外存上的信息组织成文件的形式，文件的组织方式被称为文件系统。本章对文件系统的功能和层次结构进行了阐述，对文件的逻辑结构和物理结构进行了详细的讲解。通过对文件的操作、使用和共享，操作系统为用户提供了直接使用文件的方法和手段，使得用户不需要直接面对外存。本章还介绍了一些常见的磁盘调度算法，通过优化的调度可以使得对磁盘上数据的访问更加高效。

习 题 9

一、选择题

1. 系统是负责操纵和管理文件一整套设施，它实现文件的共享和保护，方便用户_____

    A. 按索引存取   B. 按名存取

    C. 按记录号存取   D. 按记录名存取

2. MS-DOS 系统的目录项中文件名和扩展名分别占_____。

    A. 8 字节和 3 字节   B. 16 字节和 3 字节

    C. 3 字节和 8 字节   D. 任意多个

二、填空题

1. 在文件系统中，文件的物理组织形式有_____、_____和_____文件。

2. 在文件系统中，文件的逻辑组织通常分为_____和_____文件两种形式。

3. 在文件系统逻辑结构中，_____又称为字符流式文件。

4. 在 UNIX 的文件系统中，按_____分类可将文件分为只读文件、读写文件和_____。

5. 一般地说，文件系统应具备_____、_____、_____、_____、_____等基本功能。

6. 设当前的工作目录在 da1，请看图回答以下问题。

（1）文件 mc.c 的绝对路径名_____。

（2）文件 mc.c 的相对路径名_____。

（3）要在文件 abc.h 原来的权限的基础上增加让所有用户都具有执行权限，请用一条命令完成该功能_____。

（4）要让所有用户对文件 abc.h 都具有读、写、执行权限。命令是_____。

第 **10** 章

外设的管理

计算机系统中的外设种类涉及不同领域，不同领域的设备需要与设备相关的应用程序相配合，并且没有通用且一致的设计方案。所以说，外设的管理是计算机操作系统设计中最具挑战性的部分。因此，在理解设备管理之前，应该先了解具体的 I/O 设备类型。

10.1　设备的分类

在计算机系统中，外围设备的种类繁多，其功能、速度以及使用方法等也各不相同，如何管理和控制计算机的输入/输出（I/O）设备是操作系统设计者的主要任务之一。I/O 子系统是操作系统的一个重要组成部分，负责管理系统中所有的外围设备，它将内核的其他方面从繁重的 I/O 设备管理中解放出来。I/O 子系统主要提供缓冲与高速缓存、设备分配与回收、设备保护和差错处理等服务。

I/O 设备按照不同的方式可以分成不同的种类。

1. 按传输速率分类

按传输速度的高低，可将 I/O 设备分为三类。

第一类是低速设备，这是指其传输速率仅为每秒几字节至数百字节的一类设备。典型的低速设备有键盘、鼠标、语音的输入和输出等设备。

第二类是中速设备，这是指其传输速率在每秒数千字节至数万字节的一类设备。典型的中速设备有行式打印机、激光打印机等。

第三类是高速设备，这是指其传输速率在每秒数千字节至数十兆字节的一类设备。典型的高速设备有磁带机、磁盘机、光盘机等。

2. 按信息交换的单位分类

按照信息交换的单位不同，可以分为两类。

第一类是字符设备（Character Device），又称人机交互设备。用户通过这些设备实现与计算机系统的通信。它们大多是以字符为单位发送和接收数据的，数据通信的速度比较慢。例如，键盘和显示器为一体的字符终端、打印机、扫描仪、鼠标等，还有早期的卡片和纸带输入和输出机。含有显卡的图形显示器的速度相对较快，可以用来进行图像处理中的复杂图形的显示。

第二类是块设备（Block Device），又称外部存储器，用户通过这些设备实现程序和数据的长期保存。与字符设备相比，它们是以块为单位进行传输的，如磁盘、磁带和光盘等。块的常见大小为 512 ~ 32 768 B。

3. 按设备的共享属性分类

从设备的共享属性和资源分配的角度，可将 I/O 设备分为如下 3 类。

（1）独占设备：指在一段时间内只允许一个用户（进程）访问的设备，大多数低速的 I/O 设备，如用户终端、打印机等属于这类设备。因为独占设备属于临界资源，所以多个并发进程必须互斥地进行访问。

（2）共享设备：指在一段时间内允许多个进程同时访问的设备。显然，共享设备必须是可寻址的和可随机访问的设备。典型的共享设备是磁盘。共享设备不仅可以获得良好的设备利用率，而且是实现文件系统和数据库系统的物质基础。

（3）虚拟设备：指通过虚拟技术将一台独占设备变换为若干台供多个用户（进程）共享的逻辑设备。一般可以利用假脱机技术（SPOOLing 技术）实现虚拟技术。

10.2　I/O 控制方式

I/O 操作和计算处理是计算机的两个主要任务，然而，大多情况下，计算机对 I/O 的操作要远远多于计算处理。I/O 操作是计算机处理中非常重要的操作，如何实现对 I/O 设备的有效控制，更好地满足用户的输入/输出要求，是设备管理中非常重要的问题之一。在计算机技术的发展过程中，I/O 控制方式也在不断地发展，对 I/O 控制的要求主要是尽量减少主机对 I/O 控制的干预，把主机从繁杂的 I/O 控制事务中解脱出来，以更多地完成其数据处理任务。

按照 I/O 控制功能的强弱，以及和 CPU 联系方式的不同，可把 I/O 设备的控制方式分为四种，这四种控制方式代表了 I/O 控制发展的四个阶段，从程序直接控制方式发展到中断驱动方式，再到 DMA 控制方式、通道 I/O 控制方式，每种控制方式都对前一种方式存在的问题进行了解决，提高了 CPU 和外围设备并行工作的程度，大幅度地提高了计算机执行效率和系统资源的利用率。第 4 章中已经简单介绍了这几种不同的方式，下面从操作系统的角度进一步阐述每种方式的工作原理和机制。

10.2.1　程序直接控制方式

程序直接控制方式又称询问方式，它是早期计算机系统中的一种 I/O 操作控制方式。在这种方式下，利用输入/输出指令或询问指令测试一台设备的忙/闲标志位，根据设备当前的忙或闲的状态，决定是继续询问设备状态还是由主存储器和外围设备交换一个字符或一个字。

程序控制方式分为两类：无条件传送方式、条件传送方式。

① 无条件传送方式：CPU 确信一个外设已经准备好了，不必查询外设的状态而直接进行信息的传输方式，这种方式的程序简单，但是，从数据的安全性来考虑一般不用这种方式。

② 条件传送方式：条件传送方式比无条件传送方式的程序复杂，CPU 通过执行该程序和外设进行通信，该程序运行时，需要检测外设的状态是否准备好了，如果没有准备好，

那就继续执行检测外设状态的语句,直到外设准备好了才执行后面的指令。

图 10-1 所示为一个数据的输入过程。当在 CPU 上运行的现行程序需要从 I/O 设备读入一批数据时,CPU 首先设置交换的字节数和数据读入主存的起始地址,然后向 I/O 设备发送读指令或查询标志指令,I/O 设备将当前的状态返回给 CPU。如果 I/O 设备返回的当前状态为忙或未就绪,则测试过程不断重复,直到 I/O 设备就绪,开始进行数据传送,CPU 从 I/O 接口读一个字或一个字符,再写入主存。如果传送还未结束,再次向设备发出读指令,重复上述测试过程,直到全部数据传输完成再返回现行程序执行。

为了正确完成这种传送,通常要使用三条指令:①查询指令,用来查询设备的状态;②传送指令,当设备就绪时,执行数据交换;③转移指令,当设备未就绪时,执行转移指令转向查询指令继续查询。

在程序直接控制方式中,一旦 CPU 启动 I/O 设备,便不断查询 I/O 设备的准备情况,终止原程序的执行;另外,当 I/O 准备就绪后,CPU 还要参与数据的传送

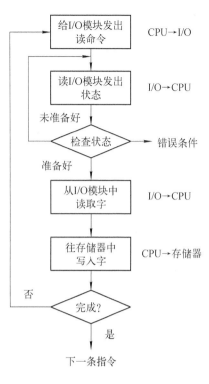

图 10-1 程序直接控制方式工作过程

工作,此时 CPU 也不能执行原程序,由于 CPU 的高速性和 I/O 设备的低速性,致使 CPU 的绝大部分时间都处在等待 I/O 设备完成数据的输入/输出循环测试和低速的传送中,造成对 CPU 资源的极大浪费。由此可见,在这种设备控制方式下,CPU 和 I/O 设备完全处在串行工作状态,使主机不能充分发挥效率,整个系统的效率很低。

10.2.2 程序中断方式

采用中断方式之后,读入数据的过程如图 10-2 所示。可以看出,在 I/O 设备输入每个数据的过程中,由于无须 CPU 干预,因而可使 CPU 与 I/O 设备并行工作。仅当输完一个数据时,才需 CPU 花费极短的时间去做些中断处理。可见,这样可使 CPU 和 I/O 设备都处于忙碌状态,从而提高了整个系统的资源利用率及吞吐量。

例如,从终端输入一个字符的时间约为 100 ms,而将字符送入终端缓冲区的时间小于 0.1ms。若采用程序直接控制方式,CPU 约有 99.9 ms 的时间处于忙–等待中。采用程序中断方式后,CPU 可利用这 99.9 ms

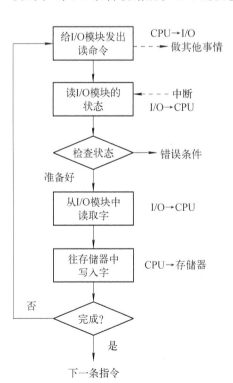

图 10-2 中断驱动方式工作过程

时间去做其他事情，而仅用 0.1 ms 时间来处理由控制器发来的中断请求。可见，中断驱动方式可以成百倍地提高 CPU 的利用率。

10.2.3 DMA 方式

然而，对于一些高速 I/O 设备，如果使用程序直接控制方式或中断方式传送信息，不仅占用大量的 CPU 时间，而且容易造成数据的丢失。而 DMA 方式（直接存储器存取方式）是一种快速传送数据的方式，它在 DMA 控制器的管理下，能够使 I/O 设备直接和存储器进行成批数据的快速传送而不需要 CPU 的干预。

由于 CPU 根本不参加传送操作，因此就省去了 CPU 取指令、取数、送数等操作。在数据传送过程中，没有保存现场、恢复现场之类的工作。内存地址修改、传送字个数的计数等，也不是由软件实现，而是用硬件线路直接实现的。所以 DMA 方式能满足高速 I/O 设备的要求，也有利于 CPU 效率的发挥。

1. DMA 控制器的组成

DMA 控制器或接口一般包括四个寄存器：

① 命令/状态控制寄存器：用于接收从 CPU 发来的 I/O 命令或有关控制信息，或设备的状态。

② 数据寄存器：用于暂存从设备到内存，或从内存到设备的数据。

③ 地址寄存器：在输入时，它存放把数据从设备传送到内存的起始目标地址；在输出时，它存放由内存到设备的内存源地址。

④ 字节计数器：存放本次 CPU 要读或写的字（节）数。

这些寄存器在信息传送之前需要进行初始化设置。即在输入输出程序中用汇编语言指令对各个寄存器写入初始化控制字。

2. DMA 工作过程

DMA 方式的工作过程如图 10-3 所示。一个设备接口试图通过总线直接向另一个设备发送数据（一般是大批量的数据），它会先向 CPU 发送 DMA 请求信号。外设通过 DMA 的一种专门接口电路——DMA 控制器（DMAC），向 CPU 提出接管总线控制权的总线请求，CPU 收到该信号后，在当前总线周期结束后，会按 DMA 信号的优先级和提出 DMA 请求的先后顺序响应 DMA 信号。CPU 对某个设备接口响应 DMA 请求时，会让出总线控制权。于是在 DMA 控制器的管理下，外设和存储器直接进行数据交换，而无须 CPU 干预。数据传送完毕后，设备接口会向 CPU 发送 DMA 结束信号，交还总线控制权。

3. DMA 的特点

（1）数据传输的基本单位是数据块，即在 CPU 与 I/O 设备之间，每次传送至少一个数据块；

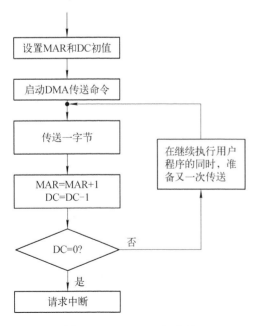

图 10-3 DMA 工作过程

（2）所传送的数据是从设备直接送入内存的，或者相反；

（3）仅在传送一个或多个数据块的开始和结束时，才需要 CPU 干预，整块数据的传送是在控制器的控制下完成的。

可见，DMA 方式较之中断驱动方式，又成百倍地减少了 CPU 对 I/O 的干预，进一步提高了 CPU 与 I/O 设备的并行操作程度。

10.2.4　通道方式

1. 通道的基本概念

（1）通道

通道是一个特殊功能的处理器，它有自己的指令和程序专门负责数据输入/输出的传输控制，而 CPU 将传输控制的功能下放给通道后只负责数据处理功能。这样，通道与 CPU 分时使用内存，实现了 CPU 内部运算与 I/O 设备的并行工作。

（2）通道的功能

通道的基本功能是执行通道指令，组织外围设备和内存进行数据传输，按 I/O 指令要求启动外围设备，向 CPU 报告中断等，具体有以下五项任务。

① 接受 CPU 的输入/输出操作指令，按指令要求控制外围设备。

② 从内存中读取通道程序，并执行，即向设备控制器发送各种命令。

③ 组织和控制数据在内存与外设之间的传送操作。根据需要提供数据中间缓存空间以及提供数据存入内存的地址和传送的数据量。

④ 读取外设的状态信息，形成整个通道的状态信息，提供给 CPU 或保存在内存中。

⑤ 向 CPU 发出输入/输出操作中断请求，将外围设备的中断请求和通道本身的中断请求按次序报告 CPU。

（3）设备控制器

CPU 通过执行输入/输出指令以及处理来自通道的中断，实现对通道的管理。来自通道的中断有两种：一种是数据传输结束中断；另一种是故障中断。通道的管理是操作系统的任务。通道通过使用通道指令控制设备进行数据传送操作，并以通道状态字的形式接收设备控制器提供的外围设备的状态。因此，设备控制器是通道对输入/输出设备实现传输控制的执行机构。设备控制器具体任务为：

① 从通道接受通道指令，控制外围设备完成指定的操作；

② 向通道提供外围设备的状态；

③ 将各种外围设备的不同信号转换成通道能够识别的标准信号。

在具有通道的计算机中，实现数据输入/输出操作的是通道指令。CPU 的输入/输出指令不直接实现输入/输出的数据传送，而是由通道指令实现这种传送，CPU 用输入/输出指令启动通道执行通道指令。CPU 的通道输入/输出指令的基本功能主要是启动、停止输入/输出过程，了解通道和设备的状态以及控制通道的其他一些操作。

通道指令又称通道控制字（Channel Command Word，CCW），它是通道用于放行输入/输出操作的指令，可以由 CPU 存放在内存中，由通道处理器从内存中取出并执行。通道执行通道指令以完成输入/输出传输。通道程序由一条或几条通道指令组成，又称通道指令链。

2. 通道类型

通道处理器本身可看作一个简单的专用计算机，它有自己的指令系统。通道处理器能够独立执行用通道命令编写的输入输出控制程序，产生相应的控制信号控制设备的工作。通道通过数据通路与设备的控制器进行通信。

一台计算机中可以有多条通道，一条通道总线可以连接几个设备控制器。设备控制器类似于输入/输出设备的接口，它接收通道控制器的命令并向设备发出控制命令。一个设备控制器可控制多个同类的设备，只要这些设备是轮流工作的。通道处理器中只运行输入/输出控制程序。每个通道可以连接多个外围设备，按照输入/输出信息的传送方式，可将通道分成字节多路通道、选择通道和数组多路通道三种类型。

（1）字节多路通道

字节多路通道（Byte Multiplexor Channel）是一种简单的共享通道，在物理上可以连接多个外设，并且在一定的时间内以字节交叉方式轮流进行传送多个外设的数据。即为一台设备传送完一个字节的数据后，立刻转到另一台设备上传送一个字节的数据。字节多路通道主要用于连接大量的低速或中速外围设备，如键盘、打印机等。由于通道为这样的设备进行两次数据传送之间会有很大的时间间隔，而通道为设备接收或发送一个字节花费的时间却很少，字节多路通道正是利用这个空闲时间为其他设备服务。

（2）选择通道

选择通道（Selector Channel）又称高速通道，在物理上它可以连接多个外围设备，但是这些设备不能同时工作，如果某个设备被选中，通道就处于"忙"状态，在传送数据期间，该通道只能为被选中这个设备提供服务，直到该设备的数据全部传输完成后，才可以为另一台设备服务。选择通道很像一个单道程序的处理器，在一段时间内只允许执行一个设备的通道程序，只有当这个设备的通道程序全部执行完毕后，才能执行其他设备的通道程序。

选择通道主要用于连接高速外围设备，如磁盘、磁带等，信息以成组方式高速传输。由于数据传输率很高，可以达到 15MB/s，即 $0.67\mu s$ 传送一个字节，通道在传送两个字节之间已很少空闲，所以在数据传送期间只为一台设备服务是合理的。但是这类设备的辅助操作时间很长，在很长的时间里通道处于等待状态，因此整个通道的利用率不是很高。

（3）数组多路通道

当某设备进行数据传送时，通道只为该设备服务；当设备在执行寻址等控制性动作时，通道暂时断开与这个设备的连接，挂起该设备的通道程序，去为其他设备服务，即执行其他设备的通道程序。所以数组多路通道很像一个多道程序的处理器。

数组多路通道不仅在物理上可以连接多个设备，而且在一段时间内能交替执行多个设备的通道程序，换句话说在逻辑上可以连接多个设备，这些设备应是高速设备。由于数组多路通道既保留了选择通道高速传送数据的优点，又充分利用了控制性操作的时间间隔为其他设备服务，使通道效率充分得到发挥，因此数组多路通道在实际系统中得到较多应用。

字节多路通道和数组多路通道的共同之处都是多路通道，在一段时间内能交替执行多个设备的通道程序，使这些设备同时工作。字节多路通道和数组多路通道的不同之处在于以下两方面。

① 数组多路通道允许多个设备同时工作，但只允许一个设备进行传输型操作，其他设备进行控制型操作。而字节多路通道不仅允许多个设备同时操作，而且也允许它们同时进行传输型操作。

② 数组多路通道与设备之间数据传送的基本单位是数据块，通道必须为一个设备传送完一个数据块以后，才能为别的设备传送数据块。而字节多路通道与设备之间数据传送的基本单位是字节，通道为一个设备传送一个字节后，又可以为另一个设备传送一个字节，因此各设备与通道之间的数据传送是以字节为单位交替进行。

3．通道的工作过程

通道完成一次数据传输的主要过程分为三步。

（1）进入管理程序，由 CPU 通过管理程序组织一个通道程序，并启动通道。

（2）通道执行 CPU 为它组织的通道程序，完成指定的数据输入/输出工作。

（3）通道程序结束后向 CPU 发中断请求。CPU 响应中断请求后，调用管理程序对中断请求进行处理。

通道中包括通道控制器、状态寄存器、中断机构、通道地址寄存器、通道指令寄存器等。这里，通道地址寄存器相当于一般 CPU 中的程序计数器。

通道控制器的功能比较简单，它不含大容量的存储器，通道的指令系统也只是几条与输入/输出操作有关的命令。它要在 CPU 的控制下工作，某些功能还需 CPU 承担，如通道程序的设置、输入/输出的异常处理、传送数据的格式转换和检验等。因此，通道不是一个完全独立的处理器。

通道状态字类似于 CPU 内部的程序状态字，用于记录输入/输出操作结束的原因，以及输入/输出操作结束时通道和设备的状态。通道状态字通常存放在内存的固定单元中，由通道状态字反映中断的性质和原因。

CPU 在进行一个输入/输出操作之前，首先准备好通道程序，然后安排好数据缓冲区，再给通道和设备发启动命令。CPU 准备好的通道程序存放在内存中，由通道控制器读取并执行。

通道接到启动信号后，首先到指定的内存单元中取通道地址字，放在通道地址寄存器（Channel Address Word，CAW）中。这个存放通道地址字的内存单元的地址可以是固定的，然后根据通道地址寄存器中的值到内存中去取第一条通道指令，并放在通道指令寄存器中。通道程序执行时，通过在通道指令寄存器中的相应位进行设置来告诉通道指令执行机构在执行完成当前指令后，自动转入下一条指令或者结束数据传送过程。通道程序的最后一条指令是一条结束指令，通道在执行到这条结束指令时就不再取下一条指令，而是通知设备结束操作。在通道程序执行完毕后，由通道向 CPU 发中断信号，并将通道状态字写入内存专用单元，CPU 根据通道状态字（Channel Status Word，CSW）分析这次输入/输出操作的执行情况。

通道与设备控制器之间的接口是计算机的一个重要界面。为了便于用户根据不同需要配置不同设备，通道–设备控制器的接口一般采用总线式标准接口，使得各设备和通道之间都有相同的接口线和相同的工作方式。这样，在更换设备时，通道不需要作任何变动。

10.3　缓　冲　技　术

中断技术和通道技术的引入，提供了 CPU、通道和 I/O 设备之间并行操作的可能性，但由于计算机外设的发展会产生通道不足而产生的"瓶颈"现象，使并行程度受到限制，因此引入了缓冲技术。在 CPU 和外设之间设立缓冲区，用以暂存 CPU 和外设之间交换的数据，从而缓和 CPU 与外设速度不匹配所产生的矛盾。凡是数据到达和离去速度不匹配的设备之间均可采用缓冲技术。

在操作系统中引入缓冲的目的如下：

（1）改善 CPU 与 I/O 设备之间速度不匹配的矛盾；

（2）减少对 CPU 的中断频率，放宽对中断响应时间的限制；

（3）提高 CPU 和 I/O 设备之间的并行性。

10.3.1　单缓冲和双缓冲

1. 单缓冲

单缓冲是操作系统提供的最简单的一种缓冲形式。每当一个进程发出一个 I/O 请求时，操作系统便在主存中为之分配一个缓冲区，该缓冲区用来临时存放输入/输出数据，如图 10-4 所示。需要数据的设备或处理机从缓冲器取数据。由于缓冲器属于临界资源，即不允许多个进程同时对一个缓冲器操作，因此，尽管单缓冲能匹配设备与处理机的处理速度，但是，设备和设备之间不能通过单缓冲达到并行操作。

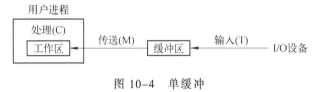

图 10-4　单缓冲

2. 双缓冲

解决两台外设、打印机和终端之间并行操作问题的办法是设置双缓冲。有了两个缓冲器之后，CPU 可把输出到打印机的数据放入其中一个缓冲器（区），让打印机慢慢打印，然后，它又可以从另一个为终端设置的缓冲器（区）中读取所需要的输入数据，如图 10-5 所示。

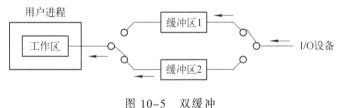

图 10-5　双缓冲

10.3.2　循环缓冲

循环缓冲技术是在主存中分配一组大小相等的存储区作为缓冲区，并将这些缓冲区链接起来，每个缓冲区中有一个指向下一个缓冲区的指针，最后一个缓冲区的指针指向第一个缓冲区，这样 n 个缓冲区就形成了一个环。此外，系统中有个缓冲区链首指针指向第一个缓冲区。

如图 10-6 所示，IN 指向可接收数据的空闲缓冲区的首地址，OUT 指针指向装好数据且未取走的缓冲区首地址。

系统初启时，指针被初始化为 IN 和 OUT，与首指针 START 相等，即 START=IN=OUT。

对于输入信息而言，设备接收信息时，信息输入到 IN 指向的缓冲区，当一个缓冲区装满后，IN 指针指向下一个空闲缓冲区；当从缓冲区中提取信息时，提取由 OUT 指向的缓冲区中的信息，提取完毕，将 OUT 指针指向下一个装满信息的缓冲区。

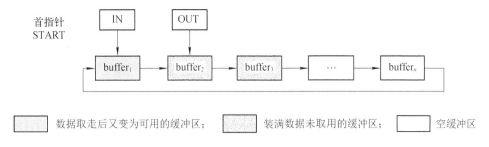

图 10-6　循环缓冲

10.3.3　缓冲池

1. 缓冲池的引入

循环缓冲区一般用于特定的进程，属于专用缓冲区，当系统较大时，将会有许多这样的循环缓冲区，这不仅要消耗大量的内存空间，利用率也不高。为了提高缓冲区的利用率，目前广泛应用公用缓冲池，池中的缓冲区可供多个进程共享。

2. 缓冲池的结构

缓冲池由内存中一组大小相等的缓冲区组成，每个缓冲区由两部分组成：

① 用来标识该缓冲区和用于管理的缓冲首部；

② 用于存放数据的缓冲体。

缓冲池属于系统资源，由系统进行管理。缓冲池中各缓冲区可用于输出信息，也可用于输入信息，并可根据需要组成各种缓冲区队列。

对于既可用于输入又可用于输出的公用缓冲池，其中至少应含有以下三种类型的缓冲区：

① 空（闲）缓冲区；

② 装满输入数据的缓冲区；

③ 装满输出数据的缓冲区。

为了管理上的方便，可将相同类型的缓冲区链成一个队列，于是可形成以下三个队列：

① 空缓冲队列 emq；

② 输入队列 inq；

③ 输出队列 outq。

3. 缓冲池的工作方式

缓冲区可以在收容输入、提取输入、收容输出和提取输出四种方式下工作，如图 10-7 所示。

① 收容输入（hosting in）：将外设提交的输入数据收容到输入缓冲区 hin 中；

② 提取输入：将输入缓冲区 sin 的数据提取到 CPU 上；

③ 收容输出：将 CPU 的计算结果收容到输出缓冲区 hout 中；

④ 提取输出（select out）：将输出缓冲区 sout 中的数据提取到外设上输出。

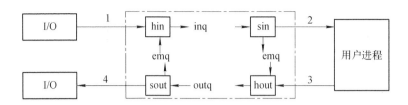

图 10-7　缓冲池工作方式

10.4　设 备 分 配

现在我们来讨论进程请求使用外围设备，尤其是多个进程同时要求使用外设时，操作系统应该怎么办。因为系统中的设备资源有限，所以不是每个进程在需要时都能够立即被满足。因此，进程在需要设备时必须向系统提出请求，由操作系统的设备分配程序按照一定的分配原则和策略把设备分配给进程。如果设备正在被其他进程使用，那么申请设备的进程就必须进入相应的设备等待队列中等待。

10.4.1　数据结构

在分配设备之前，操作系统要了解系统中设备的情况，如设备的数量、设备的种类、目前的状态等。为此，通常系统会为每类设备设置一个设备表，登记这类设备中每台设备的状态。设备表包含的内容一般有设备名、占有设备的进程号、是否已经分配、状态好/坏等。系统还维护一个设备类表，里面记录着系统中共有多少类设备，每类设备的设备类名、总台数、空闲台数，以及该设备的设备表在什么地方等。

如图 10-8 所示，系统设备表（System Device Table，SDT）用来登记系统中的所有设备，每个设备使用一个表项。

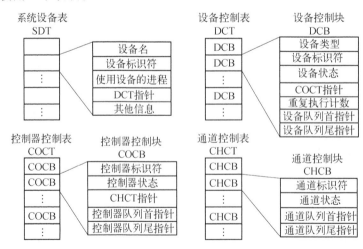

图 10-8　系统设备表

每台设备设置一个设备控制块（Device Control Block，DCB），它记录了设备的特性、使用的状态等信息。所有设备的 DCB 集合在一起形成了设备控制表（Device Control Table，DCT）。

控制器控制块（COntroller Control Block，COCB）描述控制器的特性和状态。每个控制器有一个 COCB。所有控制器的 COCB 集合在一起形成了控制器控制表（COntroller Control Table，COCT）。

每个通道有一个通道控制块（Channel Control Block，CHCB）。所有通道的 CHCB 集合成通道控制表（Channel Control Table，CHCT）。

10.4.2　设备分配策略

设备分配是指根据用户的 I/O 请求分配所需的设备。分配的总原则是充分发挥设备的使用效率，尽可能地让设备忙碌，又要避免由于不合理的分配方法造成进程死锁。从设备的特性来看，采用下述三种使用方式的设备分别称为独占设备、共享设备和虚拟设备三类。

（1）独占式。用户（进程）在申请设备时，如果设备空闲，就将其独占，不再允许其他进程申请使用，一直等到该设备被释放才允许其他进程申请使用。例如，打印机，在使用它打印时，只能独占式使用，否则在同一张纸上交替打印不同任务的内容，无法正常阅读。

（2）分时式共享。独占式使用设备时，设备利用率很低，当设备没有独占使用的要求时，可以通过分时共享使用，提高利用率。例如，对磁盘设备的 I/O 操作，各进程的每次 I/O 操作请求可以通过分时来交替进行。

（3）SPOOLing 方式。SPOOLing 技术是在批处理操作系统时代引入的，即假脱机 I/O 技术。这种技术用于对设备的操作，实质上就是对 I/O 操作进行批处理。设备分配算法就是按照某种原则将设备分配给进程。

设备分配应根据设备特性、用户要求和系统配置情况。分配的总原则既要充分发挥设备的使用效率，又要避免造成进程死锁，还要将用户程序和具体设备隔离开。设备分配方式有静态分配和动态分配两种。

（1）静态分配主要用于对独占设备的分配，它在用户作业开始执行前，由系统一次性分配该作业所要求的全部设备、控制器（和通道）。一旦分配后，这些设备、控制器（和通道）就一直为该作业所占用，直到该作业被撤销。静态分配方式不会出现死锁，但设备的使用效率低。因此，静态分配方式并不符合分配的总原则。

（2）动态分配是在进程执行过程中根据执行需要进行分配。当进程需要设备时，通过系统调用命令向系统提出设备请求，由系统按照事先规定的策略给进程分配所需要的设备、I/O 控制器，一旦用完之后，便立即释放。动态分配方式有利于提高设备的利用率，但如果分配算法使用不当，则有可能造成进程死锁。常用的动态设备分配算法有先请求先分配、优先级高者优先等。

对于独占设备，既可以采用动态分配方式也可以静态分配方式，但往往采用静态分配方式，即在作业执行前，将作业所要用的这一类设备分配给它。共享设备可被多个进程所共享，一般采用动态分配方式，但在每个 I/O 传输的单位时间内只被一个进程所占有，通常采用先请求先分配和优先级高者优先的分配算法。

要注意的是，设备分配过程中应当防止发生进程死锁，这称为设备分配的安全性。

（1）安全分配方式：每当进程发出 I/O 请求后便进入阻塞状态，直到其 I/O 操作完成时才被唤醒。这样，一旦进程已经获得某种设备后便阻塞，不能再请求任何资源，而且在它阻塞时也不保持任何资源。其优点是设备分配安全，缺点是 CPU 和 I/O 设备是串行工作的（对同一进程而言）。

（2）不安全分配方式：进程在发出 I/O 请求后继续运行，需要时又发出第二个、第三个 I/O 请求等。仅当进程所请求的设备已被另一进程占用时，才进入阻塞状态。优点是一个进程可同时操作多个设备，从而使进程推进迅速，缺点是这种设备分配有可能产生死锁。

10.4.3　设备独立性

为了提高操作系统的可适应性和可扩展性，在现代操作系统中都毫无例外地实现了设备独立性，又称设备无关性。其基本含义是：应用程序独立于具体使用的物理设备。为了实现设备独立性而引入了逻辑设备和物理设备这两个概念。在应用程序中，使用逻辑设备名称来请求使用某类设备；而系统在实际执行时，还必须使用物理设备名称。因此，系统须具有将逻辑设备名称转换为某物理设备名称的功能，这非常类似于存储器管理中所介绍的逻辑地址和物理地址的概念。

为了实现设备独立性，在应用程序中使用逻辑设备名来请求使用某类设备，在系统中设置一张逻辑设备表（Logical Unit Table, LUT），如图 10-9 所示，用于将逻辑设备名映射为物理设备名。LUT 表项包括逻辑设备名、物理设备名和设备驱动程序入口地址；当进程用逻辑设备名来请求分配设备时，系统为它分配相应的物理设备，并在 LUT 中建立一个表项，以后进程再利用逻辑设备名请求 I/O 操作时，系统通过查找 LUT 来寻找相应的物理设备和驱动程序。

逻辑设备名	物理设备名	驱动程序入口地址
/dev/tty	3	1024
/dev/printer	5	2046
⋮	⋮	⋮

图 10-9　逻辑设备表示例

在系统中可采取两种方式建立逻辑设备表：

① 在整个系统中只设置一张 LUT。这样，所有进程的设备分配情况都记录在这张表中，故不允许有相同的逻辑设备名，主要适用于单用户系统（见图 10-9）。

② 为每个用户设置一张 LUT。当用户登录时，系统便为该用户建立一个进程，同时也为之建立一张 LUT，并将该表放入进程的 PCB 中。

10.4.4　SPOOLing 技术

1. SPOOLing 技术的概念

为了缓和 CPU 的高速性与 I/O 设备低速性之间的矛盾而引入了脱机输入、脱机输出技术。该技术是利用专门的外围控制机，将低速 I/O 设备上的数据传送到高速磁盘上；或者相反。事实上，当系统中引入了多道程序技术后，完全可以利用其中的一道程序，来模拟脱机输入时的外围控制机功能，把低速 I/O 设备上的数据传送到高速磁盘上；再用另一道程序来模拟脱机输出时外围控制机的功能，把数据从磁盘传送到低速输出设备上。这样，便可在主机的直接控制下，实现脱机输入、输出功能。此时的外围操作与 CPU 对数据的处理同时进行，一般将这种在联机情况下实现的同时外围操作称为 SPOOLing（Simultaneous

Periphernal Operation On-Line），又称假脱机操作。

2. SPOOLing 系统组成

SPOOLing 技术是对脱机输入、输出系统的模拟，因此，它必须建立在具有多道程序功能的操作系统上，而且还应有高速随机外存的支持。如图 10-10 所示，SPOOLing 系统的组成如下：

（1）输入和输出井。在磁盘上开辟出的两个存储区域。输入井模拟脱机输入时的磁盘，用于收容 I/O 设备输入的数据。输出井模拟脱机输出时的磁盘，用于收容用户程序的输出数据。

（2）输入和输出缓冲区。在内存中开辟的两个缓冲区。输入缓冲区用于暂存由输入设备送来的数据，以后再传送到输入井。输出缓冲区用于暂存从输出井送来的数据，以后再传送到输出设备。

（3）输入进程和输出进程。输入进程模拟脱机输入时的外围控制机，将用户要求的数据从输入机通过输入缓冲区再送到输入井。当 CPU 需要输入数据时，直接将数据从输入井读入内存。输出进程模拟脱机输出时的外围控制机，把用户要求输出的数据先从内存送到输出井，待输出设备空闲时，再将输出井中的数据经过输出缓冲区送到输出设备。

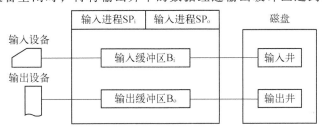

图 10-10　SPOOLing 系统的组成

共享打印机是使用 SPOOLing 技术的一个实例，这项技术已被广泛地用于多用户系统和局域网络中。当用户进程请求打印输出时，SPOOLing 系统同意为它打印输出，但并不真正立即把打印机分配给该用户进程，而只为它做两件事。

①　由输出进程在输出井中为之申请一个空闲磁盘块区，并将要打印的数据送入其中。

②　输出进程再为用户进程申请一张空白的用户请求打印表，并将用户的打印要求填入 其中，再将该表挂到请求打印队列上。

3. SPOOLing 系统的特点

SPOOLing 系统的主要特点有以下三方面。

（1）提高了 I/O 速度。从对低速 I/O 设备进行的 I/O 操作变为对输入井或输出井的操作，如同脱机操作一样，缓和了 CPU 与低速 I/O 设备速度不匹配的矛盾。

（2）将独占设备改造为共享设备。因为在 SPOOLing 系统中，实际上并没为任何进程分配设备，而只是在输入井或输出井中为进程分配一个存储区和建立一张 I/O 请求表。这样，便把独占设备改造为共享设备。

（3）实现了虚拟设备功能。多个进程同时使用同一独享设备，而对每一进程而言，都认为自己独占这一设备，从而实现了设备的虚拟分配。不过，该设备是逻辑上的设备。

SPOOLing 除了是一种速度匹配技术外，也是一种虚拟设备技术。用一种物理设备模拟另一类物理设备，使各作业在执行期间只使用虚拟的设备，而不直接使用物理的独占设备。

这种技术可使独占的设备变成可共享的设备,使得设备的利用率和系统效率都能得到提高。

10.5 设备驱动程序

硬件如果缺少了驱动程序的"驱动",那么本来性能非常强大的硬件就无法根据软件发出的指令进行工作,硬件空有一身本领而无从发挥,毫无用武之地。从理论上讲,所有的硬件设备都需要安装相应的驱动程序才能正常工作。

设备驱动程序包括所有与设备相关的代码,它的工作是把用户提交的逻辑 I/O 请求转化为物理 I/O 操作的启动和执行,如设备名转化为端口地址、逻辑记录转化为物理记录、逻辑操作转化为物理操作等。设备驱动程序用来将硬件本身的功能告诉操作系统,完成硬件设备电子信号与操作系统及软件的高级编程语言之间的互相翻译。当操作系统需要使用某个硬件时,比如,让声卡播放音乐,它会先发送相应指令到声卡驱动程序,声卡驱动程序接收到后,马上将其翻译成声卡才能听懂的电子信号命令,从而让声卡播放音乐。

因此可以说,驱动程序提供了硬件到操作系统的一个接口以及协调二者之间的关系,而因为驱动程序有如此重要的作用,所以人们都称"驱动程序是硬件的灵魂""硬件的主宰",同时驱动程序又被形象地称为"硬件和系统之间的桥梁"。设备驱动程序是操作系统和输入/输出设备间的黏合剂,作用十分重要,其逻辑地位如图 10-11 所示。

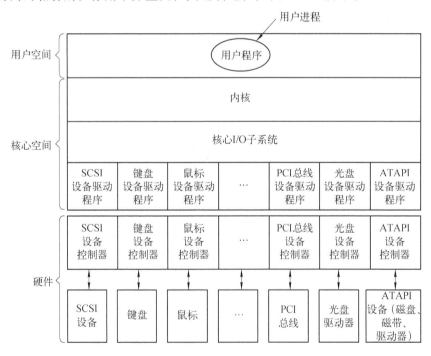

图 10-11 设备驱动程序在系统中的逻辑位置

1. 设备驱动程序的功能

设备驱动程序又称设备处理程序,其主要功能包括如下五方面。

(1)接收由 I/O 进程发来的命令和参数,并将命令中的抽象要求转换为具体要求,例如，将磁盘块号转换为磁盘的盘面、磁道号及扇区号。

（2）检查用户 I/O 请求的合法性，了解 I/O 设备的状态，传递有关参数，设置设备的工作方式。

（3）发出 I/O 命令，如果设备空闲，便立即启动 I/O 设备去完成指定的 I/O 操作；如果设备处于忙碌状态，则将请求者的请求块挂在设备队列上等待。

（4）及时响应由控制器或通道发来的中断请求，并根据其中断类型调用相应的中断处理程序进行处理。

（5）对于设置有通道的计算机系统，驱动程序还应能够根据用户的 I/O 请求，自动地构成通道程序。

2．设备处理方式

不同设备的驱动程序对设备处理的方式也不同，可分为如下三种类型。

（1）为每一类设备设置一个进程，专门用于执行这类设备的 I/O 操作。

（2）在整个系统中设置一个 I/O 进程，专门用于执行系统中所有各类设备的 I/O 操作。

（3）不设置专门的设备处理进程，而只为各类设备设置相应的设备处理程序（模块），供用户进程或系统进程调用。

3．设备驱动程序的特点

（1）驱动程序主要是指在请求 I/O 的进程与设备控制器之间的一个通信和转换程序。

（2）驱动程序与设备控制器和 I/O 设备的硬件特性紧密相关，因而对不同类型的设备应配置不同的驱动程序。

（3）驱动程序与 I/O 设备所采用的 I/O 控制方式紧密相关。

（4）由于驱动程序与硬件紧密相关，因而其中的一部分需要用汇编语言书写。

本 章 小 结

本章首先从 I/O 设备的分类讲起，着重介绍了几种不同的 I/O 控制方式，尤其是中断方式的引入，大大提高了传统的程序控制方式的工作效率。可以看出，在整个 I/O 控制方式的发展过程中，始终贯穿着这样一条宗旨：即尽量减少主机对 I/O 控制的干预，把主机从繁杂的 I/O 控制事务中解脱出来，以便更多地去完成数据处理任务。然后介绍了设备管理中需要用到的缓冲技术原理，以及设备分配中所需要采用的数据结构和有关设备独立性的要求。为了驱动不同设备工作，必不可少的是相应的设备处理程序，即驱动程序。本章最后对驱动程序的功能和特点进行了讲解。总之，外设管理是操作系统不可或缺的一个重要组成部分，其主要任务就是完成用户提出的 I/O 请求，提高 I/O 速率以及改善 I/O 的利用率。

习 题 10

一、选择题

1. 独占分配技术是把独占设备固定地分配给＿＿＿＿＿＿，直到完成并释放该设备为止。

　　A．一个进程　　　B．一个程序　　　C．多个进程　　　D．多个程序

2. 虚拟分配技术往往是利用共享设备去模拟_____。

    A. SPOOLing   B. 独占设备   C. 软盘   D. 磁带机

3. 设备管理要达到的目的是：_____、与设备无关、效率高、管理统一。

    A. 资源利用率高   B. 数据结构完备   C. 使用方便   D. 少占内存空间

4. 按照先申请设备的进程先得到设备的分配算法是_____。

    A. 按优先级高先分配   B. 先来先服务

    C. 堆栈操作法   D. 队列操作法

5. 优先级高的优先服务的设备分配算法中，请求 I/O 的进程按优先级在 I/O 请求队列排队，高优先级的一定在_____。

    A. 队列的后面   B. 队列的前面

    C. 队列的中间   D. 队列的任意位置

6. SPOOLing 系统是典型的虚拟设备系统，它是利用_____进程来实现数据的预输入和结果的缓输出的。

    A. 常驻内存   B. 暂驻内存   C. 辅助存储器   D. 0 号进程

二、填空题

1. 按工作特性可把设备分为_____和_____两大类，在 UNIX 系统中分别把它们称为块设备和字符设备。

2. UNIX 用户在程序中使用_____设备号，由操作系统进行转换为_____，从而实现用户程序与设备的_____。

3. 在设备管理中引入缓冲技术的目的是：_____、_____、_____。

4. 按数据的_____的不同，可用单缓冲、双缓冲或多缓冲的技术。

5. 根据设备的使用性质可将设备分成_____、_____与_____设备。

6. 独占设备指在一段时间内，该设备只允许_____独占。

7. 虚拟设备是利用某种技术把_____改造成可由多个进程共享的设备。

8. SPOOLing 系统是典型的_____设备系统。

三、简答题

1. 通道与 DMA 之间有何共同点？有何差别？

2. 用户申请独占型设备为何不指定具体设备，而仅指定设备类别？

3. 处理机与通道之间是如何通信的？通道与处理机之间呢？

4. 什么叫缓冲（buffering）？缓冲与缓存（caching）有何差别？

5. 与为每个设备配置一个（或若干个）缓冲区相比，采用可为多个设备共用的缓冲池有何优点？

6. 在系统中缓冲区空间总长度固定的前提下，一个缓冲区过大或过小各有何优点和缺点？

7. 独占型设备利用率低的原因何在？虚拟技术为何能提高独占型设备的利用率？

第11章

系统初始化及 Shell 编程

通过前面的学习，我们已经了解到计算机硬件系统和软件系统自下而上的层次构成，以及各部分的工作原理。但我们每天使用计算机的过程，都是从按下电源开机开始的，那么从计算机主机加电开始，到我们用户可以与计算机交互，这个过程中到底发生了哪些事情？本章主要关注的就是系统如何初始化以及操作系统如何载入，并以 Linux 系统为例介绍一些简单的 Shell 编程基础知识。

11.1 系统初始化

11.1.1 计算机系统初始化过程

1. BIOS

BIOS（Basic Input/Output System，基本输入/输出系统）是一组被固化在计算机主板上的一块 ROM 中直接关联硬件的程序，保存着计算机最重要的基本输入/输出程序、系统设置信息、开机后自检程序和系统自启动程序，其主要功能是为计算机提供最底层的、最直接的硬件设置和控制，它包括系统 BIOS（主板 BIOS），其他设备 BIOS（如 IDE 控制器 BIOS、显卡 BIOS 等），其中系统 BIOS 占据了主导地位。计算机启动过程中各个 BIOS 的启动都是在系统 BIOS 的控制下进行的。

2. 内存地址

我们知道，内存空间的最基本单位是位，8 位视为 1 字节，即我们常用的单位 B，内存中的每个字节都占有一个地址（地址是为了让 CPU 识别这些空间，是按照十六进制表示的），而最早的 8086 处理器只能识别 1 MB 空间，这 1MB 内存中低端（即最后面）的 640 KB 称为基本内存，而剩下的内存（所有的）则是扩展内存。这 640 KB 空间分别由显存和各 BIOS 所得。

3. 计算机系统初始化过程

（1）当电源开关按下时，电源开始向主板和其他设备供电，此时电压并不稳定，于是，当主板认为电压并没有达到 CMOS 中记录的 CPU 主频所要求的电压时，就会向 CPU 发出

RESET 信号（即复位，不让 CPU 进一步运行），仅一瞬间不稳定的电压就能达到符合要求的稳定值，此时复位信号撤销，CPU 马上从基本内存的 BIOS 段读取一条跳转指令，跳转到 BIOS 的真正启动代码处，如此，系统 BIOS 启动，此后的过程都由系统 BIOS 控制。

（2）系统 BIOS 启动后会进行加电自检（Power On Self Test，POST）。不过这个过程进行得很快，它主要是检测关键设备（如电源、CPU 芯片、BIOS 芯片、基本内存等，电路是否存在以及供电情况是否良好。如果自检出现了问题，系统喇叭会发出警报声（根据警报声的长短和次数可以知道到底出现了什么问题）。

（3）如果自检通过，系统 BIOS 会查找显卡 BIOS，找到后会调用显卡 BIOS 的初始化代码，此时显示器就开始显示了。显卡 BIOS 会在屏幕上显示显卡的相关信息。

（4）显卡检测成功后会进行其他设备的测试，通过后系统 BIOS 重新执行自己的代码，并显示自己的启动画面，将自己的相关信息显示在屏幕上，然后会进行内存测试，短暂出现系统 BIOS 设置页面，此时就可以对系统 BIOS 进行需要的设置，完成后会重新启动。

（5）此后 BIOS 检测系统的标准硬件（如硬盘、软驱、串行和并行接口等），检测完成后会接着检测即插用设备，如果有的话就为该设备分配中断、DMA 通道和 I/O 端口等资源，此时，所有的设备都已经检测完成了。比较老的计算机会进行一次清屏并显示一个系统配置表，如果和上次启动相比出现了硬件变动，BIOS 还会更新扩展系统配置数据（Extended System Configuration Data，ESCD），它是系统 BIOS 用来与操作系统交换硬件配置信息的数据，这些数据被存放在 CMOS 中。

（6）当上面的所有步骤都顺利进行以后，BIOS 将执行最后一项任务：按照用户指定的启动顺序进行启动（即我们经常需要用到的设置系统从哪里启动，一般默认是硬盘，如果需要安装系统，还会设置为光驱或 USB 设备），注意，这里指的是启动顺序，如果设置为从光驱启动，而光驱中又没有光盘的话，系统还是会接着从硬盘启动的。

至此，操作系统启动之前的所有启动步骤完成。

11.1.2　操作系统初始化过程

1. 概述

系统的引导和初始化是操作系统实现控制的第一步，也是集中体现系统优劣的重要部分。这里以 Linux 系统为例介绍操作系统初始化的过程。通常，Linux 系统的初始化可以分为两部分：内核部分和 init 程序部分。内核主要完成系统的硬件检测和初始化，init 程序则主要完成系统的各项配置。

2. 初始化过程

通常情况下，计算机首先用 Grub 程序引导内核的一部分（这部分没有被压缩），以此来引导内核的其他部分。Grub 程序是最常用的、也是比较完善的 Linux 系统引导器，PC 通常从硬盘的引导扇区读取这部分程序。内核被解压缩并装入内存后，开始初始化硬件和设备驱动程序。内核初始化系统的具体步骤如下：

（1）检测 CPU 的主频和控制台的显示类型，并对 CPU 速度用 BogoMIPS 程序（衡量计算机处理器运行速度的尺度）进行估算。

（2）此后内核通过外设显示系统内存信息：如 131 072 KB（128 MB），127 820 KB 剩余。使用的具体情况为：1 048 KB 内核代码，412 KB 保留，1 728 KB 数据等。而后是各类 Hashtable 的信息。

（3）内核加载磁盘空间限量支持，完成 CPU 检测（包括检查数学协处理器），以及 POSIX（Portable Operating System Interface，可移植操作系统接口）适应性检测。

（4）初始化 PCI BIOS，检测系统的 PCI 设备，并加载 TCP/IP 网络支持。

（5）内核开始检测其他各种硬件设备，如 PS/2 端口设备、串行口设备、硬盘、软盘、SCSI（小型计算机系统接口）等。

此后，内核将启动 init 程序，形成系统的第一个进程。init 是 Linux 系统操作中不可缺少的程序之一。它是一个由内核启动的用户级进程。内核自行启动之后，就通过启动一个用户级程序 init 的方式，完成引导进程。所以，init 始终是第一个进程。其进程号为 1，它是系统所有进程的起点。init 程序通常在/sbin 或/bin 下，它负责处理启动过程的其余部分，并为用户配置一个使用环境。

当 init 程序启动后，它就成了所有 Linux 系统自动启动的进程的父进程或是祖父进程。首先，它会执行/etc/rc.d/rc.sysinit 文件的脚本，这里会设置环境路径，启动交换分区，检查文件系统，并检查所有在系统启动阶段需要做好的事情。例如，许多系统使用时钟，所以在 rc.sysinit 里读取/etc/sysconfig/clock 配置文件去初始化硬件时钟。又如，假如有特殊的串口进程必须被初始化，rc.sysinit 会执行/etc/rc.serial 文件。

然后 init 程序开始执行/etc/inittab 脚本文件，在这个文件里描述了每一个 SysV 风格的系统的初始运行级别。此外，/etc/inittab 设置了默认的运行级别，并在任何运行级别下都运行/sbin/update 程序。init 进程做的每一步都由/etc/inittab 中的配置决定。以下是 RedHat 的/etc/inittab 文件的例子：inittab 文件的每一行包含四个域，格式为：

```
code:runlevels:action:command
```

（1）code 域用单个或两个字符序列来作为本行的标识，这个标识在此文件中是唯一的。文件中的某些记录必须使用特定的 code 才能使系统工作正常。

（2）runlevels 域给出的是本行的运行级别。Linux 系统运行在一定的级别下，当 inittab 文件指定了某一特定的运行级别时，该记录行包含的命令将被执行。RedHat 系统通常设置了 7 个运行级别（0~6），各运行级别的说明包含在 inittab 文件的开头。运行级别 1 是单用户模式，所谓单用户指的是系统运行在唯一用户——超级用户模式下。而大多数情况下，系统运行在多用户模式下。在启动出错、文件系统出错等情况下，系统将进入单用户模式，此时，系统只有很少的配置，这对于恢复系统是很必要的。

（3）action 域指出的是 init 程序执行 command 命令的方式。例如，只执行 command 一次，还是在它退出时重启。

（4）command 域给出相应记录行要执行的命令。

inittab 文件首先指出缺省的运行级别（如 id:3:initdefault:）。此后根据下一条记录，系统应当运行/etc/rc.d/rc.sysinit，这是一个脚本文件，主要包括基本的系统初始化命令，如激活交换分区、检查并挂上文件系统、装载部分模块等。

接下来是执行特定运行级别对应的 rcN 程序。rcN 都是目录，当前运行级别为 N 时，执行/etc/rc.d/rcN.d 目录下的脚本程序。以下是 rc3.d 目录下的文件：从中我们看到，rc3.d

目录下都是类似 Knnxxxx 和 Snnxxxx 的文件。nn 是 00~99 之间的一个整数，xxxx 是系统提供的某些服务。以 S 开头的文件用以启动（start）服务进程，以 K 开头的文件用以终止（kill）服务进程。数字 nn 的大小决定程序执行的先后顺序。例如，系统启动进入运行模式 3 后，/etc/rc.d/rc3.d 目录下所有以 S 开头的文件将被依次执行；系统关闭时，离开运行模式 3 之前，/etc/rc.d/rc3.d 目录下所有以 K 开头的文件将被依次执行。下一条记录表明每个运行级别都要运行命令 update，此程序每隔 30s 把内存缓冲区的内容回写一次，称为同步，以防止系统崩溃或突然掉电造成的数据丢失和损坏。以下的各条记录分别描述了 Ctrl+Alt+Del 组合键是否有效，与 UPS 相关的电源失败处理和虚拟控制台的初始化，最后一条记录则是在运行级别 5 的启动 XWindow 系统的 X 显示管理程序。

接下来，init 程序为系统设置基本功能库，/etc/rc.d/init.d/functions。通过它可以启动或是关闭一个程序，以及决定一个进程的 PID。

当处理完运行级别对应的 rc 目录后，/etc/inittab 脚本会为分配的每个虚拟控制台创建一个/sbin/mingetty 进程。/sbin/mingetty 进程打开一个到 tty 设备的通信通道，设置通信模式，提示用户登录，取得用户名以及为用户启动一个相应的进程。

11.2　Shell 编程

1. Shell 简介

Shell 本身是一个用 C 语言编写的程序，它是用户使用 Linux 的桥梁，用户通过键盘输入指令来操作计算机。Shell 会执行用户输入的命令，并且在显示器上显示执行结果。这种交互的全过程都是基于文本的，与其他图形化操作不同。这种面向命令行的用户界面被称为 CLI（Command Line Interface，命令行界面）。在图形化用户界面（Graphical User Interface，GUI）出现之前，人们一直是通过命令行界面来操作计算机的。现在，基于图形界面的工具越来越多，许多工作都不必使用 Shell 就可以完成了。

Shell 既是一种命令语言，又是一种程序设计语言。作为命令语言，它交互式地解释和执行用户输入的命令；作为程序设计语言，它定义了各种变量和参数，并提供了许多在高级语言中才具有的控制结构，包括循环和分支。Shell 有两种执行命令的方式：一种是交互式（Interactive），解释执行用户的命令，用户输入一条命令，Shell 就解释执行一条；另一种是批处理（Batch），用户事先写一个 Shell 脚本（Script），其中有很多条命令，让 Shell 一次把这些命令执行完，而不必一条一条地输入命令。Shell 脚本和编程语言很相似，也有变量和流程控制语句，但 Shell 脚本是解释执行的，不需要编译，Shell 程序从脚本中一行一行读取并执行这些命令，相当于一个用户把脚本中的命令一行一行输入到 Shell 提示符下执行。

它虽然不是 Linux 系统核心的一部分，但它调用了系统核心的大部分功能来执行程序、建立文件并以并行的方式协调各个程序的运行。因此，对于用户来说，Shell 是最重要的实用程序，深入了解和熟练掌握 Shell 的特性及其使用方法，是用好 Linux 系统的关键。

可以说，Shell 使用的熟练程度反映了用户对 Linux 使用的熟练程度。

2. 几种常见的 Shell

Shell 作为一种脚本语言，那么，就必须有解释器来执行这些脚本。Linux 上常见的 Shell 脚本解释器有 bash、sh、csh、ksh，习惯上把它们称为一种 Shell。我们常说有多少种 Shell，其实说的是 Shell 脚本解释器。

（1）Bourne-Again Shell（bash）

bash 是 Linux 系统默认使用的 Shell。bash 由 BrianFox 和 ChetRamey 共同完成，是 Bourne-Again Shell 的缩写，内部命令一共有 40 个。Linux 使用它作为默认的 Shell 是因为它有诸如以下的特色：

① 可以使用类似 DOS 下面的 doskey 的功能，用方向键查阅和快速输入并修改命令；

② 自动通过查找匹配的方式给出以某字符串开头的命令；

③ 包含了自身的帮助功能，只要在提示符下面输入 help 就可以得到相关的帮助。

（2）Bourne Shell（sh）

首个重要的标准 UNIX Shell 是 1977 年底在 V7 UNIX（AT&T 第 7 版）中引入的，并且以它的创始科技部基础条件平台"国家气象网络计算应用节点建设"资助者 Stephen Bourne 的名字命名。Bourne Shell 是一个交换式的命令解释器和命令编程语言。

Bourne Shell 可以运行为 login shell 或者 login shell 的子 shell（subshell）。只有 login 命令可以调用 Bourne Shell 作为一个 login shell。此时，shell 先读取/etc/profile 文件和 $HOME/.profile 文件。/etc/profile 文件为所有的用户定制环境，$HOME/.profile 文件为本用户定制环境。最后，shell 会等待读取输入。

（3）CShell（csh）

Bill Joy 于 20 世纪 80 年代早期，在伯克利的加利福尼亚大学开发了 CShell。它主要是为了让用户更容易地使用交互式功能，并把 ALGOL 风格的语法结构变成了 C 语言风格。它新增了命令历史、别名、文件名替换、作业控制等功能。

（4）Korn Shell（ksh）

有很长一段时间，只有两类 Shell 供人们选择，Bourne Shell 用来编程，CShell 用来交互。为了改变这种状况，AT&T 的 Bell 实验室 David Korn 开发了 Korn Shell。

ksh 结合了所有的 CShell 的交互式特性，并融入了 Bourne Shell 的语法。因此，Korn Shell 广受用户的欢迎。它还新增了数学计算，进程协作（coprocess）、行内编辑（inline editing）等功能。

Korn Shell 是一个交互式的命令解释器和命令编程语言。它符合 POSIX———个操作系统的国际标准。ksh 是 Korn Shell 的缩写，由 Eric Gisin 编写，共有 42 条内部命令。该 Shell 最大的优点是几乎和商业发行版的 ksh 完全兼容。

11.2.1　Shell 命令的使用

1. 一般格式

Shell 命令的一般格式为：

命令名【选项】【参数 1】【参数 2】…

说明：

（1）命令名、选项和参数之间用一个或多个空格分开；

（2）"选项"是对命令的特定定义，以减号"－"开始，多个选项可以用一个"－"连接起来，如 ls －l －a 与 ls －la 相同；

（3）"参数"提供命令运行的信息，或者是命令执行过程中所使用的文件名；

（4）使用分号可以实现一行中输入多条命令，命令的执行顺序和输入的顺序相同。

2. Shell 使用技巧

（1）命令补全

在送入命令的任何时刻，按【Tab】键，系统将试图补全此时已输入的命令。如果已经输入的字符串不足以唯一地确定它应该使用的命令，系统将发出警告声。再次按【Tab】键，系统则会给出可用来补全的字符串清单。使用命令补全功能，可以提高使用长命令或操作较长名称的文件或文件夹的正确率。

在 Bash Shell 中，有一些字符具有特殊意义，它们表示字符本身之外的内容，这些字符称为通配符，其含义如表 11-1 所示。

表 11-1　通配符及其含义

通配符	含　　义
？	代表任意一个字符
＊	代表任意字符串
.	表示当前目录
..	表示上一级目标
<>	重定向操作符，分别表示输入和输出的转向，即输入和输出不再来自标准设备键盘或者显示器，而是跟在"<"后面文件的内容作为输入，输出到跟在">"后面文件名所指的文件中
&	在后台运行
|	管道符，管道符之前的命令的标准输出作为其后命令的输入
' '	消除被括在单引号中的所有特殊字符的含义
[...,-,!]	按照某种形式代表指定的字符，"..."给出列表、"-"给出范围、"!"表示不匹配
\	转义符，消除紧跟在后面的单个字符的特殊含义
" "	消除被括在双引号中大部分特殊字符的含义，但不消除$、'、"、\4 个字符的特殊含义

（2）历史命令

系统会把过去输入过的命令保存下来，只要按方向键中的上下箭头，就可以选择以前输入过的命令。

（3）联机帮助

可以通过 man 命令查看任何命令的联机帮助信息。它将命令名作为参数，该命令的语法格式为：

man【命令名】

在任何命令之后给 help 参数，也可以显示该命令的帮助信息。

3. 常见命令的用法和功能

Bash Shell 具有很多命令，这些命令从功能上大致可分为以下几类：目录操作与管理、文件操作与管理、系统管理与维护、用户管理与维护、系统状态、进程管理、通信命令及其他命令。

（1）目录和文件操作

mount 命令

格式：mount【选项】【设备名】【目录】

功能：将磁盘设备挂载到指定的目录，该目录即为此设备的挂载点。挂载点目录可以不为空，但必须已经存在。磁盘设备挂载后，该挂载点目录的原文件暂时不能显示且不能访问，取代它的是挂载设备上的文件，原目录上文件待到挂载设备卸载后，才能重新访问。

umount 命令

格式：umount【设备名】【目录】

功能：卸载指定的设备，既可使用设备名也可以使用挂载目录名。

df 命令

格式：df【选项】

功能：显示文件系统的相关信息。

mkfs 命令

格式：mkfs【选项】设备

功能：在磁盘上建立文件系统，也就是进行磁盘格式化。

fsck 命令

格式：fsck 设备

功能：检查并修复文件系统。

df 命令

格式：df【选项】

功能：显示文件系统的相关信息。

quotacheck 命令

格式：quotacheck【选项】

功能：检查文件系统的配额限制，并可创建配额管理文件。

edquota 命令

格式：edquota【选项】

功能：编辑配额管理文件。

quotaon 命令

格式：quotaon【选项】

功能：启动配额管理，其主要选项与 quotacheck 命令相同。

chmod 命令

格式：chmod 模式文件

功能：修改文件的访问权限。

chgrp 命令

格式：chgrp 组群文件

功能：改变文件所属组群。

chown 命令

格式：chown 文件所有者【组群】文件

功能：修改文件的所有者，可一并修改文件的所属组群。

mkdir 命令

格式：mkdir【选项】目录

功能：创建目录。

mv 命令

格式：mv【选项】源文件或源目录目的文件或目的目录

功能：移动或重命名文件或目录。

cp 命令

格式：cp【选项】源文件或源目录目的文件或目的目录

功能：复制文件或目录。

rm 命令

格式：rm【选项】文件或目录

功能：删除文件或目录。

ln 命令

格式：ln【选项】目标文件链接文件

功能：建立链接文件，默认建立硬链接文件。

find 命令

格式：find【路径】表达式

功能：从指定路径开始向下搜索满足表达式的文件和目录。不指定路径时查找当前目录。当查到用户不具有执行权限的目录时，屏幕将显示"权限不够"等提示信息。

grep 命令

格式：grep【选项】字符串文件列表

功能：从指定文本文件或标准输出中查找符号条件的字符串，默认显示其所在行的内容。

du 命令

格式：du【选项】【目录或文件】

功能：显示目录或文件大小，默认以 KB 为单位。参数为目录时，默认递归显示指定目录及其所有子目录的大小。

tar 命令

格式：tar 选项归档/压缩文件【文件或目录列表】

功能：将多个文件或目录归档为 tar 文件，如果使用相关选项还可压缩归档文件。

gzip 命令

格式：gzip【选项】文件|目录

功能：压缩/解压缩文件。无选项参数时执行压缩操作。压缩后产生扩展名为.gz 的压缩文件，并删除源文件。

bzip2 命令

格式：bzip2【选项】文件|目录

功能：压缩/解压缩文件。无选项参数时执行压缩操作。压缩后产生扩展名为.bz2 的压缩文件，并删除源文件。bzip2 命令也没有归档功能。

zip 命令

格式：zip【选项】压缩文件 文件列表

功能：可将多个文件归档后压缩。

unzip 命令

格式：unzip【选项】压缩文件

功能：解压缩扩展名为.zip 的压缩文件。

（2）用户管理与维护

useradd 命令

格式：useradd【选项】用户名

功能：新建用户账号，只有超级用户才能使用此命令。

passwd 命令

格式：passwd【选项】【用户】

功能：设置或修改用户的口令及口令的属性。

userdel 命令

格式：userdel【选项】用户名

功能：修改用户的属性，只有超级用户才能使用此命令。

useradd 命令

格式：useradd【−r】用户名

功能：删除指定的用户账户，只有超级用户才能使用此命令。

su 命令

格式：su【−】用户名

功能：切换用户身份。超级用户可以切换为任何普通用户，而且不需要输入口令。普通用户切换为其他用户时需要输入被转换用户的口令。切换为其他用户之后就拥有该用户的权限。使用 exit 命令可返回到本来的用户身份。

id 命令

格式：id【用户名】

功能：查看用户的 UID、GID 和用户所属组群的信息。如果不指定用户，则显示当前用户的相关信息。

groupadd 命令

格式：groupadd【选项】组群名

功能：新建组群，只有超级用户才能使用此命令。

groupmod 命令

格式：groupmod【选项】组群名

功能：修改指定组群的属性，只有超级用户才能使用此命令。

groupdel 命令

格式：groupdel 组群名

功能：删除指定的组群，只有超级用户才能使用此命令。在删除指定组群前必须保证该组群不是任何用户的主要组群，否则需要首先删除那些以此组群作为主要组群的用户才能删除这个组群。

（3）通信命令

ifconfig 命令

格式：ifconfig【网络接口名】【IP 地址】【netmask 子网掩码】【up|down】

功能：查看网络接口的配置情况，并可设置网卡的相关参数，激活并停用网络接口。

hostname 命令

格式：hostname【主机名】

功能：查看或修改计算机的主机名。

route 命令

格式：route【【add|del】defaultgw 网关的 IP 地址】

功能：查看内核路由表的配置情况，添加或取消网关 IP 地址。

ping 命令

格式：ping【–c 次数】IP 地址|主机名

功能：测试网络的连通性。

server 命令

格式：server 服务名 start|stop|restart|status

功能：启动、终止、重新启动或查看指定的服务。

（4）系统状态监视

who 命令

格式：who【选项】

功能：查看当前已登录的用户名。

top 命令

格式：top【–d 秒数】

功能：动态显示 CPU 利用率、内存利用率和进程状态等相关信息，是目前使用最广泛的实时系统性能监视程序。默认每 5 s 更新显示信息，而"–d 秒数"选项可指定刷新频率。

free 命令

格式：free【选项】

功能：显示内存和交换分区的相关信息。

11.2.2　Shell 编程语法结构

和其他高级程序设计语言一样，Shell 提供了用来控制程序执行流程的命令，包括条件分支和循环结构，用户可以用这些命令创建非常复杂的程序。与传统语言不同的是，Shell 用于指定条件值的不是布尔运算式，而是命令和字串。

1. 基本语法

（1）开头

程序必须以下面的行开始（必须放在文件的第一行）：

```
#!/bin/sh
```

符号#!用来告诉系统它后面的参数是用来执行该文件的程序。这个例子使用/bin/sh 执行程序。

当编辑好脚本时，如果要执行该脚本，还必须使其可执行。

要使脚本可执行，需要编译后执行命令 chmod +x filename 修改 filename 文件的权限，这样才能用./filename 来运行。

（2）注释

在进行 Shell 编程时，以#开头的句子表示注释，直到这一行结束。

（3）变量

在其他编程语言中必须使用变量。在 Shell 编程中，所有的变量都由字符串组成，并且不需要对变量进行声明。要赋值给一个变量的代码如下：

```
#!/bin/sh
#对变量赋值:
a="helloworld"
#现在打印变量 a 的内容:
echo"Ais:"
echo$a
```

有时候变量名很容易与其他文字混淆，例如：

```
num=2
echo"this is the $numnd"
```

这并不会打印出 "this is the 2nd"，而仅仅打印 "this is the"，因为 Shell 会去搜索变量 numnd 的值，但是这个变量是没有值的。可以使用花括号来说明打印的是 num 变量：

```
num=2
echo"this is the ${num}nd"
```

运行脚本后，将在屏幕上显示 "this is the 2nd"。

2. 分支结构

（1）测试命令 test

test 命令主要评估一个表达式，表达式一般是文本、数字或文件和目录属性的比较，并且可以包含变量、常量和运算符。如果条件为真，则返回一个 0 值。如果表达式不为真，则返回一个大于 0 的值——也可以将其称为假值。语法格式如下：

```
test expression
```

或者

```
[expression]
```

当使用左方括号而非 test 时，其后必须始终跟着一个空格、要评估的条件、一个空格和右方括号。右方括号不是任何东西的别名，而是表示所需评估参数的结束。条件两边的空格是必需的，这表示要调用 test，以区别于同样经常使用方括号的字符/模式匹配操作。

test 命令用于检查某个条件是否成立，它可以进行数值、字符和文件三方面的测试，其测试符和相应的功能分别如下：

① 数值测试：

-eq 等于则为真。

-ne 不等于则为真。

-gt 大于则为真。

-ge 大于或等于则为真。

-lt 小于则为真。

-le 小于或等于则为真。

② 字串测试：

=等于则为真。

!=不相等则为真。

-z 字串长度空则为真。

-n 字串长度不空则为真。

③ 文件测试：

-e 文件名　如果文件存在则为真。

-r 文件名　如果文件存在且可读则为真。

-w 文件名　如果文件存在且可写则为真。

-x 文件名　如果文件存在且可执行则为真。

-s 文件名　如果文件存在且至少有一个字符则为真。

-d 文件名　如果文件存在且为目录则为真。

-f 文件名　如果文件存在且为普通文件则为真。

-c 文件名　如果文件存在且为字符型特殊文件则为真。

-b 文件名　如果文件存在且为块特殊文件则为真。

另外，Linux 还提供了与（！）、或（-o）、非（-a）三个逻辑操作符，用于将测试条件连接起来，其优先顺序为：！最高，-a 次之，-o 最低。

（2）if 结构

Shell 程序中的条件分支是通过 if 条件语句来实现的，如果满足某种条件，那么程序执行相应的语句，否则就执行另外的语句。

最简单的一种是单分支结构。如果条件命令串执行结果为真，那么程序就执行 then 后面的命令，直到遇到 fi 为止。其结构形式如下：

```
if 条件命令串
then
    命令串 1
    命令串 2
    …
fi
```

此外，还可以使用双分支 if 结构。在双分支结构中，如果条件命令串执行结果为真，那么程序就执行 then 后面的命令，否则执行 else 后面的命令。其一般格式为：

```
if 条件命令串
then
    条件为真时的命令串
else
    条件为假时的命令串
fi
```

需要更多的判断时，可采用多分支结构。在多分支结构中，如果条件命令串 1 执行结果为真，那么程序就执行其 then 后面的命令。否则检查 elif 后面的条件命令串 2 是否为真，如果条件为真，则执行其 then 后面的命令。如果所有的 elif 都不成功，那么就执行 else 后面的命令串。其一般格式为：

```
if 条件命令串 1
then
    条件命令串 1 为真时的命令串
elif 条件命令串 2
then
    条件命令串 2 为真时的命令串
else
    命令串
fi
```

（3）case 结构

case 结构可以代替多分支结构，而且该结构看起来更加清晰。当程序执行到 case 语句时，将变量 expression 的值与 val1, val2, ……, val$n$ 逐个进行比较，直到找到一个与其相同的值。如果找到匹配的值，那么程序就执行该值后面的命令，直到遇到双分号，然后跳到 esac 后面继续执行。如果没有找到匹配的值，就执行 "*" 后面的命令。一般格式如下：

```
case expression in
val1)
    命令串
    ;;
val2)
    命令串
    ;;
    ...
valn)
    命令串
    ;;
*)
    命令串
    ;;
esac
```

（4）循环结构

在循环结构中，Shell 提供了 for、while 和 until 三种循环结构。

① for 循环结构。for 循环对一个变量的可能的值都执行一个命令序列。赋给变量的几

个数值既可以在程序内以数值列表的形式提供,也可以在程序以外以位置参数的形式提供。for 循环的一般格式为:

```
for 变量名  [in 数值列表]
do
    若干命令
done
```

变量名可以是用户选择的任何字串,如果变量名是 var,则在 in 之后给出的数值将顺序替换循环命令列表中的$var。如果省略了 in,则变量 var 的取值将是位置参数。对变量的每一个可能的赋值都将执行 do 和 done 之间的命令列表。

② while 循环结构。while 是用命令的返回状态值来控制循环的。当 while 后面的命令执行成功时,则 while 循环就继续执行 do…done 之间的命令。程序执行到 done 后,就对 while 再次检查其后命令的返回值,如此反复直到命令不成功为止。while 循环的一般格式为:

```
while 命令串
do
    若干命令
done
```

③ until 循环结构。until 命令是另一种循环结构,它和 while 命令相似,不同的是程序只在 until 后面的命令失败时,才执行 do…done 之间的命令,直到 until 后面的命令成功时退出循环。其格式如下:

```
until 命令串
do
    若干命令
done
```

本 章 小 结

本章重点介绍了整个计算机系统以及操作系统初始化的全过程,相信读者通过学习后能够感到豁然开朗,对计算机的了解又增进了一步。此外,通过学习 Shell 编程,更能够进一步体会到命令行及脚本的强大功能,现在读者也可以开始尝试编制一些 Shell 脚本来辅助日常系统管理和使用。

习 题 11

一、选择题

1. 硬盘自动检测参数应在 BIOS 主菜单中选择_____选项。
   A. SAVE & EXIT SETUP　　　　　B. HDD LOW LEVEL SETUP
   C. IDE HDD AUTO DETECTION　　D. STANDAND CMOS SETUP

2. 需要设置 BIOS 口令应选择_____选项。

  A. STANDARD BIOSSETUP   B. PASSWORD SETTING

  C. LOAD SETUP DEFAULTS   D. SAVE & EXIT SETUP

3. 在 BIOS 芯片设置中，设置主板使用 IDE 控制方式应在_____选项中完成设置。

  A. IDE HDD Block Mode   B. Onboard IDE Controller

  C. IDE Buffer for DOS & Win   D. IDE Master（Slave）Pio Mode

4. BIOS 指计算机的_____。

  A. 基本输入/输出系统   B. 接口   C. 硬盘   D. 外设

5. 计算机启动后，首先执行的是_____程序。

  A. 系统引导装载程序   B. 操作系统引导代码

  C. 操作系统内核代码   D. 应用程序

二、填空题

1. 计算机启动时，会从一个固定地址读取第一条指令，该地址指向_____ROM 中的第一条指令。

2. 计算机启动时，首先读取 BIOS ROM 中的程序来执行。BIOS 首先进行_____，成功后再根据用户在 CMOS 中的配置从相应的设备上装入操作系统。

3. Shell 有两种启动方式：用户登录后，由_____根据配置文件直接启动；用户在命令行中输入 Shell 的名字来启动。

4. Shell 的控制结构主要有_____控制和_____控制两种。

三、简答题

1. 计算机系统执行的第一条指令是怎样获得的？

2. 操作系统的内核初始化主要做哪三部分工作？

3. 怎样进入到 BIOS 设置？

4. 编写一个脚本，要求它能够将 1～100 之间的奇数输出到一个文件（num.txt）中，每个数一行。

5. BIOS 中有什么内容？BIOS 的主要功能是什么？

6. Shell 脚本是否作为单独的一个进程执行？

第12章 应用软件开发平台

有了操作系统之后，人们可以使用计算机了。普通的终端用户可以运行应用程序，进行运算、娱乐或者管理自己的信息；对程序员来说，还需要利用其提供的程序员级接口编写应用程序。因此，程序员还需要如下软件和工具：

（1）能编辑程序代码的软件；

（2）编译软件——将高级语言转换为机器指令；

（3）调试工具——帮助程序员发现逻辑错误的工具；

（4）共性软件设施——API（Application Program Interface），支持代码重用。

也就是说，程序员要设计和开发更上层的面向用户的应用软件，需要具备一套应用软件开发平台并使用其中的工具。还要选择一种或几种程序设计语言来进行代码编写。本章主要介绍应用软件开发过程中涉及的工具、架构和环境。

12.1 高级程序设计语言

高级程序设计语言是面向用户的、基本上独立于计算机种类和结构的语言。其最大的优点是：形式上接近于算术语言和自然语言，概念上接近于人们通常使用的概念。高级语言的一个命令可以代替几条、几十条甚至几百条汇编语言的指令。因此，高级语言易学易用，通用性强，应用广泛。高级语言种类繁多，可以从应用特点和对客观系统的描述两个方面对其进一步分类。

从应用角度来看，高级语言可以分为基础语言、结构化语言和专用语言。

（1）基础语言

基础语言也称通用语言。它历史悠久，流传很广，有大量的已开发的软件库，拥有众多的用户，为人们所熟悉和接受，属于这类语言的有 FORTRAN、COBOL、BASIC、ALGOL等。FORTRAN 语言是目前国际上广为流行，也是使用得最早的一种高级语言，从 20 世纪 90 年代起，在工程与科学计算中一直占有重要地位，备受科技人员的欢迎。BASIC 语言是在 20 世纪 60 年代初为适应分时系统而研发的一种交互式语言，可用于一般的数值计算与事务处理。BASIC 语言结构简单，易学易用，并且具有交互能力，成为许多初学者学习程序设计的入门语言。

（2）结构化语言

20 世纪 70 年代以来，结构化程序设计和软件工程的思想日益为人们所接受和欣赏。在它们的影响下，先后出现了一些很有影响的结构化语言，这些结构化语言直接支持结构化的控制结构，具有很强的过程结构和数据结构能力。PASCAL、C、Ada 语言就是它们的突出代表。

PASCAL 语言是第一个系统地体现结构化程序设计概念的现代高级语言，软件开发的最初目标是把它作为结构化程序设计的教学工具。由于它模块清晰、控制结构完备、有丰富的数据类型和数据结构、语言表达能力强、移植容易，不仅被国内外许多高等院校定为教学语言，而且在科学计算、数据处理及系统软件开发中都有较广泛的应用。

C 语言功能丰富，表达能力强，有丰富的运算符和数据类型，使用灵活方便，应用面广，移植能力强，编译质量高，目标程序效率高，具有高级语言的优点。同时，C 语言还具有低级语言的许多特点，如允许直接访问物理地址，能进行位操作，能实现汇编语言的大部分功能，可以直接对硬件进行操作等。C 语言编译程序产生的目标程序，其质量可以与汇编语言产生的目标程序相媲美，具有"可移植的汇编语言"的称号，成为编写应用软件、操作系统和编译程序的重要语言之一。

（3）专用语言

专用语言是为某种特殊应用而专门设计的语言，通常具有特殊的语法形式。一般来说，这种语言的应用范围狭窄，移植性和可维护性不如结构化程序设计语言。随着时间的发展，专用语言已有数百种，应用比较广泛的有 APL 语言、Forth 语言、Lisp 语言。

12.2　软件开发模型

程序员在进行软件开发的过程中，根据软件工程的要求，首先的任务应该是选择一个适合于实际情况的软件开发模型和开发过程。软件开发模型是跨越整个软件生存周期的系统开发、运行、维护所实施的全部工作和任务的结构框架，给出了软件开发活动各阶段之间的关系。下面介绍一些常见的软件开发模型。

1．边做边改模型（Build-and-Fix Model）

在这种模型中，开发人员拿到项目立即根据需求编写程序，调试通过后生成软件的第一个版本。在提供给用户使用后，如果程序出现错误，或者用户提出新的要求，开发人员需要重新修改代码，直到用户和测试等满意为止。

现在许多产品实际都是使用边做边改模型来开发的，特别是很多小公司产品周期压缩的太短。在这种模型中，既没有规格说明，也没有经过设计，软件随着客户的需要一次又一次地不断被修改。

这是一种类似作坊的开发方式，边做边改模型的优点毫无疑问就是前期成效快。对编写逻辑不需要太严谨的小程序来说还可以对付得过，但这种方法对任何规模的开发来说都是不能令人满意的，其主要问题在于：

① 缺少规划和设计环节，软件的结构随着不断修改越来越糟，导致无法继续修改；

② 忽略需求环节，给软件开发带来很大的风险；

③ 没有考虑测试和程序的可维护性，也没有任何文档，软件的维护十分困难。

2. 瀑布模型（Waterfall Model）

瀑布模型是一种比较老旧的软件开发模型，1970 年温斯顿·罗伊斯提出了著名的"瀑布模型"，直到 80 年代都还是一直被广泛采用的模型。

瀑布模型将软件生命周期划分为制订计划、需求分析、软件设计、程序编写、软件测试和运行维护六个基本活动，并且规定了它们自上而下、相互衔接的固定次序，如同瀑布流水，逐级下落。

在瀑布模型中，软件开发的各项活动严格按照线性方式进行，当前活动接受上一项活动的工作结果，实施完成所需的工作内容。当前活动的工作结果需要进行验证，如验证通过，则该结果作为下一项活动的输入，继续进行下一项活动，否则返回修改。

瀑布模型优点是严格遵循预先计划的步骤顺序进行，一切按部就班比较严谨。

瀑布模型强调文档的作用，并要求每个阶段都要仔细验证。但是，这种模型的线性过程太理想化，已不再适合现代的软件开发模式，几乎被业界抛弃，其主要问题在于：

① 各个阶段的划分完全固定，阶段之间产生大量的文档，极大地增加了工作量；

② 由于开发模型是线性的，用户只有等到整个过程的末期才能见到开发成果，从而增加了开发的风险；

③ 早期的错误可能要等到开发后期的测试阶段才能发现，进而带来严重的后果；

④ 各个软件生命周期衔接花费时间较长，团队人员交流成本大；

⑤ 瀑布模型在需求不明并且在项目进行过程中可能变化的情况下基本是不可行的。

3. 迭代模型（Stage-wise Model）

迭代模型也被称为迭代增量式开发或迭代进化式开发，是一种与传统的瀑布式开发相反的软件开发过程，它弥补了传统开发方式中的一些弱点，具有更高的成功率和生产率。

在迭代式开发方法中，整个开发工作被组织为一系列短小的、固定长度（如 3 周）的小项目，称为一系列的迭代。每一次迭代都包括了需求分析、设计、实现与测试。采用这种方法，开发工作可以在需求被完整地确定之前启动，并在一次迭代中完成系统的一部分功能或业务逻辑的开发工作。再通过客户的反馈来细化需求，并开始新一轮的迭代。

对迭代和版本的区别，可理解如下：迭代一般指某版本的生产过程，包括从需求分析到测试完成；版本一般指某阶段软件开发的结果，一个可交付使用的产品。

与传统的瀑布模型相比较，迭代过程具有以下优点。

（1）降低了在一个增量上的开支风险。如果开发人员重复某个迭代，那么损失只是这一个开发有误的迭代的花费。

（2）降低了产品无法按照既定进度进入市场的风险。通过在开发早期就确定风险，可以尽早解决解决。

（3）加快了整个开发工作的进度。因为开发人员清楚问题的焦点所在，所以工作会更有效率。

（4）由于用户的需求并不能在项目一开始就作出完全的界定，它们通常是在后续阶段中不断细化的。因此，迭代过程这种模式使适应需求的变化会更容易些，从而复用性更高。

4. 快速原型模型（Rapid Prototype Model）

快速原型模型的第一步是建造一个快速原型，实现客户或未来的用户与系统的交互，用户或客户对原型进行评价，进一步细化待开发软件的需求。通过逐步调整原型使其满足客户的要求，开发人员可以确定客户的真正需求是什么，第二步则在第一步的基础上开发客户满意的软件产品。

显然，快速原型方法可以克服瀑布模型的缺点，减少由于软件需求不明确带来的开发风险，具有显著的效果。

快速原型的关键在于尽可能快速地建造出软件原型，一旦确定了客户的真正需求，所建造的原型将被丢弃。因此，原型系统的内部结构并不重要，重要的是必须迅速建立原型，随之迅速修改原型，以反映客户的需求。

5. 增量模型（Incremental Model）

在增量模型中，软件作为一系列的增量构件来设计、实现、集成和测试，每一个构件是由多种相互作用的模块所形成的提供特定功能的代码片段构成。

增量模型在各个阶段并不交付一个可运行的完整产品，而是交付满足客户需求的一个子集的可运行产品。整个产品被分解成若干个构件，开发人员逐个构件地交付产品，这样做的好处是软件开发可以较好地适应变化，客户可以不断地看到所开发的软件，从而降低开发风险。但是，增量模型也存在以下缺陷。

① 由于各个构件是逐渐并入已有的软件体系结构中的，所以加入构件必须不破坏已构造好的系统部分，这需要软件具备开放式的体系结构。

② 在开发过程中，需求的变化是不可避免的。增量模型的灵活性可以使其适应这种变化的能力大大优于瀑布模型和快速原型模型，但也很容易退化为边做边改模型，从而使软件过程的控制失去整体性。

在使用增量模型时，第一个增量往往是实现基本需求的核心产品。核心产品交付用户使用后，经过评价形成下一个增量的开发计划，它包括对核心产品的修改和一些新功能的发布。这个过程在每个增量发布后不断重复，直到产生最终的完善产品。

例如，使用增量模型开发字处理软件。可以考虑，第一个增量发布基本的文件管理、编辑和文档生成功能，第二个增量发布更加完善的编辑和文档生成功能，第三个增量实现拼写和文法检查功能，第四个增量完成高级的页面布局功能。

6. 螺旋模型（Spiral Model）

1988 年，巴利·玻姆（Barry Boehm）正式发表了软件系统开发的螺旋模型，它将瀑布模型和快速原型模型结合起来，强调了其他模型所忽视的风险分析，特别适合于大型复杂的系统。

螺旋模型沿着螺线进行若干次迭代，四个象限代表了以下活动。

（1）制订计划：确定软件目标，选定实施方案，弄清项目开发的限制条件。

（2）风险分析：分析评估所选方案，考虑如何识别和消除风险。

（3）实施工程：实施软件开发和验证。

（4）客户评估：评价开发工作，提出修正建议，制订下一步计划。

螺旋模型由风险驱动，强调可选方案和约束条件从而支持软件的重用，有助于将软件质量作为特殊目标融入产品开发之中。但是，螺旋模型也有一定的限制条件。

（1）螺旋模型强调风险分析，但要求许多客户接受和相信这种分析，并做出相关反应是不容易的，因此，这种模型往往适应于内部的大规模软件开发。

（2）如果执行风险分析将大大影响项目的利润，那么进行风险分析毫无意义，因此，螺旋模型只适合于大规模软件项目。

（3）软件开发人员应该擅长寻找可能的风险，准确地分析风险，否则将会带来更大的风险。

一个阶段首先是确定该阶段的目标，完成这些目标的选择方案及其约束条件，然后从风险角度分析方案的开发策略，努力排除各种潜在的风险，有时需要通过建造原型来完成。如果某些风险不能排除，该方案立即终止，否则启动下一个开发步骤。最后，评价该阶段的结果，并设计下一个阶段。

7. 敏捷软件开发（Agile Development）

敏捷开发是一种以人为核心、迭代、循序渐进的开发方法。在敏捷开发中，软件项目的构建被切分成多个子项目，各个子项目的成果都经过测试，具备可集成和可运行使用的特征。换言之，就是把一个大项目分为多个相互联系，但也可独立运行的小项目，并分别完成，在此过程中软件一直处于可使用状态。

敏捷开发小组主要的工作方式可以归纳为：作为一个整体工作；按短迭代周期工作；每次迭代交付一些成果，关注业务优先级，不断检查与调整。

敏捷软件开发要注意项目规模，规模增长，团队交流成本就高，因此敏捷软件开发暂时不适合特别大的团队开发，而是比较适合一个组的团队使用。

8. 演化模型（Evolutionary Model）

演化模型主要针对事先不能完整定义需求的软件开发。用户可以给出待开发系统的核心需求，并且当看到核心需求实现后，能够有效地提出反馈，以支持系统的最终设计和实现。软件开发人员根据用户的需求，首先开发核心系统。当该核心系统投入运行后，用户试用，完成他们的工作，并提出精化系统、增强系统能力的需求。软件开发人员根据用户的反馈，实施开发的迭代过程。迭代过程由需求、设计、编码、测试、集成等阶段组成。

在开发模式上采取分批循环开发的办法，每个循环开发一部分的功能，它们成为这个产品的原型的新增功能。于是，设计就不断地演化出新的系统。实际上，这个模型可看作是重复执行的多个瀑布模型。

演化模型要求开发人员有能力把项目的产品需求分解为不同组，以便分批循环开发。这种分组并不是绝对随意性的，而是要根据功能的重要性及对总体设计的基础结构的影响而作出分组。一般来说，每个开发循环周期以 6~8 周的时长比较适当。

9. 喷泉模型（Fountain Model）

喷泉模型与传统的结构化生存期比较，具有更多的增量和迭代性质，生存期的各个阶段可以相互重叠和多次反复，而且在项目的整个生存期中还可以嵌入子生存期，就像水喷上去又可以落下来，可以落在中间，也可以落在最底部。

10. 智能模型（Intelligent Model）

智能模型拥有一组工具（如数据查询、报表生成、数据处理、屏幕定义、代码生成、高层图形功能及电子表格等），每个工具都能使开发人员在高层次上定义软件的某些特性，并把开发人员定义的这些软件自动地生成为源代码。这种方法需要四代语言（4GL）的支持。4GL 不同于三代语言，其主要特征是用户界面极端友好，即使没有受过训练的非专业程序员，也能用它编写程序；它是一种声明式、交互式和非过程性编程语言。4GL 还具有高效的程序代码、智能默认假设、完备的数据库和应用程序生成器。目前市场上流行的 4GL

（如 FoxPro 等）都不同程度地具有上述特征。但 4GL 目前主要限于事务信息系统的中、小型应用程序的开发。

11. 混合模型（Hybrid Model）

混合模型又称过程开发模型或元模型（Meta-Model），把几种不同的模型组合成一种混合模型，它允许一个项目能沿着最有效的路径发展，这就是混合模型（或过程开发模型）。实际上，一些软件开发单位都是使用几种不同的开发方法组成他们自己的混合模型。

表 12-1 中大致列举了部分常用软件开发模型的特点和适用范围。

表 12-1　常用软件开发模型的特点和适用范围

模型名称	技术特点	适用范围
瀑布模型	简单，分阶段，阶段间存在因果关系，各个阶段完成后都有评审，允许反馈，不支持用户参与，要求预先确定需求	需求易于完善定义且不易变更的软件系统
快速原型模型	不要求需求预先完备定义，支持用户参与，支持需求的渐进式完善和确认，能够适应用户需求的变化	需求复杂、难以确定、动态变化的软件系统
增量模型	软件产品是被增量式地一块块开发的，允许开发活动并行和重叠	技术风险较大、用户需求较为稳定的软件系统
迭代模型	不要求一次性地开发出完整的软件系统，将软件开发视为一个逐步获取用广需求、完善软件产品的过程	需求难以确定、不断变更的软件系统
螺旋模型	结合瀑布模型、快速原型模型和迭代模型的思想，并引进了风险分析活动	需求难以获取和确定、软件开发风险较大的软件系统

12.3　开发工具和开发环境

软件开发环境（Software Development Environment，SDE），是支持某种软件开发方法或者与某种软件加工模型相适应的一组相关软件工具的集合，在欧洲又称集成式项目支援环境（Integrated Project Support Environment，IPSE）。在分类上，软件开发环境按研制目标可分为开发环境、项目管理环境、质量保证和维护环境等；按环境结构可分为基于语言的环境、基于操作系统的环境和基于方法论的环境；按工作模式可分为交互式软件环境、批处理软件环境和分布式个人开发环境等。软件开发环境的结构可分为宿主层、核心层、基本层和应用层等四个层次。

软件开发环境的核心是存储各种软件工具加工所产生的软件产品或半成品（如源代码、测试数据和各种文档资料等）的软件开发环境数据库。软件开发环境数据库是面向软件工作者的知识型信息数据库，用来支撑各种软件工具，尤其是自动设计工具、编译程序等主动或被动的工作。较初级的软件开发环境数据库一般包含通用子程序库、可重组的次序加工信息库、模块描述与接口信息库、软件测试与纠错依据信息库等；较完整的 SDE 数据库还应包括可行性与需求信息档案、阶段设计详细档案、测试驱动数据库、软件维护档案等。软件规划、实现和维护全过程的自动进行，软件编码的自动实现和优化、软件过程项目多方面不同角度的自我分析与总结，并不断进行改造、学习和丰富，在软件工程人员的恰当的外部控制或帮助下，使其逐步向高度智能与自动化迈进。

软件开发工具是用于辅助软件生命周期过程的基于计算机的工具。通常可以设计并实现工具来支持特定的软件工程方法，减少手工方式管理的负担。与软件工程方法一样，软件开发工具试图让软件工程更加系统化，工具的种类包括支持单个任务的工具及囊括整个生命周期的工具，可以分为以下几类。

- 软件需求工具，包括需求建模工具和需求追踪工具。
- 软件设计工具，用于创建和检查软件设计，因为软件设计方法的多样性，这类工具的种类很多。
- 软件构造工具，包括程序编辑器、编译器和代码生成器、解释器和调试器等。
- 软件测试工具，包括测试生成器、测试执行框架、测试评价工具、测试管理工具和性能分析工具。
- 软件维护工具，包括理解工具（如可视化工具）和再造工具（如重构工具）。
- 软件配置管理工具，包括追踪工具、版本管理工具和发布工具。
- 软件工程管理工具，包括项目计划与追踪工具、风险管理工具和度量工具。
- 软件工程过程工具，包括建模工具、管理工具和软件开发环境。
- 软件质量工具，包括检查工具和分析工具。

12.3.1 集成开发环境 IDE

集成开发环境（Integrated Development Environment，IDE），指的是可以辅助开发程序的应用软件。

软件是用于程序开发环境的应用程序，一般包括代码编辑器、编译器、调试器和图形用户界面工具，就是集成了代码编写功能、分析功能、编译功能、debug 功能等一体化的开发软件套。所有具备这一特性的软件或者软件套（组）都可以称为 IDE。如微软的 Visual Studio 系列，Borland 的 C++Builder, Delphi 系列等。该程序可以独立运行，也可以和其他程序并用。例如，BASIC 语言在微软办公软件中可以使用，可以在微软 Word 文档中编写 Word Basic 程序。IDE 为用户使用 Visual Basic、Java 和 PowerBuilder 等现代编程语言提供了方便。不同的技术体系有不同的 IDE。比如 Visual Studio .NET 可以称为 C++、VB、C# 等语言的集成开发环境，所以 Visual Studio .NET 可以称为 IDE。同样，Borland 的 JBuilder 也是一个 IDE，它是 Java 的 IDE。zendstudio、editplus、ultraedit 这些，每个都具备基本的编码、调试功能，所以每个都可以称为 IDE。下面介绍几种常用的应用软件集成开发环境。

1. MyEclipse（MyEclipse Enterprise Workbench）

MyEclipse 应用开发平台是 J2EE 集成开发环境，包括了完备的编码、调试、测试和发布功能，完整支持 JAVA、HTML、Struts、Spring、JSP、CSS、Javascript、SQL、Hibernate。MyEclipse 应用开发平台结构上实现 Eclipse 单个功能部件的模块化，并可以有选择性的对单独的模块进行扩展和升级。

2. Eclipse

Eclipse 是目前功能比较强大的 Java IDE，是一个集成工具的开放平台，而这些工具主要是一些开源工具软件。在一个开源模式下运作，并遵照共同的公共条款，Eclipse 平台为工具软件开发者提供工具开发的灵活性和控制自己软件的技术。

3. NetBeans

NetBeans 是开放源码的 Java 集成开发环境（IDE），适用于各种客户机和 Web 应用。

Sun JavaStudio 是 Sun 公司最新发布的商用全功能 Java IDE，支持 Solaris、Linux 和 Windows 平台，适于创建和部署两层 Java Web 应用和 n 层 J2EE 应用的企业开发人员使用。

4. .NET 软件开发工具 Microsoft Visual Studio

Visual Studio 是一套完整的开发工具，用于生成 ASP、.NET、Web 应用程序、XML、Web services、桌面应用程序和移动应用程序。Visual Basic、Visual C#和 Visual C++都使用相同的集成开发环境，这样就能够进行工具共享，并能够轻松地创建混合语言解决方案。

12.3.2　关系型数据库

数据库在软件的设计中起到数据管理和存储的功能，可以为其他系统实现连接，使相关数据可以被方便地调用。只有正确地发挥数据库在软件开发中的作用，才能够准确无误地实现最终需求。

基于数据库进行软件设计，应用者需要透彻的掌握数据库的基本概念、结构和开发流程等相关知识，这样才能确保开发出的应用软件能够长远的适用于用户。

关系数据库，是建立在关系模型基础上的数据库，借助于集合代数等数学概念和方法来处理数据库中的数据。现实世界中的各种实体以及实体之间的各种联系均用关系模型来表示。关系模型是由埃德加·科德于 1970 年首先提出的，现在虽然对此模型有一些批评意见，但它还是数据存储的传统标准。标准数据查询语言 SQL 就是一种基于关系数据库的语言，这种语言执行对关系数据库中数据的检索和操作。目前主流的关系型数据库系统有两类：

（1）桌面关系型数据库系统，如 Access。

（2）网络关系型数据库系统，如 Microsoft SQL Server、Oracle、DB2、Sybase、MySQL 等，它们以自己特有的功能，在数据库市场中占有一席之地。

下面分别介绍几种主流的关系型数据库。

① Oracle

Oracle 是 1983 年推出的世界上第一个开放式商品化关系型数据库管理系统。它采用标准的 SQL 结构化查询语言，支持多种数据类型，提供面向对象存储的数据支持，具有第四代语言开发工具，支持 UNIX、Windows NT、OS/2、Novell 等多种平台。除此之外，它还具有很好的并行处理功能。Oracle 产品主要由 Oracle 服务器产品、Oracle 开发工具、Oracle 应用软件组成，也有基于微机的数据库产品。Oracle 主要满足对银行、金融、保险等企业、事业单位开发大型数据库的需求。

② SQL Server

SQL 即结构化查询语言（Structured Query Language，SQL）。SQL Server 最早出现在 1988 年，当时只能在 OS/2 操作系统上运行。2000 年 12 月微软发布了 SQL Server 2000，该软件可以运行于 Windows NT/2000/XP 等多种操作系统之上，是支持客户机/服务器结构的数据库管理系统，它可以帮助各种规模的企业管理数据。

随着用户群的不断增大，SQL Server 在易用性、可靠性、可收缩性、支持数据仓库、系统集成等方面日趋完美。特别是 SQL Server 的数据库搜索引擎，可以在绝大多数的操作系统之上运行，并针对海量数据的查询进行了优化。目前 SQL Server 已经成为应用最广泛的数据库产品之一。

由于使用 SQL Server 不但要掌握 SQL Server 的操作，而且还要能熟练掌握 Windows

NT/2000 Server 的运行机制以及 SQL 语言，所以对非专业人员的学习和使用有一定的难度。

③ Sybase

1987 年推出的大型关系型数据库管理系统 Sybase，能运行于 OS/2、UNIX、Windows NT 等多种平台，它支持标准的关系型数据库语言 SQL，使用客户机/服务器模式，采用开放体系结构，能实现网络环境下各节点上服务器的数据库互访操作。Sybase 技术先进、性能优良，是开发大中型数据库的工具。Sybase 产品主要由服务器产品 Sybase SQL Server、客户产品 Sybase SQL ToolSet 和接口软件 Sybase Client/Server Interface 组成，还有著名的数据库应用开发工具 PowerBuilder。

④ DB2

DB2 是基于 SQL 的关系型数据库产品。20 世纪 80 年代初期 DB2 的重点放在大型的主机平台上。到 90 年代初，DB2 发展到中型机、小型机以及微机平台。DB2 适用于各种硬件与软件平台。各种平台上的 DB2 有共同的应用程序接口，运行在一种平台上的程序可以很容易地移植到其他平台。DB2 的用户主要分布在金融、商业、铁路、航空、医院、旅游等领域，以金融系统的应用最为突出。

⑤ Access

Access 是在 Windows 操作系统下工作的关系型数据库管理系统。它采用了 Windows 程序设计概念，以 Windows 特有的技术设计查询、用户界面、报表等数据对象，内嵌了 VBA（Visual Basic Application）程序设计语言，具有集成的开发环境。Access 提供图形化的查询工具和屏幕、报表生成器，用户建立复杂的报表、界面无须编程和了解 SQL 语言，它会自动生成 SQL 代码。

Access 被集成到 Office 中，具有 Office 系列软件的一般特点，如菜单、工具栏等。与其他数据库管理系统软件相比，Access 更加简单易学，一个普通的计算机用户，没有程序语言基础，仍然可以快速地掌握和使用它。最重要的一点是，Access 的功能比较强大，足以应付一般的数据管理及处理需要，适用于中小型企业数据管理。当然，在数据定义、数据安全可靠、数据有效控制等方面，它比前面几种数据产品要逊色不少。

12.3.3 移动终端应用软件开发平台

智能终端的普及，不仅推动了移动互联网的发展，也带来了移动手机软件（Application，APP）应用的爆炸式增长。凭借便携、触屏、高清的丰富体验，以 iphone 和 Android 操作问题为代表的手机移动设备正悄然改变着企业的商务运行。这使得原本定义为消费设备的产品逐渐也应用于商务领域，从而引发了企业级应用厂商把研发重点转移至移动应用平台，将 APP 作为其推广品牌接触消费者，甚至成为销售内容的渠道。APP 的开发与推广成为移动互联网行业一个巨大的市场。

APP 软件开发效率很关键，如何才能快速地开发，这是每一个软件工程师最关心的问题。APP 开发包括三个平台，安卓、苹果和 Windows。目前已经有很多能够帮助企业创建简单 APP 应用的"傻瓜"工具，通过这些工具，就算是一个普通网民都可以很容易地创建一个 APP 客户端，并可以对程序进行应用更新维护、开展营销等活动。这里介绍一些比较流行的移动终端应用软件开发工具。

（1）Bizness Apps

Bizness Apps 为中小企业提供了一个快速制作手机 APP 的平台。它目前支持 iOS

（iPhone、iPad）及 Android 平台上的本机 APP 制作。用户完全不需要具备任何编程知识，只要进行按钮选择及拖动，就能完成大部分设计工作。建立 APP 时，首先选择 APP 类型。Bizness Apps 为每种类型提供了相应的模板，包含了该类型大部分的常见功能，用户只需要进一步在选单中选取 APP 需要的功能，即可完成本机 APP 的设计。在 APP 完成后，Bizness Apps 会把 APP 上传到 iOS 和 Android 应用商店的账号。当然，用户也可以申请账号自己上传。

（2）AppMakr

AppMakr 的主要业务是为用户提供一个良好的 APP 手机客户端软件开发平台，帮助不会编程的用户也可以通过一个功能齐全的 DIY 工具包来开发手机 APP。目前，AppMakr 平台上的大部分应用主要是针对 iOS 系统，但针对 Android 及 Windows Phone 的应用也正不断增多。

（3）Mobile Roadie

Mobile Roadie 提供一个应用开发平台，整合 YouTube、Brightcove、Flickr、Twitpic、Ustream、Topspin、Google 资讯、RSS、Twitter 和 Facebook。用户可使用该应用平台开发 iOS 和 Android 的应用，并可以使用其提供的内容管理系统更新资讯，也可自行修改应用细节。Mobile Roadie 还提供了数据分析工具。

（4）DevmyApp

这是一款傻瓜式的 iOS 客户端开发软件。用户可以创建、设计和开发自己的 iOS 应用程序，同时还可避免为一些经常出现的功能模块重复编写代码，这款程序比较适合苹果手机客户端软件的制作开发。

12.4　开发平台中的可重用代码

在软件开发中，由于不同的环境和功能要求，我们可以通过对以往成熟软件系统的局部修改和重组，以适应新要求，保持整体稳定性，这样的软件称为可重用软件。据统计，现今，开发一个新的应用系统，40% ~ 60% 的代码是重复以前类似系统的成分，重复比例有时甚至更高。因此，软件重用能节约软件开发成本，真正有效地提高软件生产效率。

12.4.1　软件重用的基本概念

软件重用（Software Reuse，又称软件复用或软件再用）的概念并不陌生，早在 1968 年的 NATO 软件工程会议上就已经提出可复用库的思想。软件重用的定义也有很多，比较权威和通用的一种是：软件重用是利用事先建立好的软部品创建新软件系统的过程。这个定义蕴含着软件重用所必须包含的两个方面。

（1）系统地开发可重用的软部品。这些软部品可以是代码，但不应该仅仅局限在代码。我们必须从更广泛和更高层次来理解，这样才会带来更大的重用收益。比如软部品还可以是分析、设计、测试数据、原型、计划、文档、模板、框架等。

（2）系统地使用这些软部品作为构筑模块，来建立新的系统。

12.4.2　可重用代码的抽象层次

这里，抽象层次主要指重用的级别。一般可分为代码重用、设计重用、规范重用和概念重用。设计重用指使用在不同环境下构造的设计。此时应考虑环境中硬件或性能约束带来的影响，从相同的设计可以得到不同的代码。规范重用有同设计重用相似的特征，但从相同的规范可得出不同的设计和不同的代码。代码重用有非常明显的效益，它能大量节省程序设计人员的时间，因此为一般人所接受。但代码重用的问题只能发生在编码阶段，在软件开发过程的早期阶段无法确定是否要重用以及重用带来的影响。在对设计重用的基本理论进行研究的基础上，建立了能够记录概念设计历史的基于功能—行为—结构框架的概念设计信息模型，实现了功能、行为和结构的形式化表示，建立了多粒度层次的概念设计重用框架，才使系统成为概念设计重用的系统平台。

另一个困难在于很难找到无须修改即可重用的代码段，其原因是代码一般与其运行环境有着紧密的依赖关系。由于规范和设计尚未考虑表示细节，因此其潜在的重用性是巨大的。另外，重用应在软件开发的前期考虑，所以只有将规范重用、设计重用和代码重用三者结合起来才能真正达到节省软件开发费用，提高软件生产效率的目的。

根据重用活动是否跨越相似性较少的多个应用领域，软件重用可区别为横向和纵向重用。横向重用（Horizontal Reuse）是指重用不同应用领域中的软件元素，如数据结构、分类算法、人机界面构件等。标准函数库是一种典型的、原始的横向重用机制。纵向重用（Longitudinal Reuse）是指在一类具有较多公共性的应用领域之间进行软部件重用。根据重用领域的特征及相似性预测软部件的可重用性，进行软部件的开发，对具有重用价值的软部件进行一般化，以便能够适应新的类似的应用领域。

12.4.3　可重用代码的方法和技术

最理想的重用技术是它的重用产品能够和用户的需求完全一致，不需要用户做任何自定义，并且无须用户学习就能够使用。然而，一种重用技术能够适合今天，可能不适合明天。一个重用产品越是能够被自定义，它越是可能在一个特定的环境下被使用，但是这也需要用户进行更多的学习、研究和实践。

自从软件重用思想产生以来，计算机科学家和软件工程师就致力于软件重用技术的研究和实践。在近50年的时间内，出现多种软件重用技术，例如：库函数、模板、面向对象、设计模式、组件、框架、构架。

下面是应用程序框架和其他流行的重用技术的比较。

（1）库函数

库函数是很早的软件重用技术。很多编程语言为了增强自身的功能，都提供了大量的库函数。库函数的使用者只要知道函数的名称，返回值的类型，函数参数和函数功能就可以对其进行调用。

（2）面向对象

面向对象技术是近40年来学术界和工业界研究和应用的一个热点。面向对象技术通过方法、消息、类、继承、封装、和实例等机制构造软件系统，并为软件重用提供强有力的支持。面向对象方法已成为当今最有效、最先进的软件开发方法。与函数库对应，很多面向对象语言为应用程序开发者提供了易于使用的类库，如VC++中的MFC。

（3）模板

模板相当于工业生产中所用的模具，有各种各样的模板（如文档模板，网页模板等），利用这些模板可以比较快速地建立对应的软件产品。模板把不变的部分封装在内部，对可能变化的部分提供了通用接口，由使用者来对这些接口进行设定或实现。

（4）设计模式

设计模式作为重用设计信息的一种技术，在面向对象设计中越来越来流行。设计模式描述了在我们周围不断重复发生的问题、该问题的解决方案的核心和解决方案实施的上下文。设计模式命名一种技术并且描述它的成本和收益，共享一系列模式的开发者拥有共同的语言来描述他们的设计。

（5）构件和构架

普通意义上的构件应从以下几个方面来理解。

① 构件应是抽象的系统特征单元，具有封装性和信息隐蔽，其功能由它的接口定义。

② 构件可以是原子的，也可以是复合的。因此它可以是函数，过程或对象类，也可以是更大规模的单元。一个子系统是包含其他构件的构件。

③ 构件是可配置和共享的，这是基于构件开发的基石，且构件之间能相互提供服务。

普通意义上的构架应从以下几个方面来理解。

① 构架是与设计的同义理解，是系统原型或早期的实现。

② 构架是高层次的系统整体组织。

③ 构架是关于特定技术如何合作组成一个特定系统的解释。

（6）框架

如果把软件的构建过程看成是传统的建筑过程，框架的作用相当于为我们的房屋搭建的"架子"。框架从重用意义上说，是一个介于构件和构架之间的一个概念。构件、框架和构架三者的主要区别在于：对重用支持程度的不同。

① 构件是基础，也是基于构件开发的最小单元。构件重用包括可重用构件的制作和利用可重用构件构造新构件或系统。

② 一个框架和构架包含多个构件。这些构件使用统一的框架（构架）接口，使得构造一个应用系统更为容易。

③ 框架重用包括代码重用和分析设计重用，一个应用系统可能需要若干个框架的支撑，从这个意义上来说，框架是一个"构件"的同时，又是一类特定领域的构架。

④ 构架重用不仅包括代码重用和分析设计重用，更重要的是抽象层次更高的系统级重用。

⑤ 框架和构架的重用层次更高，比构件更为抽象灵活，但也更难学习和使用。

本 章 小 结

本章对应用软件开发过程中涉及的语言、工具、模型和环境进行了介绍和讲解，可以看到，随着技术的飞速发展，各种新的工具和环境也层出不穷。程序员需要结合实际来选择不同的开发模型、开发工具和开发环境，在应用软件开发平台的基础上编写更上层的应用软件，供更多的普通用户使用。

习 题 12

一、选择题

1. 下面_____不属于高级程序设计语言。
   A. 汇编语言　　　B. C++语言　C. Java 语言　　　D. C 语言

2. 程序设计语言的技术特性不应包括_____。
   A. 数据结构的描述性　　　　B. 抽象类型的描述性
   C. 数据库的易操作性　　　　D. 软件的可移植性

3. 在高级程序设计语言中，对程序员来说，数据类型限定了_____
   A. 变量的值域和操作　　　　B. 变量的存取方式
   C. 数据的存储媒体　　　　　D. 过程中参数的传递方式

4. 以下关于程序语言的叙述，正确的是_____。
   A. Java 语言不能用于编写实时控制程序
   B. Lisp 语言只能用于开发专家系统
   C. 编译程序可以用汇编语言编写
   D. XML 主要用于编写操作系统内核

5. 不支持自定义类的程序设计语言是_____。
   A. C　　　　　B. C#　　　　C. C++　　　　　D. Java

二、填空题

1. C 语言是面向_____的程序设计语言；C++和 Java 都是面向_____的程序设计语言。

2. 编写程序的工具中最主要的有三类，即用来编写源程序的_____软件、把高级语言程序转换成机器语言程序的_____软件及调试程序的_____软件。

3. 将开发应用软件所需的工具集成在一起便形成了应用软件_____环境，如 Windows 操作系统中常用的 Visual Studio。

4. 应用软件开发平台中包含很多形式的可重用代码，常见的形式有_____、_____、组件及框架。

5. 在面向对象的方法中，类的实例称为_____。

三、简答题

1. C++常见的集成开发环境有哪些？Java 呢？

2. 什么是组件？常见的组件技术有哪些？

3. 单独的开发工具和集成开发环境各有什么优缺点？

4. C、C++、Java 语言各有什么特点？

5. 试着用 Eclipse 编写一个简单的 Java 程序，实现如下功能：
从键盘输入三个整数，输出三个数中最大值与最小值。

6. 试着用 Visual Studio 编写一个简单的 C++程序，实现如下功能：
打印出 1～100 范围内所有的素数。

参 考 文 献

[1] 张丽，李晓明. 计算机系统平台[M]. 北京：清华大学出版社，2009.

[2] 王诚，刘卫东，宋佳兴. 计算机组成与设计[M]. 3版. 北京：清华大学出版社，2008.

[3] 王红. 操作系统原理及应用（Linux）[M]. 北京：中国水利水电出版社，2005.

[4] 陈向群，向勇，等. Windows操作系统原理[M]. 北京：机械工业出版社，2004.

[5] 胡越明. 计算机组成与系统结构[M]. 上海：上海交通大学出版社，2002.

[6] 王诚. 计算机组成原理[M]. 北京：清华大学出版社，2004.

[7] 白中英，戴志涛. 计算机组成原理（立体化教材）[M]. 5版. 北京：科学出版社，2013.

[8] 蒋本珊. 计算机组成原理[M]. 3版. 北京：清华大学出版社，2013.

[9] 黄颖. 计算机组成原理[M]. 北京：清华大学出版社，2013.

[10] 秦磊华. 计算机组成原理[M]. 北京：清华大学出版社，2011.

[11] 张功萱. 计算机组成原理[M]. 北京：清华大学出版社，2005.

[12] [美]斯托林斯. 计算机组成与体系结构：性能设计[M]. 彭蔓蔓，等，译. 北京：机械工业出版社，2011.

[13] 袁春风. 计算机组成与系统结构[M]. 2版. 北京：清华大学出版社，2015.

[14] [美]帕特森，亨尼斯. 计算机组成与设计：硬件/软件接口[M]. 5版. 王党辉，等，译. 北京：机械工业出版社，2015.

[15] [美]斯托林斯. 操作系统：精髓与设计原理[M]. 6版. 陈向群，等，译. 北京：机械工业出版社，2010.

[16] 汤小丹. 计算机操作系统[M]. 4版. 西安：西安电子科技大学出版社，2014.

[17] 谌卫军，王浩娟. 操作系统[M]. 北京：清华大学出版社，2012.

[18] 韩其睿. 操作系统原理[M]. 北京：清华大学出版社，2013.

[19] 张尧学，宋虹，张高. 计算机操作系统教程[M]. 4版. 北京：清华大学出版社，2013.

[20] 庞丽萍，阳富民. 计算机操作系统[M]. 2版. 北京：人民邮电出版社，2014.